KB009791

이 책은 누구나 '와서 보고 들어야' 할 이야기를 전하고 있다. 저자는 인간이 만든 전기와 무선기기가 방출하는 전자파가 야생생물과 인체에 주는 피해에 관한 흥미진진한 과학적 연구 결과와 실제 사례를 모아서 위대한 작품을 만들었다. 반세기 전에 레이첼 카슨이 그랬던 것처럼, 케이티 싱어가 전하는 경고 또한 전기통신사업가와 로비스트, 무선통신기술 발명가 등은 무척 싫어하고 이 책의 시판을 중단시켜 대중에게 알려지는 것을 막으려 할 것이다. 하지만 그녀가 찾아낸 이 모든 사실들은 반드시 대중에게 공개되고 의식 있는 시민들과 관련 공직자들이 신중하게 검토하고 행동으로 답해야 할 것이다.

- 휘트니 노스 세이무어 주니어(Whitney North Seymour, Jr)
전 뉴욕 주 상원의원

An Electronic Silent Spring

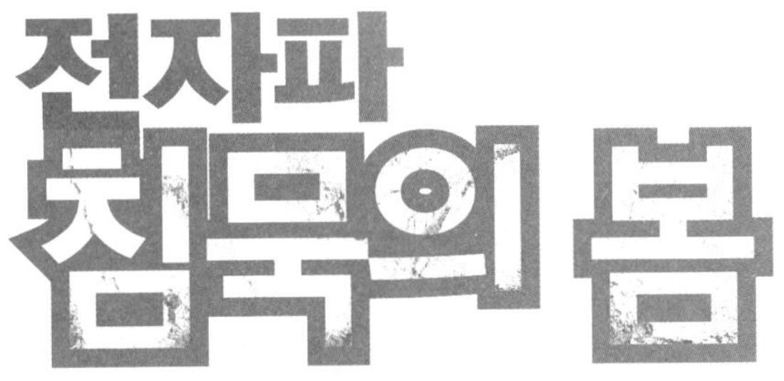

무선통신시대의 보이지 않는 살인자

박석순 옮김

어문학사

저자 서문

인간이 지구상에 존재하기 시작한 것이 수십만 년 전이라는 점을 감안하면, 전기를 생산하고 무선통신기술을 사용한 것은 2백 년도 채 안 되는 아주 짧은 기간에 불과하다. 하지만 지금 우리는 경제, 사회, 문화, 교육, 의료, 사회기반시설, 그리고 국방군사시설에 이르기까지 모든 것을 디지털 전자기술에 의존하고 있다. 이 시대를 살아가는 대부분의 선진 산업사회 사람들은 전기 전자제품이나 휴대폰이 없는 삶은 상상조차 할 수 없다.

이처럼 전기와 전자, 그리고 무선기기는 우리 인류에게 엄청난 혜택을 주고 있지만, 한편으로는 우리의 건강과 자연생태계에 심각한 유해를 가하고 있다.

이 책은 지금까지 보고된 전자 스모그(Electrosmog, 대기 스모그에 빗대어 만든 말) 유해에 관한 과학적인 연구, 개인적인 경험, 관련 용어, 의문 사항, 해결책 등을 토론하는 포럼으로 생각하면 된다. 저자는 이를 공부하는 학생 또는 포럼 사회자로 생각하면 된다.

이 포럼은 물리학자, 생물학자, 의사, 공학자, 변호사, 그리고 일반 시민 등 관련자들이 모두 함께 모여 각자의 생각을 이야기하는 곳이다. 이 책은 비록 물리적으로는 만나지 못하지만 서로의 생각을 대화하는 공간이다. 생각이 달라서 서로가 동의하지 않을 수도 있고, 완전히 상반되거나 모순되는 현상을 이야기할 수도 있다. 때로는 부정확한 정보나 약간의 오차를 가진 생각이 이곳에서 대화를 통해 간단·명료해질 수도 있다.

나는 전자파 이슈를 둘러싼 통제할 수 있는 것과 없는 것, 그리고 관련 전반에 걸쳐 토론을 장려하고자 한다. 이 책을 읽으면서 궁금한 점이 있으면 메모해 두었다가 각자 연구해보는 것도 좋을 것이다. 우리는 다양한 연구자들과 함께 토론할 수 있는 많은 포럼이 필요하다. 자신의 경험과 생각만으로도 그 분야에서는 전문가가 될 수 있을 것이다. 여기에 참여하는 우리의 각자 행동은 구성원 전체에 영향을 미치고 우리의 노력들이 함께 모여 전 세계를 변화시킬 수 있다는 사실을 기억하길 바란다. 이 포럼에 참여하는 모든 분들께 감사드린다.

책의 제목에 관하여

지난 1962년 레이첼 카슨(Rachel Carson)이 "침묵의 봄(Silent Spring)"을 출간하기 전까지는 가정집 뒤뜰이나 농장, 공원 등에 뿌리는 살충제로 인해 나타나는 피해를 이해하는 사람은 거의 없었다. 하지만 그녀의 책은 현대 환경운동을 촉발시켰고, 미국 연방환경보호청(USEPA) 창설에 기여했다. 지금 우리 모두의 삶이 레이첼 카슨의 영향을 받고 있다. 이 책의 제목도 그녀의 영향을 받고 있음을 주목하길 바란다. 끝으로 이 책에 나오는 몇몇 분들은 사생활 보호를 위해 가명을 사용하였음을 밝혀둔다.

2014년 2월

케이티 싱어

차 례

저자 서문

제1장 나는 외치고 싶다 8

제2장 안테나 아래에서 망가진 인생 20

제3장 전자파와 야생생물 26

3.1. 무선주파수와 야생생물 27

3.2. 야생생물의 전자기 반응 34

제4장 생명과 기술, 그리고 법 41

4.1. 전자기 현상과 기술의 발달 41

4.2. 전기와 무선기기의 생물학적 영향 45

4.3. 무선통신기술과 법 50

제5장 인간이 만든 전기와 전자파 55

5.1. 전기와 전자기장 55

5.2. 통신기술과 무선주파수 77

제6장 전자파와 건강 94

6.1 자기장과 누전 현상 96

6.2 전자기장과 무선주파수 방사선 100

6.3 건강에 대한 또 다른 목소리 147

제7장 무선기기의 또 다른 위험 168

제8장 전자기 환경을 위한 법과 규제 180

8.1 지금의 법과 규제가 갖는 문제점 181

8.2 건강과 생태계를 위한 법 206

제9장 골리앗을 향한 투쟁 211

제10장 가상의 시대 함께 살아가기 223

제11장 해결책 232

책을 마치면서 271

역자 후기 272

부록

전자기기 발전 연대기 278

용어 설명 283

관련 자료 295

약어 설명 307

찾아보기 310

제1장
나는 외치고 싶다

이 이야기는 미국 캘리포니아 주에 사는 버지니아 파버(Virginia Farver)라는 주부가 아들의 전자파 피해 사례를 직접 쓴 것이다. 샌디에이고주립대학교에서 정치학을 공부하던 아들 리처드 파버(Richard Faver)는 전자파로 인해 뇌종양에 걸렸고, 투병하다 결국 2008년 10월 11일 사망했다.

내 아들 리치(리처드의 애칭)는 태어나서 처음 25년은 정말 건강했다. 188센티미터 키에 몸무게 90킬로그램의 건장한 체격이었다. 농구를 좋아하고 자전거를 자주 즐기면서 건강을 유지했다. 리치는 진보적이었고 나는 보수적이어서 우리는 많은 논쟁을 했고 그때마다 리치가 논쟁에서 이겼다.

2005년 가을에 리치는 캘리포니아 샌디에이고주립대학교에서 정치학 석사과정을 시작했다. 첫 몇 개월 동안 리치는 매일 내게 휴대폰으로 통화하면서 울었다. "엄마, 그냥 나와 함께 얘기해줘"라고 하곤 했다. 물론 나는 리치가 원하는 대로 했다. 나는 뭔가 잘못되고 있음을 알았지만 무엇을 어떻게 해야 할지 몰랐다. 리치는 자라면서 공황발작을 일으킨 적이 없었다.

얼마 지나지 않아 리치는 학교와 샌디에이고를 좋아하게 되었다. 리치는 대학에서 조교로 일했으며 정치학과 건물, 나사티르홀(Nasatir Hall) 131호실에서 일주일에 7일을 보냈다. 리치는 경기장 건설 정책에 관한 석사 논문을 썼다. 2006년 봄에 리치는 석사 과정을 마쳤다. 졸업식 사진에는 리치가 눈을 찡그리고 있었으나 그 후 그는 한쪽 눈을 영원히 뜰 수 없었다.

리치는 샌디에이고에 머물면서 로스쿨을 지원했다. 리치는 로스쿨에 합격한다 하더라도 단기 기억장애 때문에 학교를 다닐 수 있을지 확신이 서지 않는다고 내게 말했다.

2007년 가을, 나는 남편과 리치를 만나러 샌디에이고에 갔다. 우리 부부는 리치를 아파트에서 데리고 나와 필요한 일들을 할 수 있도록 도와줬다. 그리고 나선 리치가 잠시 낮잠을 자도록 아파트로 돌려보내 저녁 시간까지 내버려뒀다.

우리는 왜 리치가 이처럼 낮잠을 자야 하는지 알지 못했다. 리치 여자친구가 우리 부부에게 "리치는 두통이 아주 심해요. 고양이처럼 구부리고 파티오 창문 옆에서 거의 매일 자곤 해요."라고 했다.

집으로 돌아오려고 헤어지면서 나는 리치의 얼굴에서 이상한 점을 발견했다. 리치의 오른쪽 헤어라인부터 오른쪽 눈썹 바로 위까지 정맥이 드러나 있었다. 몇 개월 후 리치는 평형감각에 문제가 생겼고 매일 아침 코피를 쏟았다. 우리는 그 증상이 단순히 내가 앓고 있는 비중격 만곡증(Deviated Septum)이라 생각했다. 리치는 2008년 3월 14일 종합병원에 검진 예약을 했다.

바로 전날인 3월 13일 목요일 저녁 나는 이 메일을 확인하고 남편은 샤워를 하고 있었는데 전화벨이 울렸다. 리치는 "엄마?" 하고 다 죽어가는 목소리로 말했다. 리치는 지금까지 경험하지 못한 매우 심한 두통에 시달리고 있었다. 아파트 온 사방에는 구토로 엉망인 상태라고 했다. 나는 리치에게 "즉시 구급차를 불러서 병원으로 가." 라고 했다.

응급실 담당 의사가 아침에 전화를 해서 리치에게 뇌출혈과 발작이 있었기 때문에 더욱 많은 검사가 필요하다고 했다. 남편과 나는 짐 가방을 챙겼다. 나는 너무 정신이 없어서 속옷만 챙겨 넣었다. 우리는 공항에 도착해서 승무원에게 "비용은 얼마라도 좋으니 샌디에이고로 가게만 해주세요." 라고 했다.

10일 후 나는 남편과 함께 리치를 데리고 신경외과 의사를 만났다. 의사는 리치의 병명이 "다형성 교아종 뇌종양(GBM: Glioblastoma Multiforme)" 이라고 했다. 누구나 뇌종양 진단이 무슨 의미인지 알 것이다. 이제 인생은 끝났다는 절망감을 느꼈다. 나는 리치와 함께 있고 싶었다. 나는 의사에게 단어 발음조차 제대로 할 수 없었던 "다형성 교아종" 의 원인이 무엇인지 물어보았다.

의사는 "휴대폰 사용" 이라고 간단하게 답했다. 왜 이전에 이 말을 한 번도 들어본 적이 없지? 나는 양 팔로 내 자신을 감싸 안았다. 우리 가족은 누구도 언제부터인가 유선전화를 쓰지 않았다. 내 휴대폰은 가방 안에 있었고, 남편과 리치의 휴대폰은 항상 각자의 주머니에 있었다.

우리는 리치를 노스캐롤라이나 주에 있는 듀크대학교 티시 뇌종양센터(Tisch Brain Tumor Center)로 데리고 갔다. 테드 케네디 상원의원은 우리가 도착하던 날에 퇴원했다. 나는 티시 뇌종양센터가 케네디 상원에게 최고의 병원이었다면 리치에게도 최고가 될 것이라고 생각했다. 우리는 리치를 위해서 할 수 있는 모든 것을 다 했지만 리치는 결국 시력을 잃고 장님이 되었다. 그의 암은 사라지지 않았다.

리치 담당 의사들 중 한 명은 "당신 아들의 종양은 유전적인 것이 아니에요."라고 했다. 나는 나중에 리치의 종양을 이해할 수 있는 단서가 될 수 있을 것 같은 느낌이 들어 그의 말을 기록해 놓았다. 리치가 집으로 돌아오기 전에 우리는 휴대폰과 집에 있는 무선 전자기기들을 치웠다. 전자파 노출을 최소화하기 위하여 오직 유선전화만 사용했다. 우리는 무선 와이파이 사용을 중단하고 유선 인터넷을 사용했다.

리치가 사망하기 전 마지막 달, 남편과 나는 직장으로부터 휴가를 얻었고 리치의 형 리(Lee)는 다시 집으로 들어왔다. 리치는 혼자 제대로 설 수 없을 지경인데도 집안에서 이동할 때 보행기나 지팡이 사용을 원치 않았다. 내 키는 겨우 160센티미터에 불과해서 남편과 리가 리치의 이동을 도와야만 했다.

발작을 일으킨 지 7개월 만인 2008년 10월 11일 리치는 생을 마감했다.

나는 오랫동안 그냥 침대에만 누워있었다. 나는 너무 무감각해져서 소파에만 갈 수 있어도 좋을 것 같았다.

몇 달 후 나는 다형성 교아종 뇌종양과 휴대폰의 관계가 궁금해져 연구를 시작했다. 처음에는 단어의 의미를 알기 위해 매번 찾아봐야 했지만 지금은 익숙해졌고 그 관계를 설명할 수 있게 됐다. 이것이 내가 하고 싶은 것이다. 리치도 내가 알게 된 사실들을 그의 동료들과 친구들에게 전해주길 원할 것이기 때문이다. 그리고 다른 어떤 부모들도 우리 부부가 당했던 힘든 고통을 겪게 되는 것을 원치 않기 때문이다.

리치는 22살이 되던 2001년부터 발작을 일으킨 2008년까지 휴대폰을 매일 두세 시간씩 사용했었다. 리치는 이렇게 전자파를 방출하는 무선장치를 항상 머리 옆에 달고 있었던 것이다. 스웨덴의 한 연구 보고에 따르면 휴대폰을 100시간 사용할 때마다 뇌종양 발생 확률이 5퍼센트 증가한다고 한다.[1] 그리고 휴대폰 사용은 해마다 뇌종양 발생 위험도를 8퍼센트 증가시킨다는 보고도 있다.[1] 아날로그 방식의 휴대폰은 사용시간이 2시간에서 3,000시간으로 누적되는 경우 뇌종양 발생 위험도가 490퍼센트로 증가하게 된다.[2] 리치는 아날로그 방식의 휴대폰을 사용했지만 지금은 아날로그가 아닌 디지털 방식이다. 디지털 방식의 휴대폰은 아날로그보다 더 많은 전자파를 방출한다.

우리의 뇌에는 동맥을 흐르는 혈액 속에 들어있는 독소들이 뇌로 들어가지 못하도록 하는 방어막(뇌혈관 보호막, Blood Brain Barrier)이 있다. 휴대폰을 두 시간가량 사용하게 되면 방어막의 기능을 약화시킨다.[1] 뇌를 보호하는 방어막에 구멍이 생길 경우 뇌종양을 일으키는 원인이 될 수 있다.

리치가 세상을 떠나고 9개월이 지나 온라인에서 샌디에이고주립대학교의 의심스러운 암 집단 발생에 관한 기사를 보게 되었다. 나사티르홀

131호실에서 대부분의 시간을 보냈던 4명 모두 뇌종양에 걸렸다는 기사다. 131호실은 샌디에이고주립대학교 정치학과에서 일하던 직원들이 사용하던 사무실과 휴게실이 있는 곳이다. 리치는 내게 자신을 지도하던 교수 중의 한 사람은 그 방에서 거의 살다시피 했다고 말한 적이 있다. 그 기사는 나사티르 홀 옆 통신 건물에는 중계기 안테나가 설치되어 있으며 대학원생을 포함한 세 명의 사람들이 사망했다고 했다. 사망자 중 하나가 리치였다.

나는 그 기사를 20번가량 읽었다. 그리고 마침내 자리에서 일어났다.

나는 리치가 그렇게나 많은 시간을 보냈던 나사티르홀 옆의 중계기 안테나 타워에 관한 연구를 시작했다. 그건 교정 내의 가장 높은 곳에 설치된 GWEN 타워다. GWEN은 지상파 비상통신망(Ground Wave Emergency Network)을 말한다. 이 타워의 안테나 신호는 경찰, 구급차, 국토안보 네트워크에 사용되며 휴대폰과 WiMax[3]에도 필요하다. 리치가 입학할 무렵인 2005년 여름에 샌디에이고 주립대의 안테나는 업그레이드되었다. 안테나가 방출하는 신호는 116킬로미터가량 커버하며 거의 모든 구조물을 통과할 수 있다.

GWEN 타워는 미국 대학 캠퍼스에서 흔히 볼 수 있는 일반적인 것이다.

그 타워에는 고성능 무선 연구 및 교육 네트워크(HPWREN)[4]를 위한 접시 안테나도 설치되어 있다. 이 접시 안테나는 샌디에이고주립대학교 마운트 팔로마 관측소와 인디언 거주지를 인터넷으로 연결할 뿐만 아니라 비상시에는 캘리포니아 소방서와 기타 기관들을 인터넷으로 연결시킨다.

만약 안테나에서 방출되는 신호가 거의 모든 구조물을 통과한다면 사람들도 통과하지 않을까? 나는 그렇게 강력한 안테나 아래서 학생들이 생활한다는 것이 안전하다는 상상을 도저히 할 수가 없었기 때문에 대학 행정실로 편지를 썼다. 대학 측에서는 그 장비는 연방통신위원회(FCC)[5]의 승인을 받은 것으로 특별히 높은 강도의 어떤 신호도 발생하지 않는다는 답신을 보내왔다.

하루 두 시간씩 휴대폰을 사용하고 중계기 안테나 타워 옆에 있는 건물에서 생활하면 어떻게 될까?

나는 샌디에이고 주립대 스티븐 웨버(Stephen Weber) 총장과 이사회에 연락하여 나사티르 홀에 대한 인체 유해성 검토를 요청했다. 대학은 이를 검토하고 보고서를 작성하기 위해 예방의학자 토머스 맥(Thomas Mack)을 고용했다. 그가 작성한 보고서 세 번째 문장에 "나는 이 건물에서 근무하고 있는 사람들이 어떤 비정상적인 화학물질이나 방사선에 노출된 경험이 있다는 보고를 받은 적이 없었다는 점에 미루어 아무런 영향이 없다고 추정한다."라고 적고 있다.

나는 대학 측이 맥 박사의 보고서로 이 문제가 종결된 것으로 여긴다는 생각으로 다시 슈왈츠네거 캘리포니아 주지사를 접촉했다. 주지사는 아무래도 학교 내부의 문제인 것 같다며 나를 다시 대학으로 돌려보냈다.

나는 안테나 근처 나사티르 홀에서 시간을 보내고 암에 걸린 사람들에 대한 아래 목록을 만들었다.

직원 #1: 1993년 GBM 뇌종양으로 사망. 당시 샌디에이고 주립대에 있던 안테나는 라디오, 텔레비전 스튜디오에서 마운트 미구엘에 있는 송신기로 신호를 보냈으나 1995년에 철거됨.

직원 #2: 2008년 뇌종양으로 사망.

직원 #3: 2008년 뇌종양으로 진단.

직원 #4: 2008년 모종의 암으로 사망.

학생 #1: 리치 파버(Rich Farver) 29세, 2008년 3월 GBM 뇌종양 판정을 받고 그해 10월 사망.

이 목록은 나에게 아주 많은 의문점들을 제기했다. 그래서 나는 샌디에이고를 다시 방문해야겠다고 결심하고 호텔 예약을 하려고 전화를 걸었다. 공교롭게도 전화 받은 남자의 친구가 샌디에이고 주립대에서 근무했고 2008년 GBM 뇌종양 판결을 받았다고 했다. 그녀는 휴대폰을 그다지 많이 사용하지는 않았지만 근무했던 건물에는 GWEN과 HWREN 안테나가 설치되어 있었다고 했다. 나는 그녀를 목록에 올렸다(직원 #5).

리치가 세상을 떠나고 일 년이 지난 후, 2009년 가을 우리 부부는 다시 샌디에이고 주립대로 왔다. 보수 공사가 필요했었던지 나사티르 홀 131호실의 문은 닫혀있었다. 나는 셀 타워 아래 교정에서 놀고 있는 학생들과 함께 웃고 있는 교수들을 보았다. 나는 학생들이 그 타워 아래에서 자고, 공부하고, 휴대폰으로 통화하고, 노트북을 사용하는 것을 상상했다. 나는 확성기가 필요했다. 나는 그곳에 있는 모든 이들에게 어서 여기서 떠나라고 외치고 싶었다.

나는 이런 타워들이 다른 학교에도 있다는 것을 안다. 만약 어떤 학부모가 자녀들이 이런 타워 아래에서도 안전하다고 생각하면 슬프게도 그것은 너무나 치명적인 오산이다.

우리 부부가 그곳을 다녀온 후, 2010년 8월 타워 부근 건물에서 근무했던 대학 직원 한명이 뇌종양으로 사망했다(직원 #6). 2011년 3월에는 뇌종양에 걸린 샌디에이고 주립대 학생에 관한 동영상이 유튜브에 올라왔다(학생 #2). 이 학생은 아마 대학에 오기 전에 뇌종양 판정을 받은 것 같다.

2012년 봄, 나사트리 홀 부근 타워 길 건너 맞은편 캠퍼스에 살면서 다른 GWEN 타워 근처의 건물에서 수업을 듣던 학부생이 낮잠을 자던 도중 원인 불명으로 사망(학생 #3)

2013년 1월, GWEN 타워아래 나사티르 홀에서 근무하던 직원이 암으로 사망(직원 #7).

우리가 담배의 유해성을 이해하고 담뱃갑에 경고문을 적는 것만으로 모든 담배는 정부와 회사가 검사를 통해 안전성을 인정한 것으로 나는 알고 있었다.

이것은 너무 순진한 생각이었다.

이제 나는 주저하지 않고 사람들에게 휴대폰을 사용하는 것은 뇌종양 발생 위험을 높인다고 말할 것이다. 만약 당신이 위험을 높이는 것은 당신 개인의 일이라고 생각한다면 그것은 사실일 수 있다. 그러나 모든 휴대폰은 중계기 안테나가 있어야 하기 때문에 당신이 사용하는 무선기기들로 인해 우리의 선택과는 상관없이 우리 모두는 전자파에 노출될 수밖에 없다.

스마트폰은 더욱 많은 데이터를 전송할 수 있고, 아울러 스마트 기기는 더욱 많은 광역 파장을 필요로 하기 때문에 리치가 사용했던 것보다 훨씬 더 위험할 뿐만 아니라 더욱 많은 전자파를 방출한다. 만약 당신의 집 근처에 안테나가 설치되는 것을 원치 않는다면 휴대폰 사용을 중지해야 한다.

학교 교사인 친구가 학생들이 암의 원인을 공부하는 시간에 아이들에게 이야기해 줄 것을 부탁했다. 그래서 10살짜리 학생들에게 리치 이야기를 했더니, 그중 한 남자 아이는 자기 아버지가 뇌 암으로 사망한 이야기를 했다. 10살짜리 소년이 휴대폰을 가지고 있는 것을 보고 나는 깜짝 놀라서 "제발 나를 위해 그 휴대폰을 저리 치워 달라" 고 간청했다.

한 여자 아이가 물었다, "그럼 몇 살 때 휴대폰을 가져도 돼요?"

나는 "네가 만약 내 딸이라면 아마 영원히 괜찮지 않을 거라고 말하고 싶어." 라고 대답했다.

최근에 리치의 어릴 적 친구 두 명이 GBM 뇌종양 판정을 받았다. 그

중 한명은 운전 중 발작을 일으켰다. 다행히 상황을 파악한 동승자가 핸들을 잡았기 때문에 교통사고는 발생하지 않았다.

내가 참여하는 슬픔 조력자 모임에는 리치가 사망한지 한 달이 지난 후, 한 부부의 딸이 동네 근처에서 자전거를 타고 있었는데, 운전 중에 휴대폰으로 통화를 하던 여자가 그 아이를 향해 돌진하는 바람에 치어 사망한 일이 있었다.

어느 면을 보더라도, 이러한 기술의 사용이 주는 위험성은 누구든 그것이 주는 혜택보다는 훨씬 큰 것으로 여겨진다.

나는 다시는 휴대폰을 사용하지 않을 것이고 그러면 나의 인생은 훨씬 간소해질 것이다. 나는 이제 진짜 대화를 한다. 내가 만약 교외로 나가 전화를 빌려야 할 경우, 대부분의 사람들은 친절하다. 위급할 경우 그 좋았던 옛날처럼 고속도로 근처의 공중전화 부스를 이용하면 된다.

리치로 인해 나는 공공정책에 관하여 많은 것을 알게 되었다. 우리는 통신케이블과 유선전화기를 유지해야 한다는 것을 알게 되었다. 또, 우리는 무선기기, 중계기 안테나, 그리고 스마트 기기 등에서 나오는 전자파로부터 사람의 건강과 자연생태계를 보호할 법이 필요하다는 것도 알게 되었다.

스웨덴의 연구원들에게 허락된 것처럼 미국의 의학자들도 개인 휴대폰 사용기록 정보에 접근할 수 있도록 해서 휴대폰 사용과 안테나 부근에 사는 것이 건강에 미치는 영향을 연구할 수 있도록 해야 한다. 모든 사람들은 휴대폰과 중계기 안테나의 위험성에 대해 제대로 된 경고가 필요하다. 휴대폰 알권리 법은 이러한 규정을 시행토록 할 것이다.

나는 그동안 내가 공부한 것과 이를 세상에 알리는 것에 대해 리치가 기뻐할 것이라고 생각하고 싶다. 나는 리치가 헛된 죽음을 하지 않았다고 생각하고 싶다.

주석 및 참고문헌

1. Mild et al, "Pooled analysis of two Swedish case-control studies on the use of mobile and cordless telephones and the risk of brain tumours diagnosed during 1997–2003, International Journal of Occupational Safety and Ergonomics(JOSE), 13(1) (2007) 63-71.3.
2. Hardell et al, "Pooled analysis of two case-control studies on use of cellular and cordless telephones and the risk for malignant brain tumors diagnosed in 1997–2003. International Archives of Occupational and Environmental Health, 79; 9-8-2006, 630–639.
3. WiMAX: Worldwide Interoperability for Microwave Access
4. High Performance Wireless Research and Education Network(https://hpwren.ucsd.edu)
5. Federal Communications Commission (https://www.fcc.gov)

제2장

안테나 아래에서 망가진 인생

이 이야기는 캐나다 토론토에 사는 베로니카 시안드르(Veronica Ciandre)라는 주부가 겪은 전자파 피해 사례다. 아파트 옥상에 설치된 중계기 안테나로 인한 각종 신체적 정신적 피해, 그로 인해 망가진 인생을 생생하게 그려내고 있다. 본인이 직접 쓴 글로 2010년 magdahavas.com에 게시되었다.

2009년 11월 캐나다 토론토 시내에 있는 한 아파트 건물에 휴대폰 중계기 안테나가 설치되었다. 나도 다른 주민들과 마찬가지로 아파트에 크레인이 도착해서야 안테나가 설치된다는 사실을 알게 되었고, 이후 나는 10개의 안테나 1.8미터 아래에서 생활하게 되었다.

안테나 아래의 삶을 통해 나는 많은 것을 알게 되었다. 먼저 머리와 신체 가까이에는 휴대폰을 두지 말아야 하고 집에서도 무선전화기 대신에 옛날 유선전화기를 다시 사용하는 것이 좋다는 것을 알았다. 우리 아파트에 안테나가 설치되지 않았더라면 휴대폰을 무척 좋아했던 나는 누가 이런 충고를 해도 결코 따르지 않았을 것이다. 또 누군가 나에게 휴대폰은 비행모드로 켜두고 노트북은 유선으로 인터넷에 연결하며, 침실에는 와이파이 라우터를 없애고, 밤이나 사용하지 않을 때는 스위치를 꺼버리거나 아예 와이파이를 전부 없애버리라고 했다면, 그중 어느 것 하나라도 내가 왜 그렇게 해야 하는지 반문했을 것이다.

만약 누군가 베이비 모니터를 아기 근처에 두면 안 되고, 14살이나 되는 내 딸에게 통화보다는 문자를 더 많이 사용하며, 휴대폰이나 컴퓨터를 베게 위에 놓고 자지 말라고 하거나, 모든 형광등을 백열등으로 바꾸라고 했다면 나는 그 말을 흘려듣고 아무것도 하지 않았을 것이다.

휴대폰, 무선전화기, 와이파이, 중계기 안테나, 그리고 그 외 무선통신기기에서 방출되는 마이크로파 방사선(Microwave Radiation)이 불면증을 비롯하여 고혈압, 심계항진(심장 두근거림), 불안 등과 같은 증상의 원인이 되기 때문에 가능하면 완전히 차단하거나 적어도 최소화해야 한다고 조언했더라도 나는 믿지 않았을 것이다. 왜냐하면 정부에서 이러한 기기들을 승인했고, 언론에서도 그러한 기기들이 안전하다고 했기 때문이다.

중계기 안테나 아래에서 3개월 동안 살면서 나의 건강 또한 완전히 달라졌다. 그 전만 하더라도 나는 건강했고 활력이 넘쳤다. 밤이면 어린아이처럼 깊은 잠을 잤다. 아침에 일어나면 손과 발이 무감각해진 적이 없었고, 밤마다 내 몸이 뭔가 꺼칠하고 거의 매일 간질거리거나 떨리는 증상에 시달리는 일도 없었다. 또 밤마다 마치 전기가 내 몸을 관통하는 느낌을 주는 듯한 과민 상태로 지내지도 않았다.

중계기 안테나가 설치되기 전에는 내 집이 너무 좋았다. 마치 편안하고 즐거운 나의 성소와 같았다. 쉭쉭거리거나 윙윙거리는 소리도, 내 귀를 울리는 고음도 없었다. 긴장성 두통도 없었고 보이지 않는 띠가 내

머리를 둘러싸고 짓누르는 느낌도 없었다. 때로는 입안에 금속성 맛이 나거나 정기적으로 나타나는 메스꺼움이나 어지러운 증상도 없었다.

나는 거실에 있는 간이 매트리스에서 잠을 잘 때도 심장마비를 일으킬까 두려워하지 않았고 내 심장이 밤새 부드럽게 뛰고 있음을 느꼈다. 나는 초점을 잃거나 방향감각을 상실하지도, 그리고 집중력을 잃지도 않았다. 나는 지금까지 집에서 침대 매트리스, 전등 스위치, 주방 식기나 고양이를 만질 때 쇼크를 느낀 적도 없었다.

내 딸아이의 건강도 달라졌다. 딸아이는 과거에 피부 아래 통증을 느끼는 괴상한 병을 앓은 적이 없었다. 또 두통이나 메스꺼움, 어지러움, 손에 흐르는 혈액이 차게 느껴지는 증상을 느낀 적도 없었다. 특히 불면증에 시달리는 일은 전혀 없었다. 하지만 지금 내 딸아이의 건강은 나와 별반 차이가 없다.

3개월 전에 누군가 이러한 상황을 완화시킬 수 있다는 확신을 나에게 주면서 수천 달러짜리 제품을 사라고 권했다면 나는 아예 그 사람과 말도 하지 않았을 것이다. 그리고 "당신과 딸의 건강을 위해 어서 그 집에서 나와 이사 가세요."라고 조언해도 귀담아 듣지 않았을 것이다

지금까지도 나는 이집에서 힘든 생활을 하고 있다. 고통스러운 내 몸을 정상으로 유지하려고 애쓰느라 14살짜리 딸아이와 소파에 앉아 한 번도 제대로 놀지도 못했다. 내 몸은 항상 벌벌 떨려서 보름 동안을 거의 매일 밤 두 시간도 제대로 자지 못했다. 나는 하루 24시간 내내 수면 부족과 피해망상증으로 몇 시간 동안 울기도 했다.

나는 인간이 만든 전자기 주파수와 마이크로파 방사선에 노출되는 것

이 얼마나 위험한지 공부하기 위해 찾을 수 있는 모든 정보를 조사하고 있다. 우리 모두의 머리 위에 계속 늘어나고 있는 중계기 안테나와 눈으로 볼 수 없는 무선 정보망에 관해 이해하려고 노력하고 있다. 하지만 지금은 정보도 부족하고 이해도 충분하지 못하다.

과거에 나는 각종 무선통신 안테나 종류를 구별도 못했을 뿐만 아니라 캐나다 산업안전 규정이나 보고서와 같은 것은 들어본 적도 없었다. 나는 캐나다의 환경, 산업, 보건 등 관련 부처나 의사협회 등 어느 곳으로부터 10개의 중계기 안테나 1.8미터 아래의 삶이 안전하다는 것을 들어본 적이 없다. 또한 어느 누구도 이러한 삶이 안전하지 않다고 말해준 적도 없다. 하지만 감사하게도 내 몸이 안전 여부에 관한 진실을 말해주고 있다. 그래서 훌륭한 판결을 위해서는 내 몸에 귀를 기울여야 한다.

3개월 전만 하더라도 나는 주변 사람들이 사용하는 휴대폰에 대해 드러내놓고 불쾌감을 표현하지 않았다. 버스 안에서 승객 절반이 문자를 보내거나 통화를 할 때 발생하는 무선주파수 신호가 내 몸이 견딜 수 있는 범위를 넘었다고 해도 나는 버스에서 내리지 않았다. 또 장시간 컴퓨터 모니터 앞에 앉아 있거나 키보드를 사용하는 것에도 거리낌이 없었다. 와이파이가 나오는 방에서 장시간 있으면 다리가 따끔거리고 감각이 무뎌지는 느낌도 없었다. 무선전화나 휴대폰을 사용하면 속이 미식거리거나 손에서 팔까지 이어지는 날카로운 통증도 느끼지 않았다.

그러나 지금 나는 느끼고 민감하게 반응한다.

3개월 전만 하더라도 나는 중계기 안테나 가까이 서있는 것에 관해서 무관심했다. 그 곳에서 벽에 기대어 있거나 방에 깔린 전선 가까이 또는 지하실 위층 마루에 누워있는 것에 신경 쓰지 않았다. 이웃집 와이파이나 무선전화기 본체에서 발생되는 전자파들이 벽을 통해 전해지면 어떤 영향을 주는지 생각해 본 적이 없다.

나는 "전기 민감" 또는 "전기 과민"이라는 단어를 들어본 적이 없다. 중계기 안테나가 무엇인지 그리고 10개의 중계기 안테나 1.8미터 아래에서 당하는 삶의 피해에 관해 아는 의사를 찾기 위해 몇 시간씩 전화하지 않았다. 내가 말하는 것을 이해하고 내게 좋을 만한 처방을 내릴 수 있는 몇몇 사람들을 겨우 찾아내기 위해 많은 돈을 들여 비행기 표를 사고 내 발품을 팔았다.

3개월 전만 하더라도 잠을 잘 자기 위해 집안에서 9일 동안 이 방 저 방 6곳을 헤매지 않았다. 왜냐하면 냉장고를 제외한 모든 가전제품의 플러그를 빼고 와이파이와 무선전화를 꺼버린 후에도 이웃집에서 나오는 전자파가 벽을 통과하여 내가 자려는 곳에 스며들기 때문이다.

이 일을 겪기 전에는 무선기기가 주는 혜택만 알고 있었다. EMF Solutions(전자파 위험성을 알리고 전자파 측정기, 차단 용품과 서비스 제공)[1], Earthcalm(전자파 차단 용품 판매)[2], magdahavas.com(전자파 관련 연구결과 및 정보 공유)[3], WEEP Initiative(캐나다 국민들에게 전자파의 위험성을 알리는 과학정보 제공)[4], Electrosensitive Society(전자파 위해성을 우려하는 사람들의 모임)[5], safelivingtechnologies.com(전자파의 위험성을 알리고 가정에서 전자파를 측정하고 차단하는 용품과 서비스 제공)[6], Q-link(공명효과로 신체의 주파수를 외부원과 맞춰주는 용품 판매)[7], 가우스 미터, 전자 스모그 미터 등에 관해서는 들어보지도 못했다. 우리가 문명의 이기라고 믿어왔던 기술로부터 전 세계 수많은 사람들이 자신들의 삶에 치명적인 영향을 받은 이야기를 나는 들어보지 못했다. 무선기기는 우리 생활에 오로지 유익하고 해로운 것은 전혀 없으며, 방출하는 마이크로파 방사선은 볼 수는 없지만 인체가 수용할 수 없는 수준을 넘지 않을 것으로 생각했다.

하지만 나는 3개월 전 기습공격을 당했다. 중계기 안테나에서 나오는 마이크로파 방사선으로 인해 나의 인생은 완전히 망가졌다. 나는 지금 새로운 집을 구하고 있다. 이번에는 집의 위치, 크기, 가격, 스타일보다는 근래에 알게 된 "전자파"를 심각하게 고려해야 한다는 사실에 봉착해 있다.

항상 깨어있길 바란다. 당신의 선택과 당신에게 영향을 주는 타인의 선택에도 항상 주의를 기울여야 한다. 지금 깨어있지 않으면 후에 엄청난 대가를 치를 수도 있다.

주석 및 참고문헌

1. EMF Solutions: https://emfsol.com/
2. Earthcalm: http://shop.earthcalm.com/
3. magdahavas.com: http://www.magdahavas.com/about-this-site/
4. WEEP Initiative: http://www.weepinitiative.org/ Canadian Initiative to Stop Wireless, Electronic, and Electromagnetic Pollution
5. Electrosensitive Society: http://www.electrosensitivesociety.com/
6. safelivingtechnologies.com: http://www.slt.co/
7. Q-link: https://www.shopqlink.com/

제3장

전자파와 야생생물

야생생물들은 오랜 기간 자연에서 배출되는 전자파에 적응하고 또 이용하면서 진화해 왔다. 하지만 인간이 만든 무선주파수(RF: Radio Frequency, 전자파의 일부)는 야생생물들에게는 진화과정에서 경험하지 못한 새로운 영역에 해당한다. 이 장은 RF가 야생생물에 미치는 영향에 관해 과학자들이 지금까지 연구한 결과를 정리한 것이다.

무선주파수(RF) 신호는 휴대폰, 중계기 안테나, 스마트 미터 등이 작동하는데 반드시 필요하기 때문에 지금은 현대 문명이 있는 곳이라면 언제 어디서나 방출되고 있다.

그렇다면 이러한 RF 신호는 야생생물들에게 어떤 영향을 주는가?

과학자들은 중계기 안테나에서 방출되는 RF만으로도 동물의 개체수를 감소시키고, 종에 따라서는 서식처를 줄이기도 하며, 식물의 발육 상태를 악화시킨다고 말한다. 어떤 종들은 RF 신호로 인해 면역력이 떨어지고 생식력에 문제를 일으키기도 하며 자해적인 행동을 보이기도 한다.[1]

다음은 RF 신호가 나무, 곤충, 개구리, 그리고 새에 미치는 영향에 관한 연구 결과를 정리한 것이다.

3.1 무선주파수와 야생생물

나무

2010년에 발표된 한 학술지 논문에 따르면 자연계에 원래 존재하는 RF는 지금 숲에서 자라는 나무의 일생을 통틀어 거의 동일하게 유지되어 왔다고 한다.[2] 1800년 이전에는 숲에 있었던 RF의 주요 부분은 우주(Galactic Noise: 은하 잡음)에서 왔거나 번개(Atmospheric Noise: 대기 잡음)를 통해 만들어진 광대역 무선 잡음(Broadband Radio Noise)이었고, 태양으로부터 온 RF는 작은 부분을 차지했다.[3] 식물은 가시광선으로 하루 동안 생체 대사를 조절하면서 자연의 RF도 함께 이용하는 방향으로 진화했을 것이라고 설명하고 있다.

이러한 점으로 미루어 보면 식물은 인간이 만들어낸 RF에 매우 민감할 수 있다. 현재 전자파 오염으로도 불리는 인간이 만든 RF는 자연 상태의 RF에 비해 몇 배나 더 강하다는 것이 이 논문의 주장이다.[2] 진화론에서 말하는 오랜 시간의 관점에서 보면 이러한 변화는 갑작스럽고 극적인 것으로 여겨질 수 있다.[4] 식물[5]과 균류(곰팡이)[6]의 성장률은 RF에 노출됨에 따라 증가 또는 감소할 수 있다. RF에 노출된 식물은 더욱 활발한 조직 분열을 일으킬 수 있고,[7] 뿌리 세포 구조에 영향을 미칠 수도 있으며,[8] 생화학적 구조를 변화시켜 스트레스 반응을 일으킬 수 있다.[9]

RF 신호가 사시나무(Aspen) 묘목에 미치는 영향에 관한 연구는 매우 흥미롭다.[2] RF에 노출된 묘목에는 조직이 파괴되는 손상이 일어나 잎에 비정상적인 색깔이 나타났지만, 노출이 차단된 패러데이 케이지(Faraday Cage, 외부 RF 방사선을 막기 위해 만들어진 금속 용기)에서

는 아주 건강하게 잘 성장했다.[2]

전문가들의 조사에 따르면 현재 유럽 전역의 도시 지역에서 자라는 나무들이 각종 질병으로 인해 원인 모르게 죽어가고 있다고 한다.[10] 또한 이 나무들은 햇빛에 비정상적인 반응을 나타내고 있으며, 나무껍질 아래 암 덩어리 같은 것이 자라는 나무들도 많다고 한다. 그런 나무껍질은 위로 들떠서 안쪽은 병균에 감염된다. 이러한 현상은 휴대폰, 무선기지국, 와이파이, 그리고 그 외 약한 비전이성 방사선(Non-Ionizing Radiation)의 유사 발생원으로부터 나오는 RF에 노출된 결과라고 설명하고 있다.[10]

뿐만 아니라 와이파이가 센 지역의 나무들은 껍질이 갈라져 수액이 흐르거나, 나뭇잎의 부분적인 고사 또는 비정상적으로 성장이 저해되는 현상이 발견되었다.[10] 2010년 네덜란드에서는 70퍼센트에 이르는 도시 지역의 물푸레나무가 RF 방사선으로 인한 피해를 입었다. RF 방사선 때문에 물푸레나무는 잎이 마르는 고엽현상을 암시하는 "납 색깔을 띠는 광택" 증상을 보이기도 했다. 2005년에는 겨우 10퍼센트의 물푸레나무가 RF 방사선에 의한 피해를 입은 것으로 조사됐다.[11]

개미

곤충의 전기 감지능력에 관한 연구는 1992년에 처음으로 이루어진 것 같다.[12] 이 연구에서 여러 종의 개미들이 전기장 주변으로 모여든다는 것을 알아냈다. 사실 개미들이 전기장으로 모여든다는 것은 장비들을 손상시킬 수 있다는 것을 의미한다.

2013년에는 개미를 무선기기에 노출시키는 실험이 이루어졌다.[13] 휴대폰을 아래에 둔 쟁반위에 개미를 올려놓고 행동을 관찰했다. 휴대폰이 꺼져 있거나 대기 모드일 경우에 개미들의 회전 속도가 증가했다. 하지만 수신이 가능하도록 전화를 켜자 2~3초 내에 개미들의 회전 속도는 증가했지만 직선이동 속도는 감소했다.

개미들이 스마트폰에 처음 노출되면 직선이동 속도는 감소하고 회전 속도는 증가했다. 속도 변화 패턴은 비슷했지만 무선전화기에 노출되었을 때는 더욱 강했다. 이때 개미들은 다리를 움직이는데 어려움이 있었을 뿐만 아니라 평상시처럼 개미집이나 먹이가 있는 곳으로 가지 않았다. 두 종류의 전화기에 각각 3분씩 노출된 개미들이 정상적인 행동으로 복귀하기까지 2~4시간가량 걸렸다.

휴대폰을 대기모드 상태로 하여 개미집 아래 놓았을 때 개미들은 알과 유충, 애벌레를 데리고 즉시 그곳을 떠나 휴대폰으로부터 멀리 떨어진 곳으로 가서 정착했다. 휴대폰을 제거하자 개미들은 원래 있던 곳으로 돌아왔다.

와이파이 라우터에 30분간 노출된 개미는 먹이탐색 행동에서 그랬던 것처럼 이동 속도가 변화하기 시작했다. 개미들이 정상적인 먹이탐색 행동으로 복귀하는 데는 6~8시간 걸렸다. 몇몇 개미들은 결코 회복되지 않았으며 며칠 후에 죽은 채로 발견됐다.

노트북(ACER Aspire 2920)을 약 25센티미터 떨어진 곳에서 켜자마자 개미들은 방해를 받는 것처럼 보였다. 하지만 컴퓨터 와이파이 기능이 꺼진 상태에서 스위치를 켜면 개미들은 영향을 받지 않았다.

연구자들은 개미가 무선기기에서 방출되는 RF 신호의 생물학적 영향을 밝히는 지표로 사용될 수 있다고 결론 내렸다. 또한 사용자들은 PC의 와이파이 기능을 비활성화할 것을 권고했다.[13]

벌

벌들은 원래 전기장 감지능력이 있다. 벌은 양전하를 띠며, 꽃은 음전하를 띤다. 이러한 전하들은 꽃가루 수분이 일어날 때 꽃가루가 벌의 털에 붙을 수 있도록 한다. 2012년에 이루어진 한 연구는 벌이 전기장 감지능력으로 꽃에 최근에 다른 벌이 다녀갔는지를 알아차리고 그 꽃에 방문할 가치를 결정한다는 것을 밝혔다.[14, 15]

독일 과학자 울리히 워른크(Ulrich Warnke)는 저서에서 전자파와 곤충의 행동에 관해 다음과 같이 기술하고 있다.[16] 벌이나 다른 곤충들도 새와 마찬가지로 지구의 자기장이나 빛과 같은 고주파 에너지를 사용한다. 곤충도 자성복합체에 연속적으로 반응할 뿐만 아니라 활성적인 전하가 없는 입자를 이용하여 방향을 잡고 날아간다. 그래서 인공적으로 만들어진 메가헤르츠(MHz) 범위의 전자파 진동과 저주파 범위의 자기 충격은 생물진화를 통해 발전해온 자연에서 방향과 항법 기작을 계속 방해한다.

워른크는 저서에서 과학자이자 양봉가인 페르디난드 루치카(Ferdinand Ruzicka)의 2003년 사례를 인용하고 있다. 루치카는 자신의 벌통 주변에 여러 대의 중계기 안테나가 세워진 이후 초기에 있었던 40개 정도의 소규모 벌떼들이 심한 불안을 보이며 거대한 떼를 만드는 현상을 보였다고 보고했다. 또 벌들이 벌집 특유의 육각형 모양을 만들지 않고 무작위로 만들었다. 여름에는 특별한 이유도 없이 벌떼들이 흩어지고 겨울에는 눈이 오는 영하의 날씨에도 먹이를 구하러 나갔다가 벌통 옆에서 죽는 현상도 관찰되었다. 겨울이 오기 전에 활동적인 여왕벌과 함께 건강하고 강했던 벌떼들이 이러한 증상을 보이면서 모두 붕괴되었다. 이 벌떼들은 가을에 충분한 꽃가루와 먹이가 제공되었기 때문에 전자파가 붕괴 이유라고 추정할 수밖에 없다.

루치카는 그 후 양봉가들에게 설문조사를 실시했다. 그의 설문에 참여한 양봉가 20명 모두 자신의 벌통 300미터 이내에 안테나가 설치되어 있었다. 안테나 작동 전후에 나타난 벌들의 행동을 비교해본 결과, 37.5퍼센트는 벌들의 공격성이 증가되었고, 25퍼센트는 벌들이 무리를 이루려는 경향이 증가했으며, 65퍼센트는 안테나가 작동하기 시작한 후 알 수 없는 이유로 벌떼들이 붕괴되어 갔다고 보고했다.

워른크는 단일 육종, 살충제, 진드기, 이동성 양봉, 사전 처리된 종자, 혹한의 겨울, 유전자 변형 종자도 벌떼의 붕괴를 설명할 수 있다고 한다. 그러나 이 중 어느 하나도 2~3년 전에 아주 급작스럽게 전국적으로 벌떼가 죽어간 현상을 설득력 있게 설명하지 못한다. 만약 벌들이 단지 아주 약하거나 병들었다면 벌집 안이나 가까이에서 죽어야 하는데, 이러한 현상을 보인 연구에서 병든 벌들은 발견되지 않았다.

2009년 5월, 미국 어류 및 야생생물보호국(USFWS)은 의회에 무선통신기기와 벌떼 붕괴 사이의 잠재적인 관계를 조사할 것을 촉구했다.[17]

개구리

2010년 중계기 안테나가 개구리 서식에 미치는 영향에 관한 중요한 연구 논문이 발표되었다.[18] 안테나로부터 140미터 반경에 서식하는 개구리가 알에서 부화하여 올챙이가 되기까지 2개월 동안에 나타난 변화를 관찰한 결과다. RF에 노출된 개구리와 외부 RF가 차단된 페러데이 케이지에 넣은 개구리를 비교한 결과, 중계기 안테나의 RF 영역에 노출된 개구리의 사망률은 90퍼센트를 보였으나 페러데이 케이지 안의 개구리는 4.2퍼센트에 불과했다. 이 연구 결과는 휴대폰 사용을 위해 필요한 중계기 안테나에서 나오는 높은 수준의 마이크로파 방사선은 자연계에 심각한 영향을 미칠 수 있다는 것을 의미한다.[18]

새

미국 어류 및 야생생물보호국(USFWS)의 알버트 맨빌(Albert Manville) 박사는 북아메리카에서 한해 약 680만 마리의 새들이 중계기 안테나와 충돌로 인해 죽는다고 보고했다. 안테나 부근에 둥지를 틀고 있는 철새들에게 높은 마이크로파 방사선이 미치는 영향은 여전히 알려지지 않은 의문사항으로 남아있다.

알버트 맨빌(Albert Manville, Ph.D.) 어류 및 야생생물보호국, 2012

유럽에서 이루어진 한 연구는 중계기 안테나에서 방출되는 방사선이 새에 미치는 영향에 관해 심각한 우려를 나타내고 있다. 안테나 가까이에서 사는 새는 깃털에 기형이 나타나기도 하며 체중이 감소하고 유약함을 보이며, 새끼들의 잦은 사망으로 생존율이 떨어지는 것으로 보고되었다. 안테나가 세워지기 전이나 작동하지 않았을 경우에는 영향이 없었다. 미국에서 이루어진 실험실 연구에서는 극히 낮은 수준의 휴대폰 RF 방사선도 닭의 배아 발생과정에 치명적인 영향을 미치는 매우 흥미로운 결과가 관찰되었다.[19] 하지만 북아메리카 야생 조류에 RF 방사선이 미치는 영향에 관한 과학적인 연구는 지금까지 수행되지 않았고, 일부 과학적으로 입증되지 않은 사례만 보고되고 있다.

인간의 통신기술이 철새들에게 미치는 영향을 좀 더 잘 이해하려면 RF 방사선이 새의 이동에 어떤 영향을 주며, 그 영향이 사망 또는 부상으로 이어지는지 연구해야 한다. 또한 휴대폰을 비롯한 포켓용 기술의 폭발적인 성장은 그로 인한 잠재적 영향도 함께 증가하기 때문에 보다 많은 관심을 필요로 한다.

미국과 캐나다 사이에 체결된 철새보호조약(MBTA: Migratory Bird Treaty Act)에 따라 보호되는 1,007종의 철새 중 어느 한 종도 "우연 또는 사고로 인한 죽음이나 부상"을 허용하지 않는다. 따라서 RF 방사선으로 인해 현재 얼마나 많은 죽음이나 부상이 일어나고 있는지 또 미래에는 어떻게 될 것인지, 이를 최소화하기 위해 어떤 조치가 단계적으로 취해질 수 있는지 등에 관해 연구가 이루어져야 한다. 미국 어류 및 야생생물 보호국(USFWS)은 국가환경정책법(NPEA)에 따라 이러한 연구의 필요성을 연방통신위원회(FCC)에 계속 제안하고 있다. 연구를 통해 어떻게 그리고 어떤 수준으로 죽음과 부상이 일어나고 있는지 더 잘 파악해야 할 필요가 있으며, 그 후에 미래의 죽음과 부상을 피하거나 최소화하기 위하여 어떠한 보전 방법을 채택할 것인지 결정해야 한다. 이러한 문제는 논란의 여지가 있기 때문에 모든 연구와 결과는 매끄럽고 투명해야 한다.

황새(White Stork)는 보통 첨탑 끝이나 사람의 손이 닿지 않는 높은 곳에 둥지를 튼다. 중계기 안테나에서 방출되는 RF 방사선의 영향을 받는 황새 둥지에서 매우 흥미로운 현상이 관측되었다.[20] 안테나로부터 각각 200미터와 300미터 떨어진 곳에 있는 둥지들을 관찰해본 결과, 200미터 떨어진 곳의 둥지 40퍼센트에는 새끼가 없었고, 300미터 떨어진 곳에서는 3.3퍼센트만 새끼가 없었다. 또한 안테나 가까이 있는 곳에서는 암컷과 수컷이 둥지 재료로 쓰는 막대기를 땅바닥에 떨어뜨리고 자주 싸웠다. 그래서 둥지를 제대로 짓지 못했고 알에서 부화된 새끼들도 종종 죽었다.[20]

시민들도 RF 방사선을 방출하는 기기가 설치되었을 때 부근에 서식하는 새들에게 변화가 나타난다는 것을 알게 되었다. 미국 워싱턴 주 렌턴(Renton, Washington)에서 수년 동안 새의 사료 값으로 매달 30불씩 지출했던 한 시민은 이 도시에 수도관 스마트 미터가 설치되고 나서 더 이상 그의 마당에 있는 새 사료 통에 먹이가 줄어들지 않는 다는 것을 알게 되었다. 그의 이웃들도 수도관 스마트 미터가 설치되고 나서 그들의 마당에 자주 찾아오던 새들이 사라졌다는 것을 알게 되었다.

3.2 야생생물의 전자기 반응

자기장과 크립토크롬

벌이나 새와 같이 날아서 이동하는 야생생물은 RF 신호에 특히 민감하게 반응한다. 이들은 크립토크롬이라는 물질을 사용하여 빛과 지구 자기장을 감지하며 이동 방향을 찾고 생체 시계를 조절하고 있기 때문이다. 휴대폰이나 중계기 안테나가 벌과 새의 행동을 방해하는 원리를 다음과 같이 설명하고 있다.

앤드류 골드워시(Andrew Goldsworthy, Ph.D.), 생물학자

방향을 찾거나 면역체계를 조절하기 위해 새와 벌은 자기장 감지 물질인 크립토크롬(Cryptochromes)을 사용한다. 이 물질은 모든 동물, 식물 그리고 많은 박테리아에서도 발견되는 색소다. 또한 청녹색과 자외선을 흡수하여 빛 에너지를 화학 에너지로 전환시키는 광화학 반응을 일으킬 수도 있다. 크립토크롬은 빛을 감지하여 동물과 식물의 생체 시계를 조절하고 재설정한다. 어떤 동물들은 이 물질을 사용하여 지구 자기장의 방향을 감지하기도 한다.

하지만 크립토크롬은 항상 일정하게 유지되는 지구 자기장보다 세기가 약한 인간이 만든 진동 영역(Oscillating Fields)에 의해 심하게 손상된다. 이러한 손상은 곤충과 새가 가진 태양과 자기장을 이용하는 항법 기능을 저해할 수 있다. 그 예로 벌떼 붕괴현상, 철새와 나비의 감소, 기타 많은 생물들에서 면역력 약화 등을 찾아볼 수 있다.

서로 다른 방향으로 배열된 일련의 크립토크롬 분자는 곤충의 겹눈이나 척추동물 눈의 망막에서 나타난다. 눈에 있는 크립토크롬은 정상적인 시력에 사용되는 시각색소(로돕신)와는 차별화된다. 하지만 로돕신에 크립토크롬이 결합되면 자기장에서 방향을 찾고 정상적인 시각에서 보는 색깔 이상을 볼 수 있는 능력을 동물이 갖도록 해준다.

울새(Robins)는 크립토크롬에 흡수되는 파장의 빛을 받으면 지구 자기장을 이용하여 항해할 수 있다.[22] 그러나 0.085mT(지구 자기장보다 약 500배 약한) 정도의 약한 자기장 수준에서 0.1에서 10메가헤르츠(MHz) 사이에 해당하는 인간이 만든 주파수에 노출되면 울새는 지구 자기장에 반응을 할 수 없게 된다.

휴대폰, 무선전화, 그리고 와이파이 등과 같은 모바일 장치에서 사용되는 주파수는 자기장 시력을 완전히 가려버린다. 이때 세기가 약해도 자기장 시력을 방해한다. 왜냐하면 자기장 시력을 가리기에는 세기가 약할지라도 새의 자기장 감지를 왜곡시키고 새나 곤충을 잘못된 방향으로 날아가도록 유도하기 때문이다.

엄청나게 많은 수의 무선장치로 인해 새들은 끊임없이 깜박이는 디스코 조명으로 포격당하는 것처럼 항행 데이터와 지속적으로 충돌한다. 새들이 그런 지역을 떠나는 것은 당연하다. 벌통 옆에 무선전화 송신기기가 위치하게 되면 벌이 비정상적으로 행동하고 벌집으로 돌아가지 않는 현상이 나타나는 것은 같은 이유다.[23] (양봉가들은 벌통을 방문할 때 휴대폰을 가져오지 말 것을 권고한다.)

새, 벌, 그리고 많은 다른 동물들도 태양의 위치를 이용하여 방향을 찾는다. 이렇게 하려면 하루 종일 태양의 움직임에 맞게 조절되는 생체 시계가 있어야 한다. 크립토크롬이라는 물질은 생체 시계가 자기장을 감지할 수 있게 해준다. 그리고 자기장은 생체 시계의 속도를 변경시키거나 완전히 정지시킬 수도 있다.[24] 이는 곧 약한 인공 RF 신호도 생체 시계를 비정상으로 만들 수 있음을 의미한다. 동물은 약한 인공 RF 신호에도 태양의 움직임에 정확하게 따라가지 못하기 때문에 자기장이나 태양의 위치로 방향을 잡을 수 없다. 이정표가 없으면 동물은 길을 잃게 되는 것이다. 벌이 벌집으로 돌아갈 수 없을 때 벌떼가 흩어지고 붕괴되는 현상은 이러한 이유로 설명된다.

모든 고등생물체에서 하루 동안(일주) 대사 리듬은 24시간 지구 자전과 일치한다. 일주 대사 리듬 역시 크립토크롬이 작용하는 생체 시계에 의한 것이다. 생체 시계로 생물체는 아침과 저녁을 예상하고 여기에 맞게 신진대사를 변화시킨다. 하루 동안 대사 리듬은 멜라토닌(수면 호르몬) 생산을 조절한다. 밤에는 신진 대사에 필요한 모든 자원을 정비하여 면역 체계를 강화시킨다.

하지만 인공 RF 영역에 노출되어 생체 시계가 망가져 일주 대사 리듬을 잃어버리거나 약화되면 심각한 결과를 초래하게 된다. 사람의 경우, 낮에는 피로감을 느끼고 밤에는 잠을 설치며 멜라토닌 생산량이 줄어들게 된다. 무선전화 송신기기, 와이파이 라우터, 그리고 중계기 안테나에서 계속 방출되는 약한 RF 신호에 노출된 사람들로부터 이러한 현상들이 보고되고 있다.

하루 동안 일어나는 대사 리듬의 진폭이 약화된다는 것은 그것으로 인해 조절되는 생리적 반응이 최대 출력으로는 절대로 일어날 수 없음을 말한다. 예를 들어 면역체계가 약화되어 병균도 퇴치하지 못하고 암

세포 증식도 파괴할 수 없게 된다. 이러한 현상은 중계기 안테나 가까이 사는 사람들이 암에 걸리는 위험도가 높다는 의학적 조사 결과를 부분적으로 설명해준다. 또한 벌떼의 건강 지표가 감소하고 병균 저항력이 떨어지는 현상도 같은 이유로 설명된다.

((🌐))

빌 브루노(Bill Bruno, Ph.D.), 생물물리학자, 로스알라모연구소

전자기장을 이용하는 생물의 능력은 매우 정교하다. 크립토크롬은 단지 하나의 예에 불과하다. 수세기 동안 생물학에서의 수많은 발견과 의학의 발전에도 불구하고 인간이 알지 못하는 것들이 아직도 너무 많다. 예를 들어, 인간의 뇌와 부비강(Sinuses), 그리고 그 외 조직이 자성을 띠는 마그네타이트 입자를 가지고 있는 이유를 아직 모른다.

인간의 뼈와 콜라겐은 압전 효과가 나타난다. 전기장에서 팽창하고 수축하는데 그 원리를 설명할 수 없다. 그리고 DNA는 반도체에 해당되고 뇌에 있는 뉴로멜라닌을 포함하는 멜라닌이라는 물질이 전류가 흐르는 도체라는 최근 연구 결과도 이유를 설명하기 어렵다.

주석 및 참고문헌

1. A. Balmori, Electromagnetic pollution from phone masts. Effects on wildlife," Pathophysiology, (2009), doi; 10.1016/j. pathophys.2009.01.007
2. Katie Haggerty, "Adverse influence of radio frequency background on trembling aspen seedlings: Preliminary observations," International Journal of Forestry Research, 2010.
3. N. M. Maslin, "HF Communications: A Systems Approach," New York: Plenum Press, 1987.
4. Ibid.; E. H. Sanders et al, "Broadband spectrum survey at Los Angeles, California,"

NTIA Report 47–336, 1997.
5. I. Y. Petrov et al, "Possibility of correction of vital processes in plant cell with microwave radiation," in Proceedings of IEEE International Symposium on Electromagnetic Compatibility, pp. 234–235, Dec., 1991.
6. A. Berg and H. Berg, "Influence of ELF sinusoidal electromagnetic fields on proliferation and metabolic yield of fungi," Electromagnetic Biology and Medicine, v. 25, no. 1 (2006): 71–77.
7. M. Tafforeau et al, "Plant sensitivity to low intensity105 GHz electromagnetic radiation," Bioelectromagnetics, v. 25, no. 6 (2004): 403–407.
8. M. B. Bitonti et al, "Magnetic field affects meristem cell activity and cell differentiation in Zea mays roots," Plant Biosystems, v. 140, no. 1, 87–93, 2006; Wawrecki, W. et al, "Influence of a weak DC electric field on root meristem architecture," Annals of Botany, v.100, no. 4 (2007): 791–796.
9. D. Roux et al, "Electromagnetic Fields (900MHz) evoke consistent molecular responses in tomato plants," Physiologia Plantarum, v.128, no. 2 (2006): 283–288.
10. www.mastsanity.org/health/research/299-why-our-urban-trees–are-dying-by–andrew -goldsworthy-2011.html.
11. www.popsci.com/technology/article/2010-11/wi-fi-radiation -killing-trees
12. William MacKay et al, "Attraction of Ants (Hymenoptera: Formicidae) to Electric Fields," Journal of the Kansas Entomological Society, v. 65, no. 1 (1992): 39–43.
13. Marie-Claire Cammaerts and Olle Johansson, "Ants can be used as bio-indicators to reveal biological effects of electromagnetic waves from some wireless apparatus," Electromagnetic Biology and Medicine, 8.30.13.
14. Dominic Clarke et al, "Detection and learning of floral electric fields by bumblebees," Science DOI: 10.1126 /science.1230883; published online Feb. 21, 2013.
15. Matt Kaplan, "Bumblebees sense electric fields in flowers," Nature, Feb. 21, 2013.
16. Ulrich Warnke, "Bees, Birds and Mankind Destroying Nature by 'Electrosmog':Effects of Wireless Communication Technologies", A Brochure Series by the Competence Initiative for the Protection of Humanity, Environment and Democracy Brochure 1, Mar., 2009.
17. http://electromagnetichealth.org/electromagnetichealth-blog/emf–and-warnke-report- on-bees-birds-and-mankind/.
18. A. Balmori and C. Navarra, "Mobile phone mast effects on common frog (Rana temporaria) tadpoles; the city turned into a laboratory," Electromagnetic Biology

and Medicine, v.29 no. 1–2 (2010): 31–5, 59.

19. A. Di Carlo. et al, "Chronic electromagnetic field exposure decreases HSP70 levels and lowers cytoprotection," Journal of Cellular Biochemistry, v. 84 (2002): 447–454.
20. A. Balmori, "Possible effects of electromagnetic fields from phone masts on a population of white stork (Ciconia ciconia)," Electromagnetic Biology and Medicine, v. 24. (2005): 109–119.
21 Brian Beckley, "Are 'smart'meters chasing away birds from Rolling Hills?" Renton Reporter, Feb. 22, 2013.
22. T. Ritz et al, Nature, v. 429, 5-13-2004, 177–180.
23. T. Yoshi et al, http://tinyurl.com/rans84.
24. T. Yoshi et al, http://tinyurl.com/cx7xaa.

제4장
생명과 기술, 그리고 법

인간과 지구의 생명체는 장구한 세월 동안 자연으로부터 방출되는 전자기 에너지와 함께 하면서 진화해 왔다. 이 장은 지구의 전자기 현상, 인간의 전자기 현상 발견과 기술의 발달, 인간이 만든 전기와 전자기파가 주는 생물학적인 영향, 그리고 이를 관리하기 위한 법 등을 요약하고 있다.

인간은 전자파 중에서 가시광선과 열을 제외하면 기계의 도움 없이는 아무것(무선주파수 등)도 감지할 수 없기 때문에 대부분 사람들은 지난 1세기 동안 전자기파 환경이 얼마나 급격하게 변화했는지 알지 못한다.[1]

4.1 전자기 현상과 기술의 발달

앞에서 설명한 샌디에이고주립대학교의 뇌종양 집단 발생, 캐나다 토론토의 아파트 중계기 안테나 피해 사례, 그리고 인공 무선주파수가 야생생물에 주는 영향을 읽고 나면 대부분 사람들은 어떻게 이러한 일이 일어났는지 궁금해 할 것이다. 그래서 나는 이러한 궁금증을 풀기 위해 물리학자, 생물학자, 그리고 변호사들에게 알아봤다.

((🌐))

개리 올레프트(Gary Olhoeft, Ph.D.), 지구물리학자 및 전기공학자

현재 콜로라도광산대(Colorado School of Mines) 명예교수이며 아폴로 프로그램에 참여한 적도 있는 그는 나의 궁금증에 대해 다음과 같이 답했다. 그는 장구한 세월에 걸친 자연의 진화, 인간의 전기와 자기 발견, 그리고 전자기 현상과 전자기술의 급속한 발달 등을 예로 들면서, 지구는 번개와 지자기 현상, 그리고 태양 에너지 방출 등과 같은 엄청난 자연의 전자기 에너지 원에 둘러싸여 있음을 지적했다.[7]

번개는 구름과 지표면 사이에 있는 빗방울이나 바람 또는 먼지의 전하가 전압의 차이를 나타낼 때 만들어지는 전기의 가시적인 형태다. 전압의 차이가 충분히 응축되면, 공기층이 갈라지고 거대한 전류 흐름이 구름과 지표면 사이를 흐른다. 바람도 때로는 전하에 충격을 주어 마른 번개를 일으키고 이로 인해 산불이 나기도 한다. 먼지도 화산 분화구나 황사 안에서 전하의 변화를 일으켜 번개를 치기도 한다. 또한 아주 건조한 곡물창고 승강기나 석탄 광산에서 일어나는 번개도 먼지에 의한 것이다. 건조한 사막을 걷거나 겨울에 카펫 위를 걸을 때도 공기가 전하를 축적하여 약한 방전 현상을 일으키고, 다른 사람이나 금속 물체를 접촉할 때도 같은 현상이 일어난다.

지구의 자기장은 식물과 동물, 그리고 인간에게 북향을 알리는 나침반을 제공할 뿐만 아니라 태양풍으로 유입되는 방사능 입자를 막아준다. 오랜 기간 자연생태계는 여기에 적응하면서 진화해왔다. 인간과 모든 동식물은 지구의 자기장과 전기장, 그리고 저주파 슈만 공명 상태에 적응해왔다. 여기서 말하는 저주파 슈만 공명은 지표면과 대류권 최상층부에 위치한 전리권의 기하학적 구조에 의해 발생한 자연 상태의 전자기장을 의미한다.

언제 인간은 전기 에너지를 저장하고 조작하는 방법을 알게 되었나? 그리고 전자기장을 이용하고 전자기술을 개발한 것은 또 언제부터 인가? 고대 그리스인들은 전기를 만들 수 있었지만 저장하지는 못했다. 1600년대 중반 최초의 축전기인 레이덴 자(Leyden jar)가 전기를 저장하기 위해 발명되었다. 1800년대 무렵 개구리 다리의 경련을 통해 전기의 생물학적 영향이 밝혀지게 되면서 전기화학적 원리에 기초한 축전기 개발이 이루어졌다. 전기의 생산과 저장이 가능해짐에 따라 기술적인 응용을 통해 전자공학은 급속도로 발전했다.[3]

1750년경 벤자민 프랭클린은 지붕 위에 뾰족한 금속 막대기를 설치하고 커다란 케이블로 지면까지 연결하면 번개의 위험으로부터 집을 보호할 수 있다는 피뢰침의 원리를 발명했다. 금속 막대기는 번개 칠 때 전기를 땅으로 보내는 역할을 한다.[4]

그 이후 1825년 전자석(Electromagnet)의 발명을 시작으로 19세기에는 전신(1844년), 그 뒤를 이어 전화기(1875년), 그리고 최초의 발전소(1882년)가 만들어졌다. 1890년에는 에디슨이 교류 전기는 감전사를 가져올 수 있다는 연구 결과를 발표하면서 범죄자를 사형시키는 전기의자를 발명했다.

라디오(1890년대), 전기세탁기(1904년 사용 가능), 냉장고(1913년)와 같은 발명은 가정 생활의 급격한 변화를 가져왔으며, 엔터테인먼트

산업의 출현과 신속한 국제 교류를 가능하게 했다. 1901년에는 최초의 무선 전파가 대서양을 가로질렀다. 1930년에는 처음으로 군사용 레이더가 등장했으며, 1947년에는 후에 "전자레인지"로 불리게 된 마이크로웨이브 오븐이 시중에 나오게 되었다.

법적 규제는 항상 발명 이후에 이루어지기 마련이다.

하나로 표준화된 국가전기규정(NEC: National Electric Code)이 1897년에 만들어져 안전한 전기 시설 설치 요건을 명문화했다. 국가전기규정은 국립화재방지협회(NFPA)[5]에서 제정한 국가화재규정(NFC: National Fire Code)의 일부다. 국가전기규정은 그 자체로는 연방법이 아니었지만 주정부나 지역에서 일반적으로 지켜야 하는 의무 조항이었다.[6]

1934년에 와서 연방통신위원회(FCC)는 통신장애방지를 주요 목적으로 전자파 스펙트럼을 규제하기 시작했다.

전자기기의 편리함은 가끔 의도하지 않은 결과를 초래했다. 예를 들어, 전자레인지(1947년 발명)의 전자파 방출은 심장박동 조절기(1949년 발명)를 자극하여 자주 오작동을 일으켰다. 하지만 문제의 인식과 그에 따른 식품의약품안전청(FDA)의 전자레인지 규제는 1971년까지 이루어지지 않았다.[7]

오늘날 우리는 무선전화기, 휴대폰, 중계기 안테나, 와이파이, 베이비 모니터, RFID 칩, 스마트 유틸리티 미터 등과 같은 RF 방사선 방출기기에 둘러싸여 있다. 이들 중 대부분은 전자레인지, 전력생산 및 공급 장치, 보안장비, 재고관리장치 등과 같이 저주파수 가까이에서 작동하고 있다. 또 거의 대부분이 전선에 흐르는 교류 전기와 마찬가지로 연방이나 주 정부에 의해 규제되지 않는 주파수와 진폭에서 작동하고 있다.[8] 대부분의 이러한 주파수와 진폭은 자연에는 없는 것이다.

그래서 생물학적 영향이 궁금해진다. 다시 말하면 인간이 만든 전기와 무선기기들은 동식물과 인체 건강에 어떤 영향을 줄 것인가?

4.2 전기와 무선기기의 생물학적 영향

이 질문에 답을 생각하기 전에 먼저 생물학적으로 드러난 사실들을 보자. 음식물을 소화하고, 목마름을 느끼고, 집의 위치를 찾고, 타인과 소통하며, 그리고 질병에 대한 면역작용, 골절이나 감염으로부터 회복, 이성적 판단 등 많은 생물학적 기능들은 궁극적으로는 다양한 전기 작용에 의존한다는 것이다.

많은 과학자들은 인간이 만든 전자기장은 일상적으로 접하게 되는 주파수라서 생물학적 기능에 영향을 미치지 않는다고 오랫동안 믿어왔다. 이러한 과학자들은 주로 RF 방사선 노출에 의한 열 손상(가열 효과, Thermal Effect)을 우려했다. 그들은 물이 RF 방사선을 흡수하고 인체의 3분의 2가 물이라는 점에 주목했다. 연방통신위원회(FCC)는 휴대폰의 유해성을 확인하기 위해 90킬로그램 정도의 물로 채워진 인체 모방 마네킹에 휴대폰을 6분간 노출시켰다. 이 마네킹 머리의 온도가 주목할 정도만큼 변하지 않았다는 이유로(실험결과 온도 변화를 보이지 않음), FCC는 휴대폰은 안전하다고 판단했다.[9]

무선주파수의 비가열 효과

RF 방사선 노출은 가열 효과만의 문제가 아니었다. 지난 몇십년 동안 일부 과학자들은 이점을 궁금하게 생각해왔다. 1975년 신경과학자 앨런 프레이(Allan Frey) 박사는 공군 레이더에서 방출되는 매우 약한 마이크로파 방사선(휴대폰에서 방출되는 방사선과 유사한 것)이 뇌를 보호하는데 매우 중요한 역할을 하는 뇌혈관 보호막(BBB: Blood - Brain Barrier)의 투과성을 높인다는 사실을 발견했다.[10] 그는 마이크로파 방사선이 개구리의 심장박동 리듬을 변화시킬 수 있다는 것도 알아냈다. 마이크로파 진동이 심장박동과 동기화되면 개구리의 심장을 멈추게 할 수도 있었다.[10]

프레이의 연구가 발표되고 35년가량 지난 후, BioInitiative 2012[11] 보고서는 고압전선, 일반적인 전기 배선 오류, 가전제품, 무선전화기, 휴대폰, 중계기 안테나, 스마트 유틸리티 미터, 와이파이, 베이비 모니터 등에 인체가 노출되었을 때 유전자(DNA), 기억력, 학습능력, 행동, 주의력, 수면, 암, 알츠하이머, 기타 신경 질환에 나타나는 이상 현상에 관한 약 1천8백편에 달하는 과학 논문을 정리했다(보고서에는 해결 방법도 제시되어 있다).

뉴욕주립대학교 알바니 캠퍼스(SUNY Albany)의 환경의학 교수이자 BioInitiative 2012 보고서의 공동 편집자인 데이비드 카펜터(David Carpenter) 박사는 "전 세계 수십억 명에 달하는 사람들의 건강에 영향을 미친다는 아주 많은 증거가 있다."라고 말한다. 그는 또 "유해하다는 증거가 있는데 그대로 둔다는 것은 용납될 수 없다."라고 주장한다. BioInitiative 2012 보고서에는 휴대폰 RF 방사선에 의한 남성 정자의 손상에 관한 12편의 새로운 연구 논문도 포함되어 있다. 바지 주머니나 허리 벨트에 소지하고 다니는 휴대폰도 정자 DNA와 남성의 수태 능력에 손상을 준다.[12] 무선인터넷으로 작동하는 랩톱 컴퓨터도 정자의 DNA를 손상시킬 수 있다. 이 보고서에는 무선기기에서 방출되는 RF 신호에 노출되면 암, 신경성 질환, 알레르기, 자폐증 등 여러 가지 건강 문제 발생 위험을 높인다는 내용도 들어있다.[12]

RF 신호는 심장박동 조절기, 인슐린 펌프, 심부 뇌 자극장치(Deep Brain Stimulator)와 같은 체내 이식 의료기의 작동을 방해할 수 있을 뿐만 아니라 이러한 장치들은 같은 인체 내에서도 서로 영향을 주고받는 것으로 밝혀졌다.

2011년 유엔 세계보건기구(WHO)의 국제암연구위원회(IARC)[13]는 무선주파수 전자파 영역(RF Field)을 "인체 발암가능인자(Possibly Carcinogenic to Humans)"로 분류했다.

스웨덴의 종양학 전문의사인 레나트 하르델(Lennart Hardell) 박사는 뇌종양에 관해서 "신경교종(Glioma, 제1장에서 언급한 리치 파버에게 생겼던 뇌종양의 일종)과 청각종양(Acoustic Neuroma)의 발생 위험은 휴대폰이나 무선전화기 사용과 패턴이 일치한다."라고 기술하고 있다.[12] 그는 BioInitiative 2012 보고서에서 "휴대폰이나 무선전화기를 장시간 사용함으로 인해 위험도가 증가하는 것은 매우 유력한 증거이며, 이러한 기기들을 10년 이상 사용했거나 한쪽 귀에만 대고 사용했던 성인의 경우 악성종양의 발생 위험이 두 배나 높았고, 특히 20세 이전부터 사용해왔던 성인은 그 위험이 훨씬 높다."라고 기술하고 있다.

미국 소아과의학회 회장인 토머스 맥이너니(Thomas McInerny, MD)는 휴대폰 알권리 법(Cell Phone Right to Know Act)을 지지하는 성명서에서 "어린이들이 휴대폰과 같은 환경 RF 방사선에 무차별적으로 노출되어 피해를 당한다."고 기술하고 있다. 어린이의 뇌는 성인과 비교했을 때 뼈의 밀도와 수분함량에서 차이를 보이기 때문에 훨씬 더 많은 RF 에너지가 두뇌 깊숙이 침투할 수 있게 된다.[14]

인간에 의해 만들어진 RF 방사선은 야생생물들에게도 영향을 준다. 런던 임페리얼대학 명예교수인 앤드류 골드워시(Andrew Goldsworthy) 박사는 "휴대폰과 중계기 안테나, 무선전화기, 와이파이로부터 방출되는 전자파 신호가 새와 벌의 비행 체계와 생체 시계에 영향을 주고, 그로 인해 병에 대한 저항력을 약화시킨다는 증거들이 계속 늘어나고 있다."라고 말한다.

윌리엄 브루노(William Bruno) 박사, 로스알라모연구소

잠들기 전에 휴대폰을 사용한 사람의 경우 뇌파(EEG: Electroencephalography)에 약간의 변형이 나타난다는 연구 보고가 있다.[15] 사람에 따라 변형 형태에 차이가 있지만 같은 사람의 경우 동일하다. 휴대폰 사용이 뇌파 변형을 유발하는 것은 뇌가 RF 방사선에 영향을 받는다는 것을 의미하기 때문에 주목해야 한다.

일정한 수준이 유지되는 교류자기장은 수면에 영향을 주지 않지만 불규칙할 경우 수면을 방해한다는 연구 결과가 2000년에 발표됐다.[16] 불규칙한 교류자기장은 유해 전기(Dirty Electricity)나 스마트 유틸리티 미터 등에서 나온다.

수면 호르몬이자 중요한 항산화제인 멜라토닌의 생산량이 자기장 노출 변화에 따라 감소한다는 사실이 많은 동물 실험에서 보고되고 있다. 노출이 서서히 변화할 경우 생산량에 영향을 주지 않지만 자기장에 의해 만들어진 방사선의 종류가 급격히 변화하면 멜라토닌 생산량이 감소한다.[17]

수면의 질은 개개인의 전반적인 건강상태와 관련이 있다. 수면 방해 주파수를 포함하여 진동하는 전자기장이 우리 주변에 있는 것은 좋지 않다.

지금은 많은 사실들이 밝혀지고 있다. 최근에는 돌고래 입 주변에 약한 전기장을 감지할 수 있는 구멍들이 있다는 것을 알게 되었다.[18] 상어, 가오리, 오리너구리, 두더지 등이 전기 감지 능력이 있다는 사실은 이미 밝혀져 있다. 진화론적인 관점에서 우리의 선조에 해당하는 동물들이 그런 능력이 있다. 인간을 포함한 많은 동물들이 지구 자기장을 이용해 이동할 수 있다는 사실을 우리는 알고 있다. 어떤 동물들은 지하 또는 해저의 약한 자성 퇴적물로부터 정보를 얻는다. 약한 자기장도 생물체에 영향을 줄 수 있다. 이러한 영향을 찾아내려면 많은 세심한 연구가 필요할 것이다.

인간이 만든 약한 전자기장이 멜라토닌의 생산과 수면에 영향을 미치며 이로 인해 시간이 지나면서 질병으로 쉽게 이어질 수 있다. 여기서 이러한 결론을 내는 것으로 얘기를 마치려는 것은 아니다.

쉽게 말하자면 우리 인간은 장구한 세월 동안, 지구와 번개, 그리고 그 외 자연으로부터 방출되는 전자기 에너지와 함께 하면서 진화해 왔다. 인체 세포들은 전기화학 신호에 따라 작동한다. 한편에서는 우리의 송전망, 가전제품, 무선기기, 통신장비는 자연계에서 발견되지 않은 주파수와 진폭에서 작동한다. 전기와 가전제품, 그리고 무선장치는 우리에게 편리하고 즐거운 삶을 제공하지만 전자파 방사선을 방출한다. 그리고 이러한 방출은 수면을 비롯한 인체의 기본적인 생물학적 기능에 영향을 준다.

이러한 불편한 진실들은 알고 나서 우리는 여기서 논의를 끝낼 수도 있고 보다 깊숙이 연구하여 해결책을 찾을 수 있다.

이 책을 하나의 초대장으로 생각해주기 바란다. 그리고 그 초대는 전기와 가전제품, 그리고 무선통신에 영향을 받는 사람은 누구라도 자신들이 관찰했던 점과 궁금한 점을 말하고 토론에 참여하는 것을 의미한다.

4.3 무선통신기술과 법

전기가 어떤 방법으로 가정에 공급되는지, 자기장과 광대역 전력선 통신이 무엇인지, 휴대폰 사용이 뇌종양을 일으킬 수 있는지 등에 관해 더 깊이 공부하기 전에, 우리는 법이라는 또 다른 주제를 논의 대상으로 삼아야 한다. 사실 지금의 법은 우리의 건강과 환경보다 통신의 편리함을 훨씬 중요하게 생각하고 있다. 인간이 만든 법은 자연의 법을 고려하지 않고 있다.

일례로 1996년 하원에서 제정된 통신법(TCA: Telecommunications

Act)은 지방정부가 지역 주민들의 건강이나 자연생태계를 보호하는 것을 실질적으로 못하게 만들었다. TCA 제704조는 "주정부나 하위 지방자치단체 또는 여기에 소속된 어떤 기구도 무선 주파수 방출에 따른 환경적 영향을 근거로 통신용 무선서비스 시설의 배치, 건설 또는 개조를 규제할 수 없다." 여기서 "환경적 영향"이란 인체 건강에 미치는 영향을 포함한다.

달리 표현하면, 연방법이 사람의 건강이나 환경을 이유로 통신장비의 설치를 막을 수 없게 만들었다는 의미다.

또 다른 예로서, 새로운 전자기기를 판매하고자 하는 제조업체는 FCC에 신제품(휴대폰, 보안 장치, 베이비 모니터, 와이파이 라우터 등)이 기존의 라디오, TV 또는 인터넷 방송을 방해하지 않는다는 것을 입증해야 한다. FCC의 안전기준을 충족시키기 위해서 제조업체는 신제품이 몇 분간 인체 노출로 피부에 열로 인한 특별한 영향이 없다는 것만을 증명하면 되는 것이다. 이것이 앞서 설명한 "가열 효과"다. 이미 수천 건의 연구 논문에서 무선기기에서 방출되는 방사선에 노출됨으로서 발생하는 "가열 효과" 외적인 여러 영향("비가열 효과")들이 확인됐지만 FCC는 이러한 사실에 주목하지 않고 있다. 적어도 미국에서는 어느 기관도 신경 쓰지 않고 있다.

제1장에서 설명한 '왜 샌디에이고에서 뇌종양이 집단 발생했는지'라는 질문으로 다시 돌아가 보자. 1996년 클린턴 대통령이 TCA에 서명한 후, 통신업계는 대대적인 광고 캠페인을 시작했다. 산업체는 사람의 건

강이나 생태계에 미치는 영향과는 상관없이 새로운 제품과 서비스를 개발할 자유가 있었을 뿐만 아니라, 어느 기관도 그러한 제품과 서비스로 인해 발생할 수 있는 위험에 대한 경고 의무를 요구하지 않았다. 그래서 거의 모든 사람들이 모바일 기기와 와이파이에 빠져들었다. 건강과 환경을 무시한 채 새로운 기술에 열광하며 우리는 너나 할 것 없이 모두 가입했다.

무선기기들은 기지국 없이는 작동할 수 없기 때문에 대부분의 사람들은 중계기 안테나 가까이에 살고 일하고 학교에 간다. 더 많은 데이터 전송과 더욱 넓은 광대역을 필요로 하는 온라인 비디오의 수요가 늘어감에 따라 더욱 많은 안테나가 필요하게 되었고, 결국 더욱 많은 전자기파 방사선에 노출되게 된 것이다.

궁금증은 계속된다. 먼저 우리가 할 수 있는 것과 할 수 없는 것을 구분해 보자. 우리(사회, 정부 기관, 산업체, 비즈니스, 개인)는 지구의 전자기 에너지를 바꿀 수 없다. 전자기기는 점점 증가하여 우리의 전자기 에너지 환경 스펙트럼에 더해지고 있다. 차폐실을 건설하는 것은 인공 RF 방사선과 저주파수 영역에 대한 노출을 줄일 수 있지만 이는 역으로 지구 본래의 전자기파 영역에 대한 노출도 막을 수 있다. 우리는 전자기파 영역에 대한 생물학적 반응도 바꿀 수는 없다.

우리는 법과 규제를 바꾸고 방사선에 대한 노출을 줄이려는 의지가 있는가? 또한 우리는 생각과 행동을 바꿀 의지가 있는가?

주석 및 참고 문헌

1. R. Becker, MD, The Body Electric: Electromagnetism and the Foundation of Life, New York: William Morrow, 1985.
2. National Academy of Sciences, "The Earth's Electrical Environment," Washington, DC: National Academy Press, 1986 p. 263; C. Constable, "Geomagnetic temporal spectrum," Encyclopedia of Geomagnetism and Paleomagnetism, D. Gubbins and E. HerreroBervera, eds., The Netherlands: Springer, 2005, 353–355.
3. J. F. Keithley, The Story of Electrical and Magnetic Measurements from 500 bc to the 1940s, Bangalore, India: IEEE Press, 1999, 240.
4. "Lightning Protection for Engineers," National Lightning Safety Institute, 2009, p. 253; SOARES Book on Grounding and Bonding, 10th ed., IAEL, 2008, 429; G. Vijayaraghaven et al, Practical Grounding, Bonding, Shielding and Surge Protection, UK: Newnes/ Elsevier, 2004, 237.
5. NFPA: National Fire Protection Association, https://www.nfpa.org
6. www.nema.org/Technical/FieldReps/Documents/NEC-Adoption -Map-PDF.pdf; and NEPA 70 (National Fire Protection Association) 2011, National Electric Code.
7. M. Gruber, ed., The ARRL RFI Book, 3rd ed., 2010, var. pp.; see also www.fcc.gov and www.fda.gov.
8. M. Loftness, AC Power Interference Handbook, 3rd ed., ARRL, 2007; see http://emfandhealth.com/Science%20Sources.html.
9. D. Davis, Disconnect: The Truth About Cell Phone Radiation, What the Industry is Doing to Hide It, and How to Protect Your Family, New York: Dutton, 2010.
10. A. H. Frey et al, "Neural function and behavior: Defining the relationship," Annals of New York Academy of Science, v. 247 (1975): 433.
11. BioInitiative 2012 Report Issues New Warnings on Wireless and EMF University at Albany, Rensselaer, Jan. 2013
12. C. Sage and D. Carpenter, MD, BioInitiative Report 2012 press release, 1-7-2013.
13. IARC: International Agency for Research on Cancer, https://www.iarc.fr/
14. From 12-12-2012 letter to Representative Dennis Kucinich in support of the Cell Phone Right to Know Act.
15. M.R. Schmid et al, (2012), "Sleep EEG alterations: Effects of different pulse-modulated radio frequency electromagnetic fields," Journal of Sleep Research, 21:50–58, doi: 10.1111/j.1365–869. 2011.00918x.
16. C. Graham and M. R. Cook (1999), "Human sleep in 60 Hz magnetic fields,"Bioelectromagnetics, 20: 277–283, doi: 10:1002/ (SICI)1521–186X

(1999) 20:5<277:AID-BEM3>3.0.CO:2-U.

17. A. Lerchi et al, (1991), "Pineal gland 'magnetosensitivity'to static magnetic fields is a consequence of induced electric currents (eddy currents)," Journal of Pineal Research, 10: 109–116. doi: 10.1111/j.1600–079X.1991.tb00826l.x.
18. D. Czech-Damal et al, "Electroreception in the Guiana dolphin (Sotalia guianensis)," Proceedings of the Royal Society, B2012 279, doi;10.1098/rspb.2011.1127.

제5장
인간이 만든 전기와 전자파

지구에는 원래 전기와 전자기장, 그리고 전자파가 있었다. 하지만 인간이 전기를 생산하고 무선통신기술을 개발한 이후 지구 전자파 환경에는 큰 변화가 일어났다. 이 장은 인간이 만든 전기, 전자기장, 그리고 전자파(특히 무선주파수 영역) 등에 관한 기초 이론, 용어 설명, 기술 발전 등을 설명하고 있다.

그 소리를 천하에 펼치시며 번갯불을 땅 끝까지 이르게 하시고, 그 후에 음성을 발하시며 그의 위엄 찬 소리로 천둥을 치시며 그 음성이 들릴 때에 번개를 멈추게 아니 하시느니라, 하나님은 놀라운 음성을 내시며 우리가 헤아릴 수 없는 큰일을 행하시느니라.

- 구약성서 욥기 제37장 3절부터 5절까지

5.1 전기와 전자기장

휴대폰과 무선기기들의 작동 원리를 공부하기 전에 우리는 어떻게 전기가 전선을 통해 공급되는지 알아야 할 필요가 있다. 이 책 전반에 걸쳐 전기에 관한 나의 설명은 조금은 부정확할 수 있다는 사실을 밝혀둔다. 특히 이 장은 엔지니어나 전기 전문가를 위한 매뉴얼이 아니고 일반인들이 앞으로 이 책에 기술한 내용을 이해하고 토론하는데 도움을 주기 위한 것이다. 전기에 관해 보다 깊이 있는 설명이 필요하면 고등학교나 대학 1학년의 물리학 교재를 참고하길 바란다.

전기 기초 이론

모든 물질은 약 118가지 원소로 이루어진다. 원소의 가장 작은 입자는 원자다. 원자는 음전하를 띠는 전자, 양전하를 띠는 양성자, 전기적으로 중성인 중성자로 이루어져 있다. 양성자와 중성자는 전자기 현상에는 중요하지 않지만, 의학에서 사용되는 자기공명영상(MRI: Magnetic Resonance Imaging)이나 원자력 발전 원리에 해당되는 핵분열 등에서는 중요하다.

전자 또는 양성자의 전하가 전기장을 생성한다. 전기장은 전하를 띠는 입자를 움직이게 하는 힘을 만들어낸다. 같은 전하로 된 전기장은 서로 미는 힘을 만들어낸다. 서로 다른 전하는(하나는 +, 다른 하나는 -) 당기는 힘을 갖는다. 전하를 띤 물체는 서로에게 힘을 가하고, 그 힘은 물체를 움직이게 한다.

전자가 이동하는 것을 전류라 한다. 전하 분리와 방전은 모두 전자 이동을 필요로 한다. 움직이는 전자는 자기장도 만들어낸다. 자기장도 시간에 따라 변하면 전기장처럼 전하를 띤 입자에 힘을 가하여 움직이게 한다.

전자의 변화가 빠르게 일어나면 시간에 따라 변하는 전자기장을 만들어낸다. 전자는 원자들 사이에서 작용하여 화학 결합을 이루게 하고, 그렇게 해서 분자가 만들어진다. 이러한 현상이 곧 화학이고 또 화학 작용이다.

번개는 전하가 분리되어 시작된다. 구름과 지표면 사이에 전하가 쌓일 때 번개가 일어난다. 바람과 비가 전하를 분리 · 이동시켜 구름에는 음전하가 지표면에는 양전하가 쌓이게 한다. 이때 구름과 지표면 사이에 서로 당기는 힘이 만들어진다. 충분한 전하가 축적되면, 대기는 균열되고 거대한 전류 흐름이 발생하여 구름과 땅의 전하는 다시 평형 상태로 되돌아간다. 이 전류의 흐름은 공기를 가열시키고(최대 20,000°C까지) 우리가 천둥번개라 부르는 긴 불빛과 우렁찬 소리를 만들어낸다.[1] 구름에서 지면으로 방전되는 현상인 번개는 엄청난 전류 흐름이 되어 거대한 자기장을 만들어낸다.

이와 유사하게, 다른 곳에서도 전하를 분리하고 축적시켜 물체를 충전시킬 수도 있다. 우리의 몸도 전하를 축적하거나 방전시킬 수 있다. 예를 들어 우리가 건조한 날 발을 카펫에 문지른 다음 손잡이 같은 금속 물체를 만지면 전기 충격을 느낄 수 있는데, 이것이 전기 방전이다. 건조한 날씨에 머리를 빗는 것도 전하 분리 현상을 일으킨다.

직류와 교류

전기는 자연 현상(번개)과 인공 기술(벽 콘센트를 통해 사용할 수 있는 60Hz)에서 찾아볼 수 있다. 그리고 직류와 교류라는 두 가지 방법으로 전달될 수 있다.

직류 전기(DC: Direct Current)는 한쪽 방향(양극에서 음극)으로 흐른다. 직류 전기는 시간의 변화와 무관하게 일정한 극성과 진폭으로 된 전류를 발생시킨다. 또한 고정된 직류 자기장이 만들어지며, 전류에는 전하의 진동이 없다. 배터리는 직류 전기의 좋은 예다.

교류 전기(AC: Alternating Current)는 시간에 따라 진동하는 양극과 음극 사이를 흐른다. 전자는 전선 내에서 앞뒤로 움직이며 시공간 내에서 파(Wave)를 만들어낸다. 파의 진동 횟수를 주파수라 부르며, 헤르츠 단위로 측정된다. 헤르츠(Hz)는 초당 발생하는 사이클 수를 말하는 것으로 주파수 측정 단위다.

교류는 진폭(강도)을 가진 사이클을 계속 반복한다. 영(0)에서 최대 양(+)의 피크까지, 다시 영(0)으로 가서 최대 음(-)의 피크까지, 그리고 영(0)으로 되돌아가서 하나의 사이클을 이룬다. 최대 양(+)의 피크와 최대 음(-)의 피크 차이가 진폭이다. 사이클은 하나의 파도 모양으로, 두 사람이 밧줄을 잡고 돌리면 그 절반 모양이 된다.

교류는 전기를 멀리 보낼 때 직류에 비해 에너지 손실이 적다(에너지 효율적이다). 교류는 송전망 내에서 변압기로 전압을 쉽게 바꿀 수 있다. 또한 교류는 배터리로 작동하는 무선기기(전동 칫솔, 전기면도기, 휴대폰, 카메라 등)의 충전을 가능하게 한다.

전기 회로

전기 회로는 순환 모양이다. 개방 회로는 순환선이 끊어진 상태가 되어 전류가 흐르지 않는다. 폐쇄 회로는 순환선이 연결되어 전류가 흐를 수 있다. 전기 스위치를 끄게 되면 개방 회로가 되어 전구에 전기의 공급이 끊어진다. 다시 전기 스위치를 켜게 되면 폐쇄 회로가 된다. 전기가 전구에 흘러가 방에 불을 밝히고 다시 전원으로 돌아가는 폐쇄 회로를 이룬다.

인체의 신경계는 뇌, 척수, 그리고 수많은 신경 세포를 연결하는 전기 회로망이다. 인체가 움직이기 위해 운동신경은 근육이 수축하도록 전기 신호를 보낸다. 만약 운동신경이 손상을 입게 되면 전기 회로망이 끊어진다. 예를 들어, 두 번째 손가락을 움직이고 싶어도 뇌에서 손가락까지 연결된 회로가 차단되어 뇌의 명령 전달이 되지 않는다. 그 결과 두 번째 손가락이 움직이지 않게 되는 것이다.[1]

전기 용어

주파수는 전압 또는 전류의 사이클 변화이며 교류 전기에서 1초 동안 일어나는 파동 또는 진동의 횟수에 해당한다. 1초당 일어나는 사이클 횟수를 헤르츠(Hz)라 한다. 전기는 일반적으로 북미 지역에서는 60Hz, 유럽에서는 50Hz, 항공기에서는 400Hz로 전달된다. 헤르츠가 킬로헤르츠(kHz, 초당 수천 사이클) 범위에 도달하게 되면 무선주파수(RF) 전자기 방사선이 발생한다. 마이크로파(극초단파)는 300메가헤르츠(MHz, 초당 3억 사이클)부터 시작된다. 무선기기들은 마이크로파를 사용한다. 마이크로파에 관해서는 이 장의 제2부에서 설명한다.

전압(Voltage)은 전하 이동을 일으키는 전기 압력 (또는 전위)의 진폭(강도)으로 측정된다. 볼트(volts)로 표현되는 전압은 스위치가 켜지면 전자가 이동하는 전류를 만들어낸다. 전압이란 밸브를 열어 압력을 방출하기 전에는 물이 흐르지 않는 파이프 안의 수압과 같은 것이다. 전류도 스위치를 켜기 전에는 흐르지 않는다. 미국에서는 대부분의 가정용 콘센트가 120볼트 AC(교류)다. 오븐과 건조기는 일반적으로 240볼트 AC를 사용한다. 유럽에서는 보통 230볼트 AC를 사용한다. 대부분의 자동차, 트럭, 보트, 레저용 자동차(RV)는 12 또는 24볼트 DC(직류)를 사용한다.

암페어(Amperes 또는 Amps)는 전류의 강도를 나타낸다. 암페어는 전선에서 전하의 흐름을 측정하는 단위다. 마치 파이프에서 물의 흐름을 측정하는 것과 같다.

와트(Watt)는 전력의 단위다. 볼트 곱하기 암페어는 와트 단위의 전력과 같고, 전력 소비량은 와트시(Watt hour) 또는 와트 곱하기 사용 시간에 의해 측정된다.

장(Fields)은 시공간적 진폭의 변화를 말한다. 전기장은 미터당 볼트(Volts per meter)로, 자기장은 미터당 암페어(amperes per meter)로 측정된다.

파장(wavelength)은 흐름 속도와 주파수에 의해 결정된다. 공간에서 미터로 측정된다. 주파수가 낮을수록 파장은 길어진다. 파장은 초당 미터에 해당하는 속도(m/sec)를 초당 주파수(cycle/sec)로 나눈 값이다. 즉, 파장은 사이클당 미터(meter/cycle)다.

위상(Phase)은 교류 전기의 경우 전선에 항상 동일한 전류가 흐르도록 하기 위해 시간에 따라 전류 흐름을 이동시키는 것이다.

송전과 전선망

발전소에서 가정까지 송전되는 과정에는 보통 교류 전기가 순환되는 세 개의 전선망이 있다. 첫 번째는 발전소(석탄화력, 원자력, 수력, 태양 발전, 풍력)의 발전기에서 시작하여 변전소 변압기로 갔다가 다시 발전소로 돌아가는 망이다. 두 번째는 변전소에서 마을 소형 변압기로 갔다가 다시 돌아가는 망이고, 세 번째는 마을 소형 변압기에서 가정에 도달한 후 다시 돌아가는 망이다.

발전소는 전류의 주파수와 전압을 조절하며, 고압전선, 회로 차단기, 스위치 및 변압기 등을 통해 변전소로 보낸다. 송전선로(일명 고압선)는 일반적으로 230,000볼트 또는 그 이상의 고전압을 발전소에서 변전소로 송전하고 다시 발전소로 보내는데 사용된다.

변전소의 변압기는 230,000볼트의 고압 전류를 1,000볼트로 전압을 낮추어 마을에 있는 전신주 소형 변압기로 송전한다. 변압기는 자기 코일선을 이용하여 전압을 낮추거나 올린다. 전신주 변압기는 금속 박스처럼 생긴 것으로 보통 회로 차단기가 장착되어 있다.

전신주에는 변압기뿐만 아니라 주요 배전선도 함께 있다. 공간이 허락하면 전화선, 케이블 TV 선, 인터넷 광섬유 등이 설치된 전신주도 있다. 이런 전선은 지하에도 설치할 수 있다. 변압기 하나로 약 5가구에 송전을 하게 되며, 가정용 120/240볼트로 전압을 낮춘다.

전기는 변압기에서 회로 차단기 패널이 연결된 건물 외부에 있는 계량기로 들어온다. 계량기는 아날로그 방식과 디지털 방식 두 가지가 있다. 집, 학교, 회사 등에 설치된 디지털 스마트 미터(무선 송신 계량기)

는 인체 건강과 야생생태계에 유해한 고주파를 발생시킬 수 있다. 이와 관련해서 다른 장에서 다루고자 한다. 회로 차단기 설치는 지역의 전기 규정에 따른다. 이는 국가전기규정(NEC: National Electric Code)에 의해 통제되며, 반드시 지켜야 하는 의무 사항은 아니다. 스마트 미터를 이용한 무선 송신 역시 연방통신위원회(FCC)에 의해 규제를 받을 수 있다.

전기가 건물의 회로 차단기 패널로부터 중성선을 통해 마을 전신주 변압기로 돌아오고 다시 변전소로, 그리고 마지막으로 발전소로 돌아오면 세 단계 전선 망을 통한 전류 흐름이 완성된다.

회로 패널 박스

회로 패널 박스에는 여러 종류의 전선이 있다.

- 두 개의 활선(Hot Wire): 빨강과 검정 색으로 된 두 개의 절연피복 전선이다. 전신주 변압기로부터 각 가정에 전기를 보내는 역할을 한다.
- 한 개의 중성선(Neutral Wire): 보통 흰색의 절연피복 전선으로 되어 있으며 가정으로 들어왔던 전류가 다시 전신주 변압기로 돌아가는데 사용된다. 귀선(Return Wire)으로도 불린다.
- 한 개의 접지선(Ground Wire): 껍질이 없거나 녹색 절연체로 감싸여 있으며 지면의 접지 모선(Ground Bus)과 연결되어 있다. 접지 모선은 패널 박스의 뒷부분과 중성 모선(발전소로 가는 중성선과 연결)과 강하게 붙어있다. 가전제품에 전기 쇼트가 일어나면 회로 안

의 전류는 설치된 접지선을 통하여 흐른 다음, 다시 중성선으로 들어가 전기를 차단시킨다. 이로 인해 전기 화재와 전기 쇼크를 방지한다.

- 접지봉(Ground Rod): 1.8미터 길이의 금속 막대(또는 구리 파이프 또는 둘 다)로 전기 시스템을 지구와 연결시킨다. 건조한 환경에서는 지면과 지구의 적절한 연결을 구축하는 것이 매우 어렵다. 습한 환경에서는 금속이 빨리 부식하여 시간이 지나면 지면에서 사라진다. 만약 지면이 제대로 역할을 못하면, 지면에 흐르는 전류(또는 선착장 같은 곳은 물에 흐르는 전류)가 화재, 쇼크 또는 감전 위험을 야기할 수 있다.

접지선은 차단기 박스 내의 각각 다른 배선으로도 연결된다. 만약 배선이 잘 되었으면 무시해도 될 전류가 흐른다. 중성선이 제 역할을 못하면 지면이 대체 경로를 제공한다. 물 가까이 있는 모든 콘센트(목욕탕, 부엌, 선착장, 기타 실외)는 접지사고 회로차단기(GFGI)[2]를 가지고 있다. 이것은 전류가 중성선으로 돌아가는 대신 지면으로 흐르는 것이 감지되면 신속히 스위치를 차단시킨다. 1999년 이후 새로 건축되는 주택에는 침실에 아크사고 회로차단기(AGCI)[3] 설치를 의무화하고 있다. 이것은 화재의 원인이 되는 스파크를 방지한다.

전기장과 자기장

전기가 있는 곳에는 어디든 전기장과 자기장이 있다. 전기장과 자기장은 방사선을 방출한다. 전기장과 자기장은 보통 함께 나타나기 때문에 전자기장(EMFs: Electromagnetic Fields)이라 부른다. 냉장고에서 방출되는 전자기장은 몇 발자국도 못가지만 고압 전력선에서 방출되는 전자기장은 몇 킬로미터까지도 갈 수 있다. 일반적으로 전자기장은 보이지도 않고 소리도 없다.

전력선, 조명, 가전제품에 흐르는 전류는 전기장을 형성한다. 강력한 전기장은 때로는 딱딱거리는 소음이나 윙윙거림 또는 쇼크를 일으킨다. 전류는 자기장도 형성한다. 전류가 높아지면 높아질수록 자기장도 더 강해진다. 자기장은 가우스(G), 테슬라(T) 또는 미터당 암페어(A/m) 단위로 측정한다. 이 단위들은 너무 크기 때문에 보통 밀리가우스(mG) 또는 마이크로테슬라(μT)로 측정한다.

변압기, 전기모터, 유도충전 시스템, 스마트 전자제품, 디지털 전자기기(휴대폰, 카메라, 태블릿, 랩톱, TV, 전동 휠체어 등)도 자기장을 형성할 수 있다.

바르게 설치된 활선(전기 공급선)과 중성선(전원으로 전류가 돌아가는 선)은 함께 꼬여있기 때문에 각 전선의 전류 흐름에서 발생하는 자기장은 상쇄된다. 전류가 지면으로 흐르면 자기장은 없어지지 않는다. 전류는 반드시 중성선을 통해 차단기 박스로 되돌아가야 하며 접지선이나 배관을 통해 흐르지 말아야 한다.[4]

전기회사의 장비에 결함이 있으면 문제가 발생할 수 있다. 송전선로 장비에 느슨하게 고정된 볼트는 작은 스파크를 발생시킬 수 있다. 어떤 스파크라도 광범위한 영역의 주파수를 가지고 있다. 경우에 따라서는 수백 메가헤르츠에 이르는 스파크도 있다.

햄 라디오 사용자는 라디오에서 나오는 잡음에 대해 아주 잘 알고 있다. 전기 스파크는 몇 백 미터 떨어진 곳까지 라디오 전파 방해를 일으킬 수 있다. 전선 스파크도 공기 중의 수분 함량과 온도에 영향을 받는다. 건조한 공기는 스파크를 더욱 쉽게 일으키며, 비 온 후 젖어있는 나무 전봇대는 느슨한 연결 부분을 일시적으로 조여 줄 수 있다.

자기장 또는 전기장은 건강과 안전에 문제를 일으킬 수 있다. 낮은 수준의 자기장도 장기적으로 노출되면 어린이 백혈병[5] 또는 기타 질병의 발생 위험이 높아진다(4장 참조). 자기장을 측정하려면 자력계가 필요하다. 휴대용 AM 라디오는 자기장을 간략하게 측정하는 미터로 활용될 수 있다.

누설 전류/표류 전류

전기회사가 가정이나 빌딩에 10킬로와트(k/W)의 전기를 보내면 그 10킬로와트는 모두 전원으로 다시 돌아간다. 그렇지 않으면 전류가 흐르지 않는다. 다시 말하면 물이 흐르는 것과 같다. 물이 수도 파이프로 들어와서 하수도를 통해 나가는 것이다. 밸브를 잠그거나 스위치를 끄면 흐름이 멈추게 된다.

누설 전류는 전원으로 돌아가는 전류(귀환 전류)가 변압기로 가는 과정에 다른 경로 또는 기타 여러 개의 경로(금속 파이프 같은)가 있을 때 발생한다. 누설 전류는 파이프의 누수와 같다.

접지 전류는 전기가 공급되는 곳이면 어디에서나 발생할 수 있다. 이것은 1940년대에 농촌지역에 전기가 공급되면서 처음 밝혀졌다. 접지 전류는 치명적일 수 있다. 배관이 제대로 접지되지 않은 샤워실에서 샤워를 하거나, 제대로 접지되지 않은 배에서 내리거나, 누설 전류가 흐르는 수영장에서 수영을 할 경우 감전 사고가 발생할 수 있다. 국립직업안전보건연구원(NIOSH)[6] 1998년 보고서의 "감전으로 인한 근로자 사망" 에 따르면 매년 4백여 명이 직무 중 감전으로 사망하고, 이는 직장 사망 원인 중 5위를 차지한다.

지면 상태는 접지 전류에 영향을 준다. 습한 기후에서 볼 수 있는 축축하고 산성을 띠는 진흙은 금속으로 된 접지봉을 쉽게 부식시킬 수 있다. 건조한 기후에서 좋은 접지 장소를 찾기가 더욱 어렵다. 하지만 좋은 장소를 찾기만 하면 더욱 오랜 기간 지속된다. 접지가 제대로 되지 않은 경우는 접지 전류나 유해 전력이 발생할 확률은 증가한다.

미국의 국가전기규정(NEC: National Electrical Code, 자발적 참여 규정)은 실제로 전기의 안전한 공급을 저해할 수 있다. 1999년, 전기전자공학회(IEEE)에서 발표된 논문에서 저자는 콘도미니엄 단지의 끔찍한 수영장에 대해 설명하고 있다.[7] 이 논문에 따르면 국가전기안전규정(NESC: National Electrical Safety Code)은 전기비용은 줄일 수 있지만 위험한 환경을 만들어 수영하는 사람들이 전기쇼크를 당할 수 있다. 예를 들어, NESC는 배전 변압기의 1차 중성선을 2차 중성선에 연결하도록 요구하고, 중성선과 접지도체는 하나의 도체에 연결하는 것을 허용하고, 지면에는 다중연결을 요구한다. 그 외에도 전기회사는 중성선을 어떤 절연피복 처리도 없이 설치하기도 한다. 이러한 관행은 "통제되지 않은 전류가 지구, 금속 배관, 건축용 철재 등으로 계속 흐르게 하여" 사람과 가축에게 전기쇼크를 유발할 수 있다. 유럽 국가들은 이를 금지하고 있다.

돈 힐만(Don Hillman, Ph.D.), 미시건 주립대학교, 축산학과 명예교수

나는 젖소들이 착유 시간에 지면에 흐르는 전류로 인해 축사에 들어가기 싫어하는 것을 여러 번 봤다. 젖소들은 네 개의 발이 있지만 전류로부터 보호할 수 있는 고무창이 없다. 예를 들어 착유기가 제대로 접지되어 있지 않은 경우 소가 한 발을 들었을 때, 전기 저항이 달라져 큰 쇼크를 받을 수 있다. 소들이 지면 전류에 노출된 상태로 있다면 소는 전기 회로의 일부가 되어 쇼크를 받을 것이다.

지면 전류는 우유 생산량을 감소시킨다. 나는 지금까지 많은 소들이 이것 때문에 죽어 나가고 낙농업자들이 파산하는 경우도 자주 봤다.

힐만 박사는 2003년 미국 농공학회(ASAE)[8], 미국 유제품과학협회(ADSA)[9], 캐나다 농업식품과학 엔지니어모임 등에서 젖소와 전기에 관한 논문을 발표했다.[10] 논문은 electricalpollution.com에서 구할 수 있다.

유해 전력

접지 문제, 높은 진폭의 스파이크, 전선의 과도전류 등으로 전기 기기들이 오작동을 일으킬 때 엔지니어는 문제의 원인을 "과도한 고조파(Excessive Harmonics)", "높은 주파수 성분(High Frequency Content)" 또는 "유해 전력(Dirty Power)"이라고 한다. 한편, 형광등, 조광 스위치, 일부 배터리 충전기 같은 기기들은 제대로 작동해도 유해 전력이 만들어진다.

유해 전력은 장비 손상뿐만 아니라 에너지까지 낭비해서 비용이 많이 든다. 캐나다 서부지역의 전기회사(BC Hydro)는 사용자들이 전기 기기로 인해 너무 많은 유해 전력을 발생시키면 그들에게 추가 요금을 부과한다.[11]

유해 전력은 인체 건강에도 영향을 줄 수 있다. 물리학자인 에드 리퍼(Ed Leeper)와 예방의학자인 낸시 워타이머(Nancy Wertheimer)는 유해 전력 때문에 생긴 자기장이 건강문제를 유발한다는 사실을 최초로 밝혔다. 워타이머 박사는 자신이 사는 콜로라도 주에서 1970년대에 344명의 어린이가 암으로 사망한 사건을 의아하게 생각했다. 그래서 그녀는 사건이 일어난 콜로라도 주 덴버 주변을 직접 운전하면서 백혈병으로 사망한 어린이 집이 주로 전봇대에 설치된 변압기 가까이 있음을 주목했다. 그리고 백혈병 어린이들 대부분이 사망 전 2년간 자기장에 노출되어 있었음을 알아냈다.[12]

예방의학자 사뮤엘 밀햄(Samuel Milham) 박사는 자신의 저서에서 유해 전력으로 인한 다양한 종류의 암에 대해 기술하고 있다.[13]

전자기 방사선(EMR)

여기서는 300GHz 이하의 비전이성, 비입자성 전자기 방사선을 말하며 주요 방출원은 다음과 같다.

자연현상: 번개, 지구자기장과 태양풍에 의한 지면 전류, 고압선에 닿아있는 나뭇가지.

전선 결함: 느슨한 연결(특히 변압기의 고압 부분), 배선 오류(예, 이중으로 된 중성선).

전기 시설 및 제품(적절히 설계되었으나 의도하지 않게 고주파장을 방출 또는 전송): 스위치 모드 전원 공급 장치, 고압 전력선, 형광등, 조광 스위치 및 터치 램프, 배터리 충전기(휴대폰, 노트북, 태블릿, 카메라, 전동 칫솔, 면도기, 아크 용접기 등).

디지털 장비 및 전자제품: 스마트 유틸리티 미터, 가전제품, 스마트 기기 및 에너지 절약 기기, TV 및 라디오, 휴대폰 등.

전자기 방사선의 종류

아래 목록은 전자기 방사선(EMR)의 유형별 발생원에 관한 설명이다. 여기서는 300GHz 이하의 비전이성, 비입자성 전자기 방사선을 논의함을 밝혀둔다,

유도성(Inducted) EMR: 시간에 따라 변하는 자기장 또는 저주파 자기장은 전선내부 도체에 전류를 유도한다. 변압기가 대표적인 예다.

전도성(Conducted) EMR: 전류가 흐르는 도체 외부에 발생하는 전자기 방사선을 말한다. 우리가 흔히 볼 수 있는 TV나 랩톱과 같은 전자제품의 전선에 있는 돌출부(Bump)는 전도성 EMR 때문이다. 돌출부에는 페라이트(아철산염)가 들어 있어 전자제품 가까이 설치해 두면 전도성

EMR을 흡수하고 에너지가 전선을 따라 흐르는 것도 막아준다.

방사성(Radiated) EMR: 공기를 통해 내보내는 라디오와 TV 방송 전파를 말한다.

EMR은 전하를 띤 입자 이동이 있을 경우에만 발생한다. 입자 이동을 위해서 음향 방사(Sound Radiation)가 일어난다. 모든 디지털 또는 펄스를 갖는 것은 세 가지 종류의 EMR을 모두 발생시키며 음향 방사도 만들어낼 수 있다.

변압기와 전력공급

전자기기(컴퓨터, 프린터, 배터리 충전기, 디지털 디스플레이 사용기기 등)는 저전압에서 직류 전기(DC)로 작동한다. 벽에 붙어있는 표준 콘센트에서 나오는 교류 전기(AC)를 이용하려면 전자기기 내부에 전원장치의 한 부분을 차지하는 변압기가 필요하다. 가정에 전기를 안전하게 공급하기 위해 전압을 낮추는 마을 소형 변압기처럼 전자기기 전원장치도 전압 조절기와 축전기로 전압을 낮춘다. 전자기기 전원장치에는 정류기가 있으며 이것은 전류를 한 방향으로만 이동시키고 교류 전기(AC)를 직류 전기(DC)로 변환시킨다. 또 필터가 있어서 전류를 부드럽게 한다.

전자기기가 꺼져 있어도 콘센트에 꽂혀 있기만 하면 전원장치는 전류를 순간적으로 끌어와 잘게 부셔 전선에 전기 조각(Hash)이나 잡음(Noise)을 만든다. 또한 TV, 전자알람시계, 에너지 절약 세탁기, 에너지 절약 냉난방 시스템(변속모터 포함), 컴퓨터, 프린터, 형광등, 휴대폰 충전기, 그 외 수많은 전자기기들은 부드럽고 연속적인 전류 대신 파동을 가진 펄스 전기를 사용한다. 펄스 신호는 전류를 차단하고, 전자기장을 방출하며, 생물학적 영향을 줄 가능성을 증가시킨다.

2000년 이전에는 전자기기들이 일반적으로 선형 전원장치를 사용했다. 이 장치는 전자제품의 전선에 검은 벽돌처럼 붙어있었다. 2000년 이후부터는 스위치 모드 전원장치(SMPS: Switch-Mode Power Supply)가 기기 내에 설치되었다. SMPS는 선형 전원장치에 비해 열로 소비되는 에너지가 적다. SMPS의 변압기는 전류를 잘게 부수는 것 외에도 고주파수 구형파(High-Frequency Square Wave)를 생성한다.

빌 브루노(Bill Bruno, Ph.D.) 생물물리학자

스위치 모드 전원장치(SMPS)는 수 메가헤르츠까지 올라가는 고조파를 가지는 고주파수 구형파를 생성한다. 이러한 무선주파수 펄스는 전선으로 간다. 오실로스코프는 이러한 고조파를 가장 잘 감지할 수 있다. 휴대형 아날로그 AM 라디오로도 고조파를 들을 수 있다. 저주파수 고조파(킬로헤르츠 주파수)는 스피커에 플러그 연결된 자석식 수신기(일명 "Telephone Listener")로 들을 수 있다.

SMPS가 1.5MHz 이상으로 작동하게 되면 AM 라디오에는 나타나지 않지만 항공기 교신에 맞는 무선통신용 주파수대(Airband) 라디오에서는 들릴 수 있다.

우리는 여러 주파수에 걸쳐있는 구형파에 노출되었을 때 발생 가능한 생물학적 영향에 대해 알지 못한다. 그러나 심혈관외과전문의 윌리엄

레아(William Rea)의 연구는 사람들이 구형파에 확실히 반응하고 있음을 보여준다.[14] 사람들은 고주파수 근처에 있는지 아닌지도 알 수 있다고 한다. 생물 신호체계는 전압의 갑작스런 스파이크 현상에 주로 의존한다. 그래서 구형파 펄스의 시작과 끝에서 나타나는 갑작스런 변화는 생물 신호체계에 혼동을 가져올 수도 있다.

이 문제에 관해 회의적인 생각을 하는 많은 사람들을 확신시키기 위해서는 연구가 이루어져야 하고 이를 지원하기 위한 예산이 필요할 것이다.

조명

형광등은 가정, 학교 및 사무실에서 사용할 수 있는 120볼트보다 높은 전압이 필요하기 때문에 전압을 증가시키는 안정기를 가지고 있다. 때때로 초당 120회 깜박거리는 초기 형광등(구형 안정기를 사용한 것) 모델도 있다. 최신 형광등은 전자식 안정기(SMPS와 유사하게 작동)를 사용하는 것으로 초당 30,000회를 깜박거린다. 어떤 사람들은 그 깜박거림에 반응할 수는 있지만 우리는 그 깜박임을 볼 수는 없다. 깜박거림 민감도에 관한 설명은 conradbiologic.com에서 찾아볼 수 있다.

형광등은 전구마다 내부의 수은을 기화시키기 위해 가열 장치를 사용한다. 또한 자외선을 만들기 위해 고압의 전력을 사용한다. 전구 내부 코팅은 형광이 나게 하고 자외선을 시각화하기 위해 흰색으로 전환시킨다. 전구 코팅에 손상이 났을 때 자외선을 바라보면 눈에 화상과 상처를 입게 된다. 위키피디아에 보다 종합적인 설명이 있다.

조광 스위치와 터치 램프 또한 유해 전력을 발생시킨다. 스위치가 제대로 설치되지 않은 경우 하나 이상의 스위치에서 불을 켜거나 끄도록 할 수 있다.

가능하면 백열전구를 사용하는 것이 좋다. 아마도 백열전구는 재생산될 것이다. 대형 상가나 체육관에서는 고객과 직원들이 깜박거림이나 구형파의 노출을 우려해 12볼트 직류 LED등을 사용하게 될 것이다. SMPS를 부착하고 무선주파수 빛을 방출하는 형광등이나 할로겐등은 사용하지 않을 것이다.

풍력과 태양광 전기

기후변화와 기타 이유로 화석연료 사용을 줄이려고 노력하고 있다. 부분적인 해결책으로 많은 사람들은 사용하는 전력을 풍력 또는 태양광으로 전환하고 있다. 하지만 이들은 전환한 시스템에서 많이 발생하는 유해 전력을 알지 못할 것이다.

지금의 풍력터빈은 가변적인 주파수(60Hz가 아닌) AC 신호를 발생시킨다. 풍력터빈의 가변 주파수 정현파(사인곡선형 파동)는 먼저 직류를 만들기 위해 정류된다. 그런 다음 인버터는 풍력터빈(또는 태양전지패널)의 DC를 전력망으로 공급될 수 있는 표준 AC전력(60Hz)으로 변환시킨다. 이러한 변환 과정에서 유해 전력을 생산하게 된다. 충전조절기와 다른 요소들도 유해 전력을 발생시킬 수 있다.

일부 인버터는 DC를 사용하여 고조파가 없는 순수 60Hz 정현파를 생성한다. 민감한 전자기기를 위해서 일부 무정전 전원장치들도 이러한 방법을 사용한다. 무정전 전원장치는 일부 컴퓨터에도 사용된다. 컴퓨터는 전력이 잡음이나 비순수 정현파에 노출되거나 갑작스런 온오프 스위치 작동에 의해 손상될 수 있다. 순수 60Hz 정현파를 생산할 수 없는 인버터는 고조파나 유해 전력을 생산할 수 있다.

윈드폴(Windfall)은 자신들의 사유지에 풍력터빈을 설치하고 후에 설치를 후회한 사람들의 경험담을 소개한 다큐멘터리다.[15]

전자기장 피해 사례

소니아 호글랜드(Sonia Hoglander, MBA), 전기기사, 건축생물학 컨설턴트, 워싱턴 주

2005년 나는 가우스 미터로 우리 집의 자기장을 측정했다. 그때 측정치는 경고 수준이 아니었다. 2012년 8월 나는 다시 자기장을 측정했다. 모든 방의 측정치가 1.2~1.8mG 사이였다. 퓨즈 박스(두꺼비집)를 내렸음에도 여전히 몇몇 방은 2층에도 1.2mG였다.

만성적인 자기장 노출은 수면장애를 일으킨다. 내 불면증도 우리 집의 자기장에 의한 것일까? 나는 전기회사에 우리 집의 자기장 수준에 대한 원인을 찾기 위해 엔지니어를 보내줄 것을 요청했다. 회사가 보낸 엔지니어가 측정한 결과, 부근에 있는 변압기에서 측정한 수치는 우리 집보다 낮게 나왔다.

엔지니어와 나는 머리를 긁적거렸다. 어린 아이도 있는 우리 옆집의 경우 진입로에서 측정한 자기장은 우리 집보다 높게 나왔다. 엔지니어와 나는 우리 집에서 5미터 정도 떨어진 곳에 있는 나무에 과거에는 없었던 230kV 전선이 있는 것을 보았다. 약 5미터 정도 거리에 230kV 전력선이 있다는 사실은 집에서 나온 1.2mG 자기장과 일치한다.

나는 깜짝 놀랐다. 자기장이 1.0mG를 초과하는 경우, 특히 어린이, 임산부, 의료기 체내 이식 수술을 받은 사람들, 그리고 건강에 문제가 있는 사람들에게는 위험하다.

엔지니어는 "두려워 마세요. 우리 집은 2mG 이상이나 됩니다. 그러나 이 모든 수준은 연방정부의 기준인 1,000mG와는 거리가 멀어요. 당신이 자녀가 있다면 매우 걱정스럽겠지만 다행히도 당신에게는 자녀가 없잖아요."라고 말했다. 하지만 그 위로는 전혀 도움이 되지 않았다.

내 경험상으로는 잘못된 배선을 바로잡고, 침대와 일하는 자리를 옮기고, 주요 방에 보호막을 친다면 몇몇 사람들에게는 안도감을 줄 수 있을 것이다. 그러나 이러한 노력은 노후 전기 시스템에 반창고를 붙이는 격이다. 예를 들어 높은 주파수에 대한 보호막을 친다는 것은 어쩌면 자기장의 영향을 더 세게 할 수도 있다. 내가 전기 엔지니어이고 건물생물학자이면서도 우리 집의 문제를 치료할 수 없다.

우리는 이러한 자기장의 발생원을 찾고 어떻게 없앨 수 있는지 알아야 한다. 우리는 무선기기의 사용을 중단해야 하고, 다시 유선 케이블을 사용해야 하며 전기사용을 줄여야 한다. 이러한 전환은 모두에게 불편을 줄 것이다. 하지만 다른 대안은 찾기 어렵다.

돈 힐만(Don Hillman, Ph.D), 미시건주립대학교 축산학과 명예교수

1967년에 지어진 우리 집의 중성선은 구리로 된 수도 파이프와 연결되어 있다. 전기 시스템의 안전한 설치를 위한 국가전기규정은 이미 몇십 년 전에 만들어졌다. 당시 정부는 오늘날 우리가 가정에서 일상적으로 누리는 전기 문화를 분명히 예상하지 못했을 것이다. 유감스럽게도 2013년, 중성선에는 의도했던 것보다 더욱 많은 전류가 흘렀다. 게다가 국가전기규정은 우리의 변화된 전기 사용에 맞게 개정되지 않았다.

우리 집 중성선은 1층 아래 지하실 천정을 따라 배선되어 있다. 거실에서 측정된 가우스 미터는 거의 50mG에 이르렀다. 전기기사들이 수도배관 근처와 지하실에 설치된 중성선 근처에서 가우스 미터로 측정하자 280~320mG였다. 이 수치는 연방규제한도인 1,000mG 이내라 하더라도 아주 놀랄 만하다.

전기회사에서 우리 집 문제를 해결하고자 엔지니어를 파견했다. 엔지니어는 구리로 된 수도 배관을 절단하고 유전체 커플링(고무로 된 절연체가 들어있는 작은 플라스틱 튜브)를 삽입했다. 삽입 전까지는 아무런 변화가 없었으나, 이후 전류가 차단되고 가우스 수치는 거의 영(0)으로 떨어졌다.

불행히도 내 이웃들은 전기회사로부터 주목을 받지 못했다. 플라스틱 PEX 수도관을 설치한 이웃들은 문제는 적지만 모든 사람들이 여전히 영향을 받고 있다. 지금은 전기회사에서 스마트 미터를 설치하려고 하고 있다. 이미 우리의 송전망 문제도 복잡한데 스마트 미터가 설치되면 더 높은 주파수가 피해를 줄 수 있다. 나는 더 높은 주파수에 대처할 준비가 안 되어 있다는 것을 증명해낼 것이다.

((🌐))

게리 올레프트(Gary Olhoeft, Ph.D.) 지구물리학자 및 전기 엔지니어

전기 문제를 다루는 방법에 관해서는 의견의 불일치가 많다. 특히 지금은 우리 모두가 거대한 전기 망으로 연결되어 있기 때문에 더욱 그렇다.

우선, 우리는 적어도 5년마다 모든 주택, 학교, 사무실 건물, 병원, 공장들은 점검 받도록 국가전기규정을 개정할 필요가 있다. 전기 전문가들은 느슨한 연결, 연결지점과 접지봉의 부식, 스마트 미터, 광대역 전력선 통신, 기타 문제 등으로 전력 품질이 저하되는지 확인해야 한다. 전력 품질에 해를 가하는 장치는 제거할 필요가 있다. 아니면 필터를 사용하여 전자파 장해가 없는 장치와 있는 장치를 분리할 필요가 있다. 일반적으로 노이즈가 심한 전선과 스마트 미터에는 필터가 필요하다. 그리고 주택에서 노이즈를 유발하는 각 기기 사이와 깨끗한 전력 사이에 있는 차단기 박스에도 필터가 필요하다.

유럽에서 일부 엔지니어들은 기존의 전기 시스템을 더욱 건강한 것으로 대체하고 있다. 우리 북미 사람들은 여기에 주목할 필요가 있다. 전기를 안전하게 사용하고 소비를 크게 줄이는데 우리의 생존이 달려 있다.

5.2 통신기술과 무선주파수

교류 전기(AC)에서는 헤르츠(초당 사이클 수, 주파수)가 전자를 가속 또는 감속시킨다. 진동이 초당 수천 사이클인 킬로헤르츠(kHz)에 도달하게 되면 무선주파수(RF) 전자기 방사선이 발생한다. 우리는 라디오 방송국, 휴대폰, 중계기 안테나, 스마트 미터, 전자레인지 등을 작동시키기 위해 무선주파수를 사용한다. 300MHz(초당 3억 사이클)에서 시작하는 마이크로파(극초단파)도 일종의 무선주파수 영역이다.

전하 이동 방법

전하의 확산은 낮은 주파수에서 발생한다. 조명 스위치를 깜박이면 전하가 확산되어 이동한다. 낮은 주파수에서 영역을 확산시키는 것은 마치 진흙 속에 돌을 떨어뜨리는 것과 같아서 첫 번째 파동은 소멸된다. 전하 확산 영역에서, 무선송신기는 0.5미터 이하로 송신한다. 유도(Induction)는 확산을 의미하는 전자기 용어이며, 일반적으로 킬로헤르츠 이하의 낮은 주파수에서 발생한다.

전자기장의 전파(Propagation)는 전하의 가속 또는 감속으로 인하여 일어난다. 전하를 가속하거나 감속하기 위해서는 이를 저장해야 하며 이때 방사선이 발생될 수가 있다. 돌멩이를 연못에 던지면 돌멩이가 던져진 곳에서부터 작은 파장이 발생하여 사라지는 현상과 같다. 전자기장 전파는 일반적으로 킬로헤르츠 이상의 고주파수에서 발생한다. 휴대폰이나 라디오도 마찬가지로 이 현상에 의해 작동된다.

음악이나 토크 쇼를 방송하기 위해서는 라디오 방송국은 반드시 주파수를 전송해야 한다. 만약 101.1 FM이라고 하면, "101.1"은 101.1 메가헤르츠(MHz), 초당 101.1백만 진동을 나타낸다. 이러한 기본 운반파 주파수 외에 진폭 변조(AM라디오: Amplitude Modulation), 주파수 변조(FM라디오: Frequency Modulation), 펄스 코드 변조(PCM: Pulse Code Modulation) 등 변조를 통해 정보가 입력된다.

전자기 주파수 스펙트럼

전자기(EM) 스펙트럼은 진동의 횟수에 따라 전자기장을 체계화한다. 물리학자들은 이러한 정의에 동의할 가능성이 높지만, 전기화학자들은 일반적으로 자기장의 진폭을 주파수만큼 중요하게 생각하기 때문에 이 정의가 부적절하다고 생각한다. 한편, 생화학자들은 자기장의 지속 시간을 주파수만큼 중요하게 여긴다.

비전이성 전자파 스펙트럼(주파수로만 분류)은 제로(0) 진동부터 시작하여 초당 수백조 진동으로 확장되며, 수백조 진동에 해당하는 것이 가시광선이다. 전이성 방사선은 가시광선 위의 진동 주파수에서 시작된다. X선과 감마선은 전이성 방사선이다. 전이성 방사선이 원자에 의해 방출되거나 흡수될 때 원자로부터 입자(일반적으로 전자)를 방출할 수 있다.

예를 들어, 주파수 하나만을 기준으로 할 때 번개는 비이온성이다. 하지만 번개는 진폭이 너무 높기 때문에, 대기를 이온화시킬 뿐만 아니라 빛과 열을 발생시킨다.

국제전기통신연합(ITU)[16]은 라디오, TV, 인터넷 방송, 지리 계측기, 전파천문학, 긴급구조기관 라디오, 군용 라디오 등에 대해 국가 간 각기 다른 주파수 스펙트럼 영역을 정하기 위해 정기적으로 모임을 갖는다. 각 국가마다 규제기관은 스펙트럼 사용을 통제한다. 미국에서는 연방통

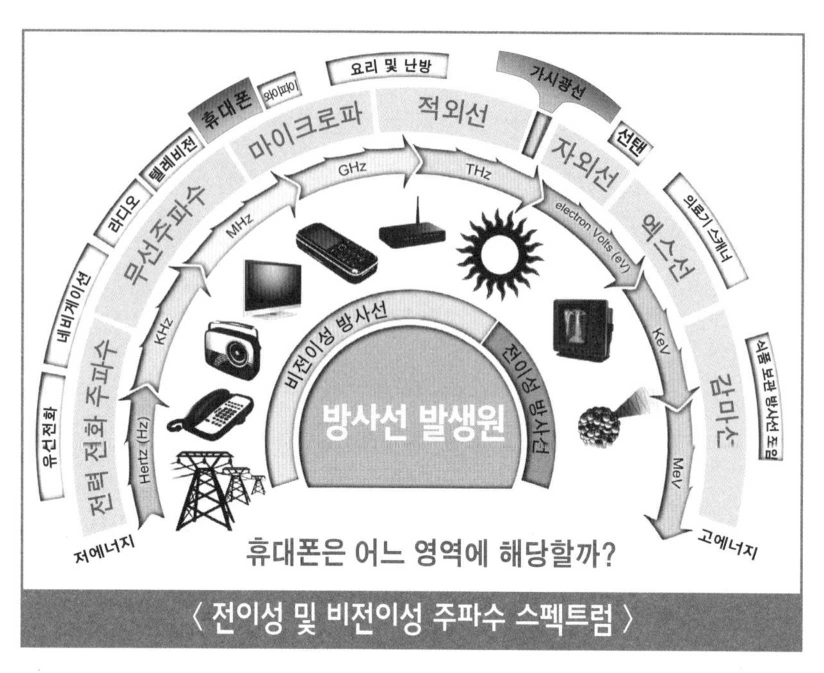

〈 전이성 및 비전이성 주파수 스펙트럼 〉

신위원회(FCC)와 국가정보통신관리청(NTIA)[17]이 스펙트럼 사용을 조절하고 규제한다.

전이성 및 비전이성 주파수 스펙트럼

이 스펙트럼은 전자기장 에너지에 영향을 주는 진폭, 지속 시간 또는 변조를 포함하지 않는다.

초저주파수(ELF: Extra Low Frequency)는 0~3kHz, 초당 3,000사이클까지 해당된다. 지구와 태양이 차지하는 자연 영역, 우리의 심장, 뇌, 그리고 모든 장기들은 이 영역에서 작동한다. 우리가 사용하는 60Hz 전기 배전망도 여기에 해당한다.

저주파수(VLF: Very Low Frequency)는 3~300kHz, 초당 3천에서 30

만 사이클까지 해당된다. 많은 스위치 모드 전원장치(최신 가전 및 기타 전자 제품들)가 이 주파수 영역에서 작동한다.

고주파수(HF: High Frequency)는 300kHz에서 300MHz로 확장된다. 라디오 및 TV 방송은 이 범위에서 작동한다.

마이크로파 주파수(MF: Microwave Frequency)는 300MHz(초당 3억 사이클)에서 300GHz(초당 3,000억 사이클)까지 확장된다. 무선전화, 휴대폰, 스마트 미터 등과 같은 무선기기, 와이파이, 광대역 전력선 통신 서비스가 이 범위에서 작동한다.

테라헤르츠파(Terrahertz wave)는 약 1조Hz에 해당하는 것으로 새로운 공항 스캐너로 사용된다.

적외선(테라헤르츠와 수백 조Hz에 해당하는 가시광선 사이의 모든 것)은 TV 원격 조종과 군사용 야간 감시기술에 사용된다.

일부 전자기기의 주파수

- 미국의 송전망은 60Hz에서 작동하며 120Hz, 180Hz, 240Hz, 300Hz 등의 주파수에서 고조파를 발생시키기도 한다. 공항, 도서관, 정부 건물, 쇼핑몰의 금속 탐지기는 100~3,500Hz 사이에서 작동한다.
- 심부 뇌 자극기(파킨슨 병 환자를 위한 체내 이식 의료기)는 130~185Hz 사이에서 작동한다.
- 비행기의 전력 시스템은 400Hz에서 작동한다.
- TV 방송은 54MHz 이상의 초단파(VHF: Very High Frequency)

를 사용한다. 극초단파(UHF: Ultra-High Frequency) 채널은 최대 800MHz를 사용한다.

- AM(Amplitude Modulation) 라디오는 음악이나 목소리를 전송하기 위해 약 500~1,600kHz (0.5~1.6MHz로도 표현)를 사용한다. AM 라디오는 번개의 볼트를 감지할 수 있으나 FM은 할 수 없다.
- FM(Frequency Modulation) 라디오는 88~108MHz를 사용한다.
- 미국에서 휴대폰은 700MHz, 800MHz, 850MHz, 900MHz, 1,700MHz, 1,800MHz, 1,900MHz, 2,100MHz, 2,500MHz 중 하나 이상의 주파수 대역을 사용할 수 있다. 다른 국가에서 휴대폰은 다음 주파수 대역 중 하나 또는 그 이상을 사용할 수 있다: 450MHz, 480MHz, 860MHz, 900MHz, 1,700MHz, 1,800MHz, 1,900MHz, 2,300MHz, 2,400MHz.
- 건물 내에서 사용하는 무선전화기(DECT: Digital Enhanced Cordless Telecommunications)도 1,900MHz와 1,980MHz의 두 가지 주파수 대역을 사용한다.
- 전자레인지는 2.4GHz(초당 24억 회 진동)에서 작동한다.
- 대부분의 무선 인터넷 연결(Wi-Fi)은 2.4GHz 이상을 사용한다.
- 스마트 미터(디지털 유틸리티 미터)는 900~928MHz(운반파 용)와 2.4GHz(데이터 용)의 주파수에서 작동한다.
- 공항의 새로운 바디 스캐너는 300GHz 이상의 주파수에서 작동한다.

유사한 주파수를 사용하는 기기는 각각 멀리 떨어져 있는 주파수를 가진 기기보다 더욱 심하게 서로의 작동을 방해할 수 있다. 다시 말하면 주파수와 밀접하게 연결되어 있는 진폭, 지속 시간, 그리고 변조가 문제다.

무선통신과 주파수

유선전화기를 이용하는 통화는 음성이 신호로 변환되어 낮은 주파수로 전선을 따라 송신된다. 이때 방출되는 방사선은 전화선이나 수화기를 크게 벗어나지 않는다. 무선기기는 오늘날 일반적으로 디지털 펄스 신호를 사용한다. 이 신호는 사람의 목소리를 암호화한 후, 휴대폰에서 중계기 안테나 망으로 보낸 후 다시 수신자 전화로 보낸다.

사진을 전송하는 것은 목소리를 전송하는 것보다 더욱 많은 데이터가 필요하다. 또 음성을 보내는 것은 메시지를 보내는 것보다 더욱 많은 데이터가 필요하다. 비디오는 이들 중 가장 많은 데이터가 필요하다.

초당 더 많은 전자기 진동이 발생할수록(헤르츠가 높을수록) 더 많은 데이터가 전송될 수 있다.

모바일 기기는 하나 이상의 변조된 마이크로파 주파수가 작동하는 것이 필요하다. 예를 들어 AT&T(미국 통신회사)의 음성 주파수는 850MHz와 1,900MHz 대역에서 작동한다. 850Hz대역은 824.2~849.0MHz에서 업링크(음성을 보내는 방향)된다. 다운링크 쪽은 (음성을 받는 방향) 869.2~894.0MHz이다.

말하고, 문자를 보내고, 와이파이를 사용하고, 블루투스를 사용하고,

이러한 메시지들을 받는 것은 모두 각각 다른 주파수를 필요로 한다.

한 번에 두 가지 이상의 작업을 할 때는 여러 개의 주파수가 있어야 한다. 통신사마다(즉, AT&T, Sprint, Verizon) 그들이 제공하는 통신체계에 각각 다른 주파수를 사용한다.[18]

휴대폰, 무선전화기, 스마트 미터, 베이비 모니터, 와이파이, GPS 네트워크, 기타 무선기기에 사용되는 전자기 신호는 보이지 않는 전기장으로 안테나에서 수신기로 이동된다. 예를 들어, 휴대폰이나 아이패드에 노날하기 위해서 주파수 영역은 공기, 나무, 건물, 자동차, 인체를 통과하는 전자파 방사선을 방출한다.

마이크로파처럼 아주 빠르게 진동하는 무선주파수는 파장이 아주 짧다. 천천히 진동(바다의 파도처럼)하면 주파수(헤르츠)는 훨씬 적고 파장은 더욱 길어진다.

휴대폰이 방출하는 무선주파수는 가까이 대고 있는 면에 영향을 준다. 머리에 대고 있으면 머리에, 가슴 주머니에 가지고 있으면 심장에 영향을 준다. 70MHz에 가까운 저주파수에서는 방출되는 파가 전신에 영향을 준다.

아날로그와 디지털 신호

아날로그 신호는 자연에 존재하지만 디지털 신호는 자연에 존재하지 않는다. 아날로그 신호는 천천히 연속적으로 변화하는 진폭을 가진 파형으로 작동한다. 아날로그 신호는 부드러운 주파수 스펙트럼이 특징이다.

디지털 신호는 일반적으로 필드의 펄스(Pulse in Field) 또는 진폭이라고 하는 급격한 변화로 구성된다. 디지털 신호는 보통 낮은 진폭에서 작동하지만 더 복잡하고 불규칙한 무선주파수 스펙트럼에서 더 많은 무선주파수 잡음을 발생시킨다. 펄스의 속도와 선명도에 따라 디지털 신호는 더 넓은 주파수 스펙트럼을 만들어낼 수 있다. 이것은 더 많은 주파수를 위해 더 많은 잡음을 발생시키고 더 많은 장비를 간섭하게 된다.

스마트 유틸리티 미터, 중계기 안테나 또는 컴퓨터와 같은 디지털 기기 가까이에 있으면서 두 방송국 주파수 사이에 맞춰진 AM 라디오는 윙윙거리는 소리와 같은 간섭 현상을 찾아 들려주게 된다. 엔지니어들은 이러한 간섭이 다른 기기들의 작동에 나쁜 영향을 준다는 사실을 인정하지만 생명체에 어떤 영향을 준다고는 생각하지 않는다.

펄스와 변조: 자연계에 존재하지 않는 신호

송수신하려는 정보는 전자파 신호의 변조와 펄스에 의해 입력될 수 있다. 다양한 종류의 변조와 전파 조작이 있다(용어집 참조). 변조란 연속적인 변화를 의미한다. 펄스는 날카롭고 급격한 변화 패턴으로 나타난다. 각 패턴은 개별적 작은 조각이 아닌 데이터 꾸러미들을 가지고 있다.

AM 라디오는 진폭 변조(Amplitude Modulation)를 사용한다. 시간에 따라 변경되지 않는 단일 주파수에서 작동하지만 진폭은 시간에 따라 변화한다.

FM 라디오는 주파수가 변조(Frequency Modulation)된 것으로 밴드

내의 주파수가 다름을 의미하며 이는 AM 라디오에서 사용하는 것보다 더욱 큰 스펙트럼이다.

디지털이나 펄스 변조 방법은 주파수 스펙트럼의 더욱 넓은 부분을 필요로 한다. 디지털이나 펄스 변조는 비디오, 음성, 일반 데이터들을 더욱 높은 품질로 전송할 수 있게 한다.

펄스 변조의 무선주파수 신호는 자연계에서는 존재하지 않는다. 이러한 신호에 노출되는 것은 생물학적(건강) 영향을 줄 가능성을 증가시킨다. 최근 연구는 변조된 무선주파수 신호가 인간의 인지, 반응 시간, 뇌파 활동, 수면 장애, 면역 기능에 변화를 야기하고 있음을 보고하고 있다.[19]

전자파 방사선

전기장이나 자기장이 시간에 따라 변할 때, 전하는 에너지를 가속 또는 감속시켜 우주로 방출한다. 이러한 에너지 누출이나 방출을 전자파 방사선(EMR)이라 불린다. EMR은 일반적으로 보이지 않는(가시광선 제외) 에너지를 가지고 있다. 그리고 그 에너지는 공간 이동을 할 수 있고 대부분의 비금속 물체를 관통할 수 있다. 휴대폰은 음성이나 다른 데이터를 전달할 수 있는 보이지 않는 파를 만들기 위해 EMR을 사용한다. 전자레인지는 음식을 데우기 위해 EMR을 사용한다. 습기가 있을 때는, EMR이 사람을 통과할 때와 같이 일부 방사선이 흡수된다.

무선통신에서의 안테나 기능

EMR이 안테나에 도달하면 수신기에 의해 소리나 텔레비전 화면, 컴퓨터 정보교환 등으로 관측(변조된 신호가 다시 복원)되고 전환되는 전류를 발생시킨다. 크기, 모양, 방향과 같은 많은 요소들이 안테나의 효율성에도 영향을 주지만 모든 전도성 물체(즉, 어떤 금속 조각도)들은 안테나 역할을 할 수 있다. 이빨을 치료한 금속 충전물도 안테나처럼 작동할 수 있다. 이빨 충전물의 전기화학적 부식은 변조된 무선신호를 다시 복원시키고 수신기 같은 역할을 할 수 있다.

스마트 미터: 전송과 디지털 유틸리티 미터

스마트 미터는 전기, 가스, 물 사용을 추적(측정 및 송신)한다. SmartMeter는 등록된 상표이자 미터기의 한 제품에 관련되는 기업체의 이름이지만 한편으로는 스마트 미터(smart meter)는 모든 새로운 디지털 미터를 지칭하는 일반적인 용어다. 대부분의 미터는 마이크로파 범위에서 신호를 전송한다. "AMR(Automated Meter Reading)" 미터라 부르는 기기는 읽기만 하고 신호는 전송하지 않는다. 보통 스마트 미터의 앞면은 시계 모양의 다이얼이 아닌 디지털 숫자가 표시된다(디지털 시계처럼). 참고: 시계 모양의 앞면을 가진 일부 미터는 뒤에 전송 칩이 있다.

AMI(Advanced Metering Infrastructure) 미터는 전송 수단의 또 다른 종류다. AMI는 전기회사에 양방향 통신을 제공한다. AMI는 유틸리티 회사에 각 가정의 사용량을 전송하는 것 외에 회사가 원격으로 전원을 끄거나 미터를 다시 프로그래밍하여 가정의 가전제품과 무선 시스템을 조절할 수 있도록 한다.

미국과 세계 여러 나라에서 유틸리티 회사들이 스마트 미터의 추적 기능이 소비자로 하여금 에너지를 절약할 수 있도록 한다는 이유로 가정과 기업체의 아날로그 계량기를 교체하는데 정부 보조금을 사용하고 있다. 스마트 미터는 전기회사들이 고객들의 시간대별 사용에 맞추어 요금을 부과할 수 있도록 한다. 여기서 추구하는 목표는 각 가정으로 하여금 업무 시간 동안 에너지를 덜 사용하게 하여 전력 소비의 최고치와 최저치를 원활하게 처리하고 송전망의 효율을 높이는 것이다.[20]

모든 가정은 일반적으로 세 가지 공공 서비스(전기, 가스, 수도)가 들어가고 각 서비스마다 주택, 아파트, 학교, 사무실, 병원, 공공건물 등에서 미터기가 필요하기 때문에 스마트 미터는 국가적으로(전 세계적으로도) 가장 많이 설치되어 있는 송신 안테나일 것이다.

스마트 미터는 광대역 전력선 통신(BPL), 광섬유, 전화선, 무선 라디오, 셀룰러 기술 등을 이용하여 고객이 다른 "스마트 기능이 있는" 가전제품과 에너지를 사용할 때 얼마나 사용했는지에 대한 자세한 정보를 유틸리티 회사에 보낼 수 있다.

스마트 미터는 마이크로파 범위에서 펄스 신호 또는 마이크로 버스트(고강도 방출)를 내보낸다. 광대역 전력선 통신(BPL)을 사용하는 미터는 무선주파수 방사선을 전력선에 내놓는다. 다른 것들은 900MHz(운반파 용도)로 전송하고 모두 2.4GHz 대역을 동시에 사용한다.[21] 이러한 스마트 미터의 범위 내에 있는 모든 생물체들은 본의 아니게 마이크로파 방사선에 노출된다.

일부 스마트 미터는 한 달에 한번 또는 하루에 한번 신호를 보내고 어떤 것은 15초마다 신호를 보낸다.

신디 세이지와 제임스 비에기엘(Cindy Sage & James Biergiel), EMF 전기 컨설턴트

건물에 전기(60Hz)를 공급하는 일반적인 측정기 전선은 높은 주파수의 고조파를 보낼 것으로 의도되거나 제작되지 않았다. 하지만 가전제품, 다양한 속도의 모터기기, 사무 및 컴퓨터 장비, 무선 기술 등의 기하급수적 사용 증가는 지역 사회의 배전망과 사용 건물의 고조파를 크게 증가시켰다. 고조파는 60Hz 이상의 주파수인데, 이는 더 많은 에너지를 이동시키고 용량이 넘쳐 터질 것 같은 전선을 타고 흐른다. 여기서 나오는 무선주파수는 전기 배선에서는 의도하지 않았던 부산물이다.

그러한 무선주파수는 약한 지점(낡은 배선, 전기 부하량에 비해 적은 용량의 중성선, 접지 불량, 알루미늄 도체 사용 등)에서 전기 화재를 유발할 수 있다. 스마트 미터 사용은 기존 전기 배선에 완전히 새롭고 현저히 증가된 부하를 걸리게 한다. 왜냐 하면 스마트 미터는 유틸리티 회사로 에너지 사용에 관한 신호를 보내기 위해 매우 짧고 고강도의 무선주파수 방출(RF Bursts)을 발생시켜야 하기 때문이다.

광대역 전력선 통신

광대역 전력선 통신(BPL: Broadband over Power Line)의 경우 모뎀이 전화선이 아닌 전기 소켓으로부터 신호를 받는다. 이것은 일반 전기인 저주파(60Hz) 전력을 제공하는 것과 동일한 전력선으로 인터넷 데이터용 고주파 전기신호를 전송함으로써 전기가 있는 어느 곳에서든지 고속 인터넷 사용(1~80MHz 사이에서 작동)을 가능하게 한다. BPL은 일반 와이파이 라우터보다 신호를 4배나 더 멀리 보낼 수 있다.

케이블 모뎀과 달리 BPL은 차폐 기능이 없다. 전선이 주변을 둘러싸는 안테나 역할을 한다. 만약 어디서나 빠른 인터넷 접속만을 원한다면 BPL은 최고의 선택이다. 안타깝게도 BPL은 메가헤르츠 범위에서는 주파수 영역과 전선에 상당량의 일시적 전기 잡음을 발생시킨다. 이렇게 높은 주파수에서는 대부분 일반 가정의 전기 배선은 거주자들을 무선주파수 전기장과 자기장에 노출시킨다.

광섬유

광섬유는 머리카락 하나 정도의 유리 또는 플라스틱 섬유를 통해 빛의 파장에 펄스 신호를 보냄으로써 데이터를 전송한다. 이 기술로 지금의 전화선을 이용하는 것처럼 각 가정, 학교 그리고 기업이 인터넷에 접속할 수 있다. 광섬유는 초기 설치비용이 많이 든다. 장기적으로, 광섬유는 가장 빠르고, 안전하고, 에너지 효율적이고, 믿을 만한 서비스를 제공할 것이다. 광섬유는 방사선을 방출하지 않도록 설치할 수 있다.

많은 광섬유 시스템은 "케이블 박스"로 연결된다. 케이블 박스는 이더넷, 와이파이, TV, 전화 등과 같은 유무선 서비스를 제공할 수 있다. 이더넷은 랩톱 또는 데스크톱 컴퓨터에 유선 연결을 제공하며 무선 송신기를 필요로 하지 않는다. 무선 서비스(와이파이, 일부 TV, 일부 전화)는 마이크로파를 계속 방출하는 무선 송신기가 필요하다.

통신 서비스는 송신기 없이 광섬유를 통해 제공될 수 있다. 그러나 광섬유가 설치된 일부 지역에서는 주민들이 무선 라우터를 중지시킬 수 있는 옵션이 없어 임산부, 유아, 어린이, 의료기 체내 이식 수술을 받은 사람들과 건강이 나쁜 사람들은 특히 취약할 수 있다.

다른 수많은 신기술들과 마찬가지로 광섬유를 안전하게 구현하기 위해서는 보다 많은 검토와 보호 규정이 필요하다.

새로운 전자기 환경

우리는 이제 인간이 통제할 수 없을 정도로 복잡한 전자파 환경에서 살고 있다. 1930년대 이후 연방통신위원회는 제조업체가 기존 라디오, TV 또는 인터넷 방송과 상충되지 않는 한 새로운 장치와 서비스를 판매할 수 있도록 허용해 왔다. 발명가들은 그들의 발명품들이 생물학적 해를 끼치지 않는다는 것을 증명할 필요가 없었다.

자, 그럼 이제부터 다음 질문을 생각해보자. 자기장, 전자기기, 그리고 무선기기가 어떻게 인간의 건강에 영향을 미치는가?

주석 및 참고문헌

1. T. Hsu, Integrated Science: An Investigative Approach, Peabody, MA: CPO Science, 2007
2. Ground-Fault Circuit Interrupter: See https://www.osha.gov/SLTC/etools/construction/electrical_incidents/gfci.html
3. Arc-Fault Circuit Interrupter: See https://www.afcisafety.org/afci/what-is-afci/

4. K. Riley, Tracing EMFs in Building Wiring and Grounding, 2nd ed., Acton, MA: Magnetic Sciences, 2005.
5. S. Greenland et al, "A pooled analysis of magnetic fields, wire codes, and childhood leukemia," Epidemiology, 11 (2000): 624–634.
6. NIOSH: National Institute for Occupational Safety and Health (www.cdc.gov/niosh/about/default.html)
7. D. W. Zipse, "Are the National Electrical Code and the National Electrical Safety Code hazardous to your health?," 1999 IEEE Industrial and Commercial Power Systems Technical Conference (Cat. No.99CH36371), Sparks, NV, 1999, pp. 9 pp.-. doi:10.1109/ICPS.1999.787239, https://ieeexplore.ieee.org/document/787239/
8. American Society of Agricultural Engineers (https://www.asabe.org/)
9. American Dairy Science Association (https://www.adsa.org/)
10. D. Hillman et al., "Relationship of Electric Power Quality to Milk Production of Dairy Herds", American society of Agricultural Engineers Annual International Meeting, 27-30 July 2003, Las Vegas, Nevada, USA, Paper Number: 033116, http://electricalpollution.com
11. www.bchydro.com/powersmart/technology_tips/harmonics.html;www.bchydro.com /etc/medialib/internet/documents/psbusiness/pdf/;and Power_Factor.Par.001.File.Power _Factor.pdf.
12. N. Wertheimer and Ed Leeper, "Electrical wiring configurations and childhood cancer," American Journal of Epidemiology, 109 (1979): 273–284; also E. Sugarman, Warning: The Electricity Around You May Be Hazardous to Your Health, Whitby, ON: Fireside, 1992.
13. S. Milham, "Dirty Electricity: Electrification and the Diseases of Civilization", iUniverse, 2012
14. W. J. Rea et al, "Electromagnetic field sensitivity,"Journal of Bioelectricity, vol. 10 (1991): nos. 1 and 2, 243–256.
15. Windfall (http://windfallthemovie.com/)
16. International Telecommunications Union, https://www.itu.int
17. National Telecommunications and Information Agency, https://www.ntia.doc.gov
18. For more on how cell phones work, go to www.electronics.howstuffworks.com / cell-phone.htm.
19. C. Blackman, "Cell phone radiation: Evidence from ELF and RF studies supporting more inclusive risk identification and assessment,"Pathophysiology

vol. 16 (2009): 205–216.

20. K. R. Foster, "A World awash with wireless devices,"IEEE Microwave Magazine, March, 2013.
21. SmartMeters: Architecture, Health Effects, Measurement and Mitigation, a power point presentation by Tom Wilson, BSEE, 2011.

제6장

전자파와 인체 건강

인체의 모든 기관은 전자기 신호로 작동하고 지구 전자기장과 공명 현상을 이룰 때 정신적으로나 육체적으로 건강한 상태를 유지한다. 인간이 만든 전기, 전자기장, 무선주파수 방사선 등은 인체 건강에 유해한 환경을 만들어내고 있다. 이 장은 지금까지 알려진 이론과 사례를 중심으로 전자파로 인한 건강 문제를 설명하고 있다.

심하게 병든 사회에 잘 적응된 몸은 얼마나 건강한지 알 수가 없다.

- 인도 철학자 지두 크리슈나무르티(Jiddu Krishnamurti)

인체의 모든 기관은 전기 또는 전기화학적 신호를 통하여 어떻게 작동할지 감지한다. 뇌, 심장, 혈액, 근육, 신경, 신장, 소화기 등은 기관 고유의 주파수를 가지고 있으며[1] 각 기관들은 전자기 신호에 의해 정보를 서로 주고받는다. 어른의 심장은 1.17헤르츠(Hz)로 분당 70회가량 뛴다.[2] 유아들은 2Hz로 분당 120회를 뛴다.[3] 신경계는 여러 주파수에서 작동하는데 뇌파는 대부분 2~20Hz 사이에서 작동하며, 휴식 시 뇌는 약 10Hz 정도다.[1]

인체는 호르몬이나 화학작용, 그리고 지구 전자기장으로부터도 신호를 받는다.[4] 벌, 새, 소, 물고기, 풀과 나무 등 실로 살아있는 모든 생물들은 내부와 외부의 전자기 신호를 통해 생명 현상을 유지한다.

((🌐))

폴 마티네즈(Paul Matinez), 24세, 뉴욕

나는 학교에서 우리의 마음은 초당 10회 정도 순환 주기를 가질 때 가장 편안한 상태라고 배웠다. 일반적으로 지구 전자기장은 10Hz(초당 10회) 이하에서 진동을 하고 이러한 영역을 슈만 공명[5]이라 한다. 즉, 편안한 상태의 마음은 지구와 전자기 공명을 이룰 때다. 그러나 우리가 사는 건물들은 60Hz로 전기 배선이 되어 있을 뿐만 아니라 초당 수백만에서 수십억 번씩 진동하는 기기들로 둘러싸여 있다. 내가 바라는 것이 편안한 마음이라면 어떻게 이러한 상황에 대처해야 하는가?

어떤 사람은 하루 여러 갑의 담배를 피우면서도 병에 걸리지 않으나 어떤 사람은 간접 흡연만으로 폐암을 비롯한 여러 가지 병에 걸리게 되는 것을 우리는 알고 있다. 이와 유사하게 자기장과 무선주파수(RF) 영역에 노출되어 견딜 수 있는 한계점에 도달하는 것도 사람마다 각자 다르다. 변압기, 송전선, 중계기 안테나, 송신 유틸리티 미터 부근에서 살거나 공부하고 일하는 사람들과 휴대폰과 와이파이를 사용하는 사람들은 이러한 시설로부터 멀리 떨어져 생활하고 와이파이 없이 유선전화만 사용하는 사람들보다 더욱 심하게 무선주파수 방사선에 노출될 것이다. 또한 건물의 전기 배선이 잘못되면 무선주파수 방사선 노출이 더 많아진다.

실제로 미국 가구 50퍼센트 이상이 전기 배선에 문제가 있는 것을 보면 아마 대부분의 사람들은 자기장에 노출되었을 것이다.

미국에서 휴대폰 가입자의 수는 2005년에서 2007년 사이 전 국민의 13퍼센트에서 84퍼센트로 증가했다. 2010년을 기준으로 3억8백만 명 중 91퍼센트 이상이 휴대폰을 소유하고 있다.[6] 전 세계적으로도 70억 인구 중 상당 부분이 모바일 서비스를 사용하고 있다. 2016년에는 초당 2만 시간에 해당하는 비디오가 스트리밍 또는 다운로드 되는 것으로 추정하고 있다.[7] 휴대폰에 신호를 보내는 중계기 안테나들은 송신 유틸리티 미터처럼 보편화되었다.

그렇다면 점점 심해지고 있는 무선주파수 방사선 노출이 주는 생물학적 영향은 어떠한 것이 있는지 알아보자.

6.1 자기장과 누전 현상

지난 1970년대 자기장 노출로 인한 집단 암 발생과 인체 건강에 관한 연구가 처음 발표된 이후, 암, 심혈관 질환, 당뇨병, 자살, 알츠하이머 등과 같은 "문명에 의한 질병"과 전기사용 증가의 연관성이 보고되기 시작했다.[8] 전기산업 종사자, 전기기사, 라디오 또는 발전소 관리자, 알루미늄 산업 종사자들은 매우 강한 자기장에 노출되기 때문에 백혈병에 걸릴 위험이 높다는 사실이 확인됐다.[9] 또 고압전력이 흐르는 전선 가까이 있는 교실에서 일하는 교사들도 다양한 종류의 암에 걸릴 위험이 높았다.[10]

캘리포니아 한 병원은 영상표시 단말기를 주당 20시간 이상 사용한 여성의 경우 사용하지 않은 여성에 비해 유산 횟수가 두 배에 달하며 신생아 출산 결함이 증가한다는 사실을 보고했다.[11] 또 전기담요나 물침대를 사용한 임산부는 유산하는 사례가 많았으며, 전기담요 사용이 더욱 많아지는 겨울에 위험도가 가장 높다는 사실도 밝혔다.[12]

영국 웨스트 미들랜드 지역에서 1969년부터 1976년까지 발생한 자살 사건을 분석한 논문은 "자기장 강도가 높은 지역에서 자살률이 월등히 높다."고 보고하고 있다.[13]

예방의학에서는 자기장 노출이 알츠하이머를 유발하는 위험 요소라는 사실을 강력하게 입증하는 조사 자료도 있다. 산업용 재봉틀을 사용하는 재봉사는 이러한 위험 요소에 매우 취약하다. 14개의 직업을 분석한 연구 결과, 직장에서 전자파 노출은 알츠하이머 발병 위험을 두 배나 높인다는 사실이 밝혀졌다. 고압선에서 50미터 이내에 사는 사람들은 알츠하이머로 사망할 확률이 더 높았다. 220~380킬로볼트(kV)의 고압선 근처에서 오래 살수록 위험은 더 커지며, 이렇게 15년이 넘게 되면 알츠하이머로 사망할 가능성은 예상보다 두 배가 넘는다.[14]

자기장의 안전기준

미연방 직업안전 및 유해관리청(OSHA: Occupational Safety and Hazard Administration)은 1가우스(1,000mG) 이상의 자기장이 위험하다는 기준을 정해두고 있다.

그러나 보건학을 연구하는 사람들은 이것과는 다른 결론을 내리고 있다. 유아 백혈병과 태아의 초저주파수(ELF: Extremely Low Frequency)

노출과 관련 가능성 때문에 BioInitiative 2012[15] 보고서는 어린이와 임산부 거주 공간에 대해 허용치를 1.0밀리가우스(mG)로 제한할 것을 권고하고 있다. 정확히 말하자면 BioInitiative는 OSHA 허용치의 1,000분의 1을 원한다.

2009년 노르웨이에서 발표된 셀레툰 성명서(Seletun Statement)[16] 역시 모든 신규 시설에 대한 자기장 노출 한도를 1.0mG로 제한할 것을 권장했다. 이는 자기장이 백혈병, 뇌종양, 알츠하이머, 루게릭병, 남성정자 손상, 그리고 DNA구조 손상을 유발할 위험이 있다는 사실에 따른 것이다. 유럽과 미국을 중심으로 환경 컨설팅을 하는 건축생물학 연구소는 자기장 0.2mG 이하를 "우려 없음"으로, 0.2~1.0mG는 "약간 우려", 1.0~5.0mG는 "심한 우려", 그리고 5.0mG 이상은 "극심한 우려"로 제시하고 있다.[17]

리디아 슈스터(Lydia Shuster), 74세, 미국 워싱턴 주

나는 일생 동안 아주 건강하게 살아왔다. 1985년 시애틀 근처에 있는 1층(지상층) 아파트로 이사를 왔다. 2009년부터 점차적으로 여러 가지 질병들이 나타나기 시작했다. 밤에 침대에 누워 15분 정도가 지나면 허벅지가 가려워져 긁으면 피부가 오돌토돌하게 돋아 올랐다가 아침이면 사라졌다. 아침에 깨어날 때면 숙면을 취하지 못한 것처럼 기운도 없고 마디마다 쑤셨다. 뭔가 집중하기 어려웠고 머리도 빠지기 시작했다. 나는 정신이 희미한 상태에서 느리게 움직였다.

집 밖에서 두 시간 또는 그보다 더 많은 시간을 보낼 경우 그러한 증상들이 사라지고 몸 상태는 훨씬 좋아지는 것 같았다. 내가 도시를 빠져 나올 때는 12시간도 안 되서 모든 증상이 사라진 것 같았다. 나는 아무래도 우리 집에 나를 아프게 하는 무엇이 있다고 생각하기 시작했다. 나는 우리 콘도미니엄(아파트 단지)의 여러 건물들이 심각한 곰팡이 문제가 있다는 것을 알고 있었다.

2012년에 건축생물학 전문가에 컨설팅을 의뢰했더니 우리 집 욕실에서 곰팡이를 찾아냈다. 그리고 가우스 미터로 콘도미니엄 주변의 자기장을 측정했다. 측정 결과 침실 자기장은 1.7mG, 우리 집에서 9미터 정도 떨어진 주차장 건너편 변압기 부근의 자기장은 7mG로 나타났다. 내 침실이나 변압기에서 측정된 수치는 건강에 악영향을 주는 경고 수준의 자기장 상태라는 것이 컨설팅 결과였다.

나는 침실에서 나와 가우스 미터 수치가 1.2mG로 나타난 소파에서 자기 시작했다. 몇 주 지난 후 더 이상의 피부 발진은 나타나지 않았고 피곤함을 느끼기는 하지만 관절의 통증도 80퍼센트는 좋아졌다.

건축생물학 전문가의 조언에 따라 집에서 사용하던 무선전화기 사용을 중단했다. 그런데 어쩌다 한 번은 무선전화기를 오랫동안 사용했다가 이틀 동안 두통과 온몸이 쑤시는 증상에 시달려야 했다. 그 일을 교훈 삼아 나는 그 이후로 무선전화기를 아예 치워버렸다.

전기회사로 하여금 엔지니어를 보내 이러한 상황을 점검하도록 하는데 2달이나 걸렸다. 내 침실 창문에서 전기회사 엔지니어가 측정한 자기장은 1.8~2.4mG로 나타났다. 전자레인지가 아주 좁은 부엌의 벽에 설치되어 있어 코드를 뽑을 수가 없었는데 전자레인지를 사용할 경우에는 54mG, 사용하지 않을 때는 43mG나 되었다. 엔지니어는 이 수치를 보고서는 더 이상 부엌에 머무르려 하지 않았다. 그가 떠난 후 나는 배전판에서 전자레인지로 가는 전기를 차단해 버렸다.

그 이후 우리 집 구석진 곳에 누수와 곰팡이가 있다는 사실이 밝혀졌다. 그리고 나는 곰팡이와 자기장의 연관성에 관한 연구를 게재하는 www.emf-portal.de 인터넷 사이트를 보게 되었다. 전기회사는 우리 집에서 나타난 자기장 수치는 정부 기준 내에 있으므로 추가적인 조사는 하지 않을 것이라는 이메일을 보내왔다.

나는 뇌종양과 심각한 심장질환을 호소하는 친구들이 있다. 우리 모두 주의를 기울여야 하며 전자파 방사선을 방출하는 기기 사용을 줄여야 한다.

누전 현상과 건강

누전 현상은 전기가 지면으로 흐르는 것으로 건강에 유해할 수도 있다. 누전 현상은 중성선을 통해 변전소로 돌아가는 전류가 충분하지 않을 때 발생한다. 2013년 3월 샤워 꼭지에서 누전 현상이 발생하여 수차례 전기 쇼크를 당한 한 여성이 전기회사를 상대로 4백만 불에 달하는 소송을 걸어 승소한 사건이 미국 캘리포니아 주에서 있었다.[18] 고무로 발바닥 밑창을 감싸지 않은 개와 소는 누전으로 사망하기도 한다.[19]

6.2 전자기장과 무선주파수 방사선

((🌐))

데이비드 카펜터(David Carpenter)와 신디 세이지(Cindy Sage)
BioInitiative 2012

전자기장(EMF)과 무선주파수 방사선((RFR)에 매우 낮은 수준으로 노출되어도 생물학적 영향이 나타난다는 사실이 밝혀졌으며 상관성도 명백하게 규명되었다. 생물학적 영향은 휴대폰이나 무선전화기가 방출하는 수준의 RFR에 단 몇 분만 노출되어도 나타날 수 있다. 또한 전신방사를 유발하는 중계기 안테나, 와이파이, 스마트 유틸리티 미터에 몇 분만 노출되어도 생물학적 영향을 일으킨다. 그리고 무선기지국 수준에 만성적으로 노출되면 질병으로 이어진다. 장기적 또는 만성적으로 노출될 경우 여러 종류의 신체적 영향들이 나타나고 건강에 해로운 결과를 가져온다는 것은 충분히 예견할 수 있다. 이는 정상적인 신체 활동 방해(항상성 파괴), 손상된 DNA 회복 억제, 면역체계의 불균형 유발, 신진대사 장애, 그리고 여러 경로를 통해 질병에 대한 내성을 약화시키기 때문이다.

전이성 및 비전이성 방사선의 건강 영향

무선기기들이 어떻게 건강에 영향을 미치는지 알아보기 전에 전이성 및 비전이성 방사선이 건강에 미치는 영향을 다른 관점에서 먼저 설명하려고 한다. 앞장에서 설명한 바와 같이 무선기기에 사용되는 마이크로파는 비전이성 방사선에 해당하는 무선주파수 영역에 포함된다.

먼저 전이성 방사선을 보자. 과학자들도 전이성 방사선이 건강에 미치는 영향은 누적되며, 그 영향은 해로울 뿐만 아니라 사망에 이르게 할 수도 있다는 점에 동의한다. 일례로 전이성 방사선인 자외선에 단기간 노출되어도 일광화상을 일으킬 수 있으며, 장기간 노출될 경우는 백내장이나 피부암을 일으킬 수 있다.

하지만 비전이성 방사선의 건강 영향은 다르다. 라디오, TV, 인터넷 방송, 그리고 휴대폰에서 방출되는 비전이성 방사선은 보통 신체조직을 즉시 가열하지 않는다. 이 비전이성 방사선의 비가열 효과(Non-Thermal Effect)가 건강에 영향을 주는지 아닌지에 관해서 과학자들은 의견이 다르다. 또 비전이성 방사선도 가열 효과를 발생시키기도 한다. 전자레인지에서 나오는 비전이성 방사선은 접촉하는 매체에 있는 물 분자를 급속히 회전시켜 열을 발생시킨다. 만약 온도가 충분히 올라가고 시간도 길어지며, 파장도 충분히 강하다면, 비전이성 방사선도 조직 손상을 즉시 유발할 수 있다.

인체의 3분의 2는 물이다. 비전이성 방사선에 노출되는 현상이 누적되면 건강에 영향이 나타날까? 이점은 논란의 여지가 있다. 조직의 가열 여부를 떠나 많은 다른 생물학적 영향이 나타날 수 있다. 하지만 모든 과학자들이 비전이성 방사선의 비가열 효과를 인정하는 것은 아니다. 이것은 모든 과학자들이 전이성 방사선의 비가열 효과를 인정하는 것과 차이가 있다.

가열 효과와 비가열 효과

앞서 언급했지만, 미국 연방통신위원회(FCC)는 무선기기의 안전성을 사용 즉시 나타나는 가열 효과만으로 판단했다. 키 190센티미터, 몸무게 90킬로그램의 인체 모방 마네킹의 머리에 물을 채우고 휴대폰을 6분간 사용하는 실험을 했을 때 마네킹의 온도가 1°C 이상 상승하지 않자 FCC는 휴대폰이 안전하다는 결론을 냈다.[20] 하지만 많은 과학자들은 휴대폰의 사용으로 인한 다양한 비가열 생물학적 영향을 찾아냈다.

- 휴대폰을 20여분 사용 후 DNA 2중 나선구조가 여러 조각으로 나누어졌다. 만약 신체가 가진 DNA 복원 시스템이 이러한 손상을 회복시키지 못한다면 암과 선천적 결손(신생아의 경우)을 초래할 수밖에 없는 것이다.[21]
- 특히 어린 시절부터 휴대폰을 사용하거나 매일 30분 이상 사용하는 경우는 암 발생률이 증가한다. 10년 이상 휴대폰을 사용하는 경우는 뇌종양 발생 위험 역시 훨씬 높아진다.[22]
- 휴대폰을 두 시간 사용한 후에는 뇌혈관 보호막(BBB: Blood-Brain Barrier)이 파괴되어, 음식이나 공기 또는 물에 들어있는 신경 독소가 뇌와 신경에 영향을 미쳐 결국 뇌세포를 죽게 만든다.[23]
- 10대 또는 그보다 더 어린 나이부터 휴대폰을 사용한 사람들(디지털 휴대폰 사용 세대)은 뇌종양 발병 위험률이 420퍼센트나 증가한다.[24]
- 태아 상태에서 휴대폰에 노출된 아이들은 취학 연령에 이를 즈음 정서적 과잉행동 문제가 발생할 수 있다.[25]
- 전자기장에 노출되면 전위로 조절되는 칼슘 채널을 자극한다. 이는

세포내의 칼슘 함량을 높이게 되고, 이는 다시 과산화질산을 포함한 일련의 화합물이 생성되도록 한다. 과산화질산은 신경 퇴행성, 심혈관 질환, 편두통, 알레르기 등을 포함하는 모든 염증 질환의 근본적 원인에 해당한다.[26]

((🌐))

앤드류 골드워시(Andrew Goldsworthy, Ph.D.), 런던 임페리얼대학 생물학 명예 교수

디지털 통신에 의한 신체적 피해는 단지 가열 효과만으로 발생하는 것일까? 아니면 전파 신호가 살아있는 조직에 미치는 전기적 효과 때문에 피해가 나타나는 것일까? 인간의 몸은 안테나 역할을 할 수 있어 전자기기나 무선기기에서 방출되는 RF 신호는 인체에 전류를 흐르게 할 수 있다. 이러한 전류의 흐름은 각각의 세포를 둘러싸고 있는 섬세한 세포막을 불안정하게 하여 생물학적으로 유해한 방해를 한다. 그 결과 세포들의 정상적인 작동과 세포 간의 정상적인 소통이 일어날 수 없게 된다.

세포막은 단지 분자 두 개 정도의 두께를 가진다. 분자는 액정 상태로 되어 있으며 서로를 밀어내는 음전하를 띠고 있다. 음전하 분자 사이에는 2가 양이온(대부분 칼슘 성분)이 위치하여 서로 끌어당기게 함으로써 세포막은 안정화된다. 양이온은 벽에 있는 벽돌을 끌어당겨 고정시키는 모르타르 역할을 한다.

생체 조직에 가열 효과를 내기에는 너무나도 약한 RF 전자기파가 뇌세포막으로부터 칼슘이온(양전하를 띠는)을 제거할 수 있다는 것을 보여주는 연구 결과가 1975년에 발표되었다.[27] 실제로 약한 전자기장은 강한 것보다 훨씬 더 큰 영향을 줄 수 있다. 약한 RF 영역에 장기간 노출되는 경우(세포들이 불안정한 상태에서 오랜 기간 동안 놓여있는 상태)는 비교적으로 강한 전자기장 영역에 단기간 노출되는 것보다 잠재적으로는 더욱 많은 손상을 일으킨다.[28]

칼슘이온은 음전하를 띠는 세포막에 붙어서 안정시키는 역할을 하기 때문에 칼슘이온 손실은 중요한 문제다. 약간의 칼슘이온의 손실만으로도 세포막은 불안정화되고 좀 더 진행되면서 누출이 일어나게 되면 이는 심각한 물질대사 장애로 이어질 수 있다.

예를 들어 세포막의 누출은 인체의 신경세포에 영향을 준다. 신경세포는 시냅스가 연결되는 부분에서 신경전달 화학물질로 세포간의 정보를 전달한다. 보통 신경전달 물질의 방출은 세포로 들어가는 칼슘이온의 짧은 파동에 의해 촉발된다. 만약 전자기파 노출로 세포막의 누출현상이 일어났다면 이는 세포내 칼슘 농도가 이미 높아졌다는 의미다. 칼슘농도가 높아지면 세포들은 매우 민감한 상태에 놓이게 되어, 세포는 더욱 많은 신경전달 물질을 방출하려고 하기 때문에 뇌 전체는 과잉활동상태가 될 수 있다.[29] 뇌가 과잉활동 상태가 되면 집중력이 떨어지고, 주의력 결핍 과잉행동 장애(ADHD: Attention Deficit Hyperactive Disorder), 미토콘드리아에서 방출되는 활성산소에 의한 DNA 손상, 그리고 리소좀의 소화효소 분비로 이어질 수 있다. 이러한 DNA 손상은 불임과 암에 걸릴 위험을 증가시킬 수 있다.

세포막의 누출은 뇌혈관 보호막의 투수성을 높여 알츠하이머나 초기치매를 유발할 수 있다. 또한 외부 화학물질의 인체 표면 침투를 방지하는 보호막(뇌혈관 보호막과 유사)의 손상은 다발성 경화증과 같은 자가 면역장애, 천식, 알레르기와 같은 다양한 질병들을 악화시킬 수 있다.[30]

전자파 인체 흡수율(SAR)

모바일 기기에 노출되어 있는 동안 신체 조직에 흡수되는 방사선의 양을 그 기기의 전자파 인체 흡수율(SAR: Specific Absorption Rate)이라 한다. SAR은 100킬로헤르츠(KHz) 이상의 주파수에서 주어진 시간 동안 단위 무게 당 흡수된 에너지(와트/킬로그램, W/kg)로 측정된다.

SAR는 인체 마네킹을 대상으로 단일 발생원에서 나오는 단일 주파수를 측정하는 실험실에서 유용하다. 하지만 실험실을 떠나서는 단일 주파수만의 분리는 불가능하며 순수한 SAR을 측정할 수는 없을 것이다. SAR은 인체 부근에서 사용되는 기기로부터의 방사선 노출을 측정하는 것이다. 1996년 이전에는 미국연방정부가 인체 가까이 무선기기를 휴대하는 것을 규제하지 않았다. FCC는 1996년부터 1그램(g) 인체 조직 당 SAR 1.6W/kg 이하를 허용기준으로 정했다(인체 조직 1g은 정육면체 모양).

2013년 8월 FCC는 SAR 기준을 다시 개정했다. 미국 전기전자공학회(IEEE)의 권고에 따라 개정 기준은 귓바퀴(귀 바깥 부분)를 발, 손목과 발목과 같은 말단 부위에 포함시켰다. 말단 부위는 신체 조직 10g에 대해 30분 이상의 시간 동안 4.0W/kg SAR 기준이 허용된다.

귓바퀴를 말단 부위에 포함시킨 FCC의 2013년 SAR 기준은 개정 전부터 문제점이 지적되었다.[31] 귓바퀴를 말단으로 취급하는 것은 1996년에 제정된 허용치보다 8~16배 높은 수준의 휴대폰 방사선을 허용하는 것이다. 귓바퀴는 뇌 가까이 있으며 이는 실제로 휴대폰에서 방출되는 방사선이 뇌로 이동하는 통로 역할을 한다. 따라서 10g의 조직에 4.0W/Kg은 상당히 높은 수준의 휴대폰 방사선을 허용하는 수치에 해당한다. 4.0W/kg은 현재 30개국 이상이 준수하는 비전이성 방사선방지 국제위원회(ICNIRP) 지침의 허용수준보다 2배 이상 높은 것이다.

게다가 아이들은 성인보다 훨씬 얇은 두개골을 가지고 있다. 미국, 일본, 스페인, 브라질, 프랑스, 스위스의 과학자들은 아이들이 휴대폰을 사용할 때 성인이 흡수하는 것의 약 2배에 달하는 방사선을 흡수한다는 연구 논문을 주요 학술지에 발표했다.[32]

2013년 당시 일반적인 휴대폰 SAR는 1.6W/kg이었다. FCC가 귓바퀴를 말단으로 재분류하게 되면서 아마도, 휴대폰을 포함한 모든 휴대기기의 SAR는 4.0W/kg이 될 수 있었다. 더욱 심각한 것은 어떤 기관도 휴대폰의 SAR 기준이 어린이에게 미치는 영향을 규제하지 않고 있다는 사실이다.

신체 내 이식 의료기(인슐린 펌프, 심장박동 조절기, 심부 뇌 자극장치 등) 생산업체들은 사용자들이 15분 동안 SAR 0.1W/Kg 이상에 노출되는 것을 금지하는 경고를 하고 있다.[33] 우리는 이 경고에 주목할 필요가 있다. 스마트 미터, 와이파이, 광대역 전력선 통신, 중계기 안테나에 가까이 있는 사람들이나 이러한 지역에서 휴대폰을 사용하는 사람들은 이 수준으로 노출을 제한하는 것이 사실상 불가능하다는 것을 알 것이다.

SAR 기준 1.6W/Kg의 장기적 건강 영향

쥐(Rat) 연구는 SAR 0.6W/Kg 이하로 노출된 경우에 기억력 저하가 즉시 나타나고 장기적으로는 초기 치매 증상을 보였다.[34] 1.2W/kg 이하로 노출될 경우에는 DNA의 단일 또는 이중 구조의 손상이 즉시 나타나며 장기적으로는 뇌종양[35]과 치매[36]를 일으켰다. 초기 치매, 루게릭병, 파킨슨 및 기타 신경 질환 장애 등은 SAR 0.12W/Kg에 장기적으로 노출될 경우 발생했다.[37] 다른 연구는 SAR 0.12W/kg 이하의 노출에서도 정상적인 DNA 복원 기작이 이루어지지 않으며, 면역기능 상실 및 선천적 결손이 나타났다.[38] 쥐는 어릴 때 SAR 기준 0.016~2.0W/kg 범위의 휴대폰 전자파에 노출되었을 경우, 학습 장애, 주의력 결핍증, 과잉행동, 초기 치매, 파킨슨 병, 루게릭병, 그리고 기타 신경 질환을 보였다.[39]

게리 올레프트(Gary Olhoeft, Ph.D.), 지구물리학자 및 전기공학자

나는 파킨슨 병을 앓고 있었다. 2009년에 심부 뇌 자극장치(DBS)가 나의 뇌에 삽입되었다. 이 장치는 내가 15년간 복용해서 부작용이 점점 증가하고 있었던 약물을 완전히 대체했다. 나의 의료전자기술 매뉴얼에 따르면 휴대폰은 SAR 기준 1.8W/kg 이하에서 최소한 0.5미터는 떨어져 있어야 하며, 머리 가까이에서 사용할 경우에는 휴대폰의 SAR 기준 0.25W/kg에서 15분을 초과해서는 안 된다. 그렇지 않으면, 뇌에 삽입된 장치가 위험 수준으로 가열될 것이라 한다. 만일에 삽입장치가 너무 과열되는 경우는 오작동을 하고 나의 뇌는 손상을 입거나 사망에 이를 것이라고 매뉴얼은 경고하고 있다.

간접 흡연과 마찬가지로 간접 SAR은 자신의 의도와는 상관없이 휴대폰이나 와이파이를 사용하는 사람 곁에서 전자파에 노출되는 경우다. 간접 SAR가 건강에 미치는 영향에 관한 연구(임신 중인 엄마가 사용하는 휴대폰과 랩톱에 노출된 태반 내 아기, 의료기 체내 이식 수술을 받은 아동과 성인 등을 포함하여)는 아직 보고된 적이 없다.

휴대폰(Cell Phone, 3G 이하)은 주로 가장 가까이 접촉하는 부위(뇌, 목, 심장, 복부, 생식기 등)에 영향을 주는 반면, 와이파이나 스마트폰(4G)은 전신에 영향을 준다.

특정 휴대폰에 대한 SAR 수치를 확인하려면 휴대폰 상자나 배터리 팩을 열어 기기의 연방통신위원회 번호(FCC ID)를 확인해서 equipmentauthorization.gov로 연결하여 "FCC ID Search"를 클릭한다. "Grantee Code"란에 ID 첫 세 글자를, "Equipment Product Code"란에 나머지 글자를 넣은 후 "Search Start" 그리고 "Display Grant"를 클릭한다.

무선주파 신호의 생물학적 영향에 대한 역사적 고찰

1953년 구소련은 모스크바 주재 미국 대사관에 RF 방사선을 방출하는 무선장비 시스템을 설치하고 1970년대 중반까지 운영했다. 이를 설치한 구소련의 의도는 지금까지 알려지지 않고 있다. 당시 미국 대사관에서 일하던 대사를 비롯한 많은 직원들이 RF 방사선에 노출되어 백혈병과 기타 관련 질병에 걸렸다. 이때 있었던 '낮은 수준'의 방사선은 오늘날 중계기 안테나 가까이 사는 사람들이 겪는 노출 수준과 놀랄 정도로 매우 유사하다.

구소련의 의학 연구원들은 처음으로 당시 극초단파병(Microwave Sickness)으로 불렀던 증후군을 확인했다. 지금은 이 증후군을 전기 과민증(EHS: Electro-Hypersensitivity)이라 부른다. 구소련은 RF 방사선에 노출되는 것은 종양, 혈액 변화, 생식 및 심혈관 이상, 우울증 그리고 기타 여러 가지 문제를 일으킨다는 것을 알게 되었다.[40]

미국 상원 역시 구소련의 무선장비에서 방출된 낮은 수준의 방사선이 대사관 직원들에게 미친 영향에 관해 조사했다.[41] 미상원 릴리엔필드(Lilienfield) 연구팀은 습진, 건선, 알레르기, 염증, 신경 및 생식 이상, 종양 발생(여성의 경우 악성, 남성의 경우 양성), 혈액 이상 등을 유발하고, 불안정, 우울증, 식욕 상실, 집중력 및 안구 문제 등과 같은 정서와 행복감에도 영향을 미친다는 것을 알았다. 이러한 증상들은 EHS를 앓는 사람들이 호소하는 증상과 거의 일치하며, 디지털 신호 방사선에 노출된 지역에 관한 연구에서 보고되는 증상과도 동일하다.[42]

EHS는 수면 방해, 발진, 안면 홍조, 심장 부정맥, 근육 경련, 기억 상실, 축농증, 시력 저하, 발작, 마비, 이명, 혈당치 상승, 뇌졸중, 코피, 소화 장애 등과 같은 증상도 보인다. EHS와 진드기가 옮기는 세균으로 감염되는 라임병(Lyme disease)의 관계를 연구한 보고도 있다.[43]

미국 캘리포니아 주 보건국 조사에 따르면 캘리포니아 주민의 3퍼센트(약 77만 명)가 자신들에게 EHS 또는 전자파 증후군이 나타나는 것으로 생각하고 있다. 스위스 인구의 5퍼센트는 전자파 증후군을 경험한 것으로 조사됐다.[44] 2004년 독일 인구의 9퍼센트, 2010년 대만 인구의 13.3퍼센트가 EHS를 경험했다고 한다.[45] 만약 미국 인구의 3퍼센트가 전자파 증후군을 앓고 있다고 하면 이는 900만 명이 넘는 수치다.

어떤 사람들은 전자파 증후군을 앓는 반면에 같은 집안이나 직장에 있음에도 느끼지 못하는 이유는 무엇일까? 우선 다음 질문에 답을 해보자. 어떤 사람들은 매일 하루에 두 갑씩의 담배를 피우면서도 "건강"하고, 어떤 사람들은 간접 흡연에도 폐암에 걸리는 이유는 무엇일까?

리처드 콘라드(Richard Conrad, Ph.D), 생화학자, conradbiologic.com:

새로운 전자기기나 무선기기에 노출되거나 이전에는 아무렇지도 않았던 기기라도 가까이에서 아주 긴 시간을 보낸 경우 EHS가 나타날 수 있다. 그 이후 신체적 증상은 그보다 훨씬 낮은 수준, 연방통신위원회(FCC)의 안전기준보다 훨씬 낮은 방사선에 노출되어도 다시 나타난다. 어떤 사람들은 살충제나 중금속 같은 독소에 노출된 경험 때문에 EHS를 보이는 체질이 되기도 한다.

나는 자신의 일과 컴퓨터를 좋아하지만 컴퓨터 앞에 단 몇 분이라도 앉으면 심신이 쇠약해지는 증상을 앓는 수많은 과학자, 엔지니어, 프로그래머, 재정상담자, 부동산 중개업자들과 얘기를 나눈 적이 있다. 그들은 자동차도 최신 컴퓨터가 장착되지 않은 옛날 차를 몰 수밖에 없다. 그들은 아무 곳이나 갈 수도 없다. 그들은 사실 장애인이다.

세계보건기구와 전자파 건강

제2장에서 설명했듯이, 2011년 5월 세계보건기구(WHO) 국제암연구위원회(IARC)[46]는 휴대폰 사용에서 나오는 RF 방사선을 신경교종(glioma) 위험 증가와 악성 뇌종양(제1장 샌디에이고 집단 암 발생 사례)에 근거를 두고 '인체 발암가능 그룹(Possibly Carcinogenic)' 으로 분류했다. 국제암연구위원회는 DDT, 납, 클로로포름, 석면도 이 그룹으로 분류했다.

2011년 11월 하버드 로스쿨에서 독일 베를린자유대 저명 교수인 프란츠 아들코퍼(Franz Adlkofer)박사의 전자기장 유해성에 관한 강연이 있었다. 그는 휴대폰 전자파의 암 유발에 관한 연구와 과학자들의 연구를 방해하는 제도적 문제에 관해 이야기하면서 자신과 같은 과학자들이 직면한 어려움에 대해 토로했다. 그는 여기서 허용기준치 이하의 RF 방사선을 방출하는 휴대폰이 유전자 손상 가능성을 보여준 2004년 유럽연합의 REFLEX 연구[47]를 설명하면서, 세계보건기구의 국제암연구위원회가 REFLEX의 결과를 고려했다면 휴대폰 전자파도 발암성(발암 가능 그룹이 아닌)으로 분류했을 것이라고 말했다.

세계보건기구는 2011년 이전에는 휴대폰 사용으로 인한 유해는 증거에 신빙성이 없다는 보고서를 냈다. 하지만 이 보고서는 이권에 관련된 기업들로부터 수십만 달러를 받은 산업 컨설턴트 마이클 리파콜리(Michael Repacholi)에 의해 작성되었다.[48]

주의 깊게 볼 것은 그루 할렘 브룬트란트(Gro Harlem Brundtland, MD, MPH)박사의 경우다. 그녀는 1998년부터 2003년까지 세계보건기구 사무총장(그 이전에는 노르웨이 수상으로 2년 동안 재임)을 역임했다. 흥미로운 것은 브룬트란트는 휴대폰으로부터 4미터 이내에 있으면 두통을 느끼기 때문에 사무실에 휴대폰 사용을 금지하고 있다는 사실이다.[49]

인터폰 프로젝트

인터폰 프로젝트는 휴대폰과 뇌종양 간의 관계를 규명할 수 있는 방대하고도 오랜 연구다. 산업계에서 예산의 일부를 지원 받은 이 연구 프로젝트에서 대조군 일반 사람들은 매일 4분간 휴대폰을 사용했다. 시험군은 머리의 한쪽으로만 휴대폰을 날마다 30분씩 10년간 사용한 사람들로 뇌종양의 위험이 대조군에 비해 40퍼센트 증가했다. (오늘날 하루 30분씩 휴대폰 사용은 "가벼운" 사용이라 여겨질 것이지만 연구가 이루어질 당시에는 "과도한" 사용이었다.)

그 연구는 휴대폰이 대기 모드이거나, 주머니 속에 있을 때 또는 취침 중 머리맡에 있는 경우와 같은 노출은 고려하지 않았다. 휴대폰, 무선전화기, 와이파이, 중계기 안테나 부근 생활, 스마트 미터 등으로 인한 중복 노출로 인한 위험도 고려하지 않았다. 임산부, 유아, 어린이, 청소년, 청장년, 의료기 체내 이식 환자들이 휴대폰을 사용하는 경우에 예상되는 위험도 고려하지 않았다.

전자파의 간접 노출과 건강

로버트 케인(Robert Kane, Ph.D.), 전기공학자

1980년대 이전에는, 인간이 RF 방사선에 노출되는 경우는 가끔 지나는 경찰차, 상업용 이동통신 서비스, 태양에서 방출되는 방사선, 외딴 지역에 드문드문 설치된 텔레비전 및 라디오 방송 안테나에서 방출되는 매우 낮은 수준의 RF 에너지 등으로 아주 제한적이었다. 오늘날에는 너무나 다양한 기기로부터 방출되기 때문에 RF 방사선에 노출되지 않고 공공장소에 나간다는 것은 사실상 불가능한 일이다.

휴대폰을 사용하지 않는 사람이 가까이에 있는 타인의 휴대폰 사용으로 RF 방사선에 간접 노출되어 피해를 입는다는 연구도 있다. 이 연구는 3미터 이상 떨어져 휴대폰을 사용한다하더라도 사용하지 않는 사람의 뇌에 RF 방사선이 축적되고 좋지 않은 생물학적 영향을 주게 될 것이라 지적한다.

1992년 로버트 케인은 모토로라를 상대로 소송을 제기했다. 그는 모토로라 회사에서 근무하는 동안 휴대폰 안테나 시제품을 테스트했고, 그로 인해 뇌종양이 발생했다. 이 사건은 회사와 비밀리에 합의하여 해결되었다. 그는 2001년 "휴대폰, 러시안 룰렛" 이라는 유명한 저서를 출간하고[50], 2005년 3월 56세의 나이로 사망했다.

알렉스 리처드(Alex Richards), 기술전문 사업가, 60세, 캘리포니아 주

나는 1990년 처음으로 휴대폰을 구입했다. 당시의 휴대폰은 벽돌처럼 생긴 것으로 아주 기다란 안테나가 달려있었다. 전화를 걸 때마다 안테나를 뽑아서 사용해야 했는데 500달러 이상은 지불해야 했다. 그래도 나는 그 전화를 꼭 갖고 싶었고 어디서나 고객과 연결될 수 있었다. 그

때는 휴대폰으로 통화하는 것이 분당 1달러씩 들었기 때문에 긴 통화는 거의 하지 않았다. 2000년대에 들어서면서 가벼운 휴대폰과 저렴한 통화요금 덕분에 나는 매달 2,000분(약 34시간)가량 통화했다.

2003년 어느 날 공항에서 수하물을 기다리고 있는데 갑자기 내 뒷머리에 구멍을 뚫는 듯한 전기충격이 느껴져 뒤돌아보았더니 7명의 사람들이 휴대폰을 사용하고 있었다. 가방을 찾아서 공항을 떠나자 그 통증은 사라졌다.

그 이후 몇 년이 지나도 반복적으로 구멍을 뚫는 듯한 느낌을 경험하곤 했는데 그럴 때마다 근처에는 휴대폰을 사용하는 사람이 있었다. 아직 휴대폰을 가지고 있긴 하지만 디지털이 아닌 아날로그 방식이고, 거의 사용하지 않기 때문에 문제가 되리라고 생각하지는 않았다.

이러한 경험을 하면서 나는 건강에 신경을 쓰게 되었다. 예를 들어 유선전화와 스피커폰을 사용했다. 하루는 고객이 내 목소리를 제대로 들을 수가 없어서 헤드폰을 사용했다. 한 1분 30초가량 사용하자 머리에 불이 나는 느낌이 들었고 그 증상이 한 시간 반 동안은 지속되었다. 그날 이후 헤드폰 대신 리시버를 사용했는데 다시 열이 오르는 증상을 느꼈다. 그래서 나는 스피커폰만 사용할 수 있다는 것을 알게 되었다.

혹시 내 휴대폰도 같은 문제를 일으키나 궁금해지기 시작해서 약 일주일간 사용하지 않았다. 그리고 다시 시도했는데 처음부터 역시 머리에 불이 나는 것 같은 느낌이 들었다.

2006년 휴가가 끝난 후 갑자기 온몸의 기운이 빠지고 다시 머리에 구멍을 뚫는 듯한 느낌이 들었다. 의자에서 자리를 옮기면 그 증상이 사라졌다. 그날 휴대폰 사용을 전면 중단하고 와이파이, 무선전화기, 무선 프린터, 형광등, 전자식 무선 차고 개폐기 등 모두 코드를 모두 빼버렸다.

내 몸은 여전히 병들어 있었다. 매우 불안정한 상태로 한밤중에 깨어나기 시작했고 내 몸이 안테나가 된 듯 무선전화, 와이파이, 택시와 경찰의 라디오 신호, 게임기, 그리고 무선기지국 등에서 방출되는 신호들을 받을 수 있었다.

아내는 나의 전기 과민증에 의문을 가지고 아마도 내가 뇌종양이나 심리적 문제가 있는 것 같다고 했다. 그래서 나는 신경전문의와 신경심리전문의를 찾아가 기억력, 인지능력, 그리고 정신건강 테스트를 받았다. 의사들은 진료실 안에 휴대폰을 무음으로 설정해 놓은 후 전화가 올 때마다 손을 들라고 했다. 8시간의 진료시간 동안 13번 중 11번의 전화에 1초 내로 손을 들었다. 테스트가 끝나자 의사들과 나의 아내는 나의 전기 과민증에 대해 더 이상 의문을 갖지 않았다. 분명한 것은 전화가 올 때 수신 확인을 위해 휴대폰은 마이크로파를 발산하는데 어떤 사람들은 그것을 감지할 수 있다는 사실이다.

나는 와이파이 신호가 우리 집으로 들어오는 것을 느낄 수 있다. 옆집의 십대 아이들이 자기 집 테라스에서 문자를 보낼 때 마다 나는 갑작스런 충격을 느낀다. 내가 TV에서 나오는 월드 시리즈 광고에 집중하고 있을 때에도 사람들이 휴대폰으로 문자를 보내는 것을 느끼고, 그때마다 나에게 통증이 왔다. 그래서 우리는 창문에 전자기장 방어막을 설치했다. 어느 정도 도움이 되기는 했지만 통증은 여전히 계속됐다.

나는 이웃주민들에게 나의 증상에 대해 이야기를 하고 그들의 와이파이 라우터를 옮기거나 케이블을 설치할 것을 부탁도 해보았는데 일부는 긍정적으로 답변을 해줬고 일부는 거절했다. 다시 한 번 와이파이 신호를 차단하고자 우리 건물에 벽을 설치했음에도 불구하고 매번 휴대폰 신호가 우리 집으로 반사됐다. Stetzer 필터(유해 전기에서 나오는 전자파를 제거하기 위한 소형기기)를 설치함으로 인해 상당한 도움이 되었다. 전자파 노출을 줄이고 집안에 머물 수 있기 위해 지난 몇 년 동안 3만 불을 지출했다.

2010년 8월 퍼시픽 가스전기회사(PG&E)는 스마트 유틸리티 미터를 설치하겠다는 통보를 우리 마을에 보냈다. 나는 계속 전화를 했지만 그 회사는 나와 이야기하기를 거절했고, 나는 거의 미칠 지경이었다. 나는 스마트 미터로부터 내 몸을 어떻게 보호해야 할지 몰랐다. 결국 막대한 손실을 감수하고 우리는 그동안 너무 좋아했던 그 집을 팔았다.

그리고 어디로 가야할지 의문에 봉착했다. 2006년 이후부터 미국 전역과 멕시코에서 RF 방사선으로부터 피할 곳을 물색해 왔지만 적당한 곳을 찾지 못했다. 집을 살 능력은 있었지만 어느 곳에 스마트 미터 또는 휴대폰 중계기가 설치될지, 나의 이웃들이 나에게 협조적일지 알 수 없었다. 나는 군사용, TV 및 라디오 위성, 또는 4G 스마트폰을 법적으로 금지하는 장소는 알 수 없다.

와이파이와 건강

와이파이 주변에서 나타나는 일반적인 증상은 두통, 피로, 메스꺼움,

발진, 수면장애 등이다.

전자산업 옹호론자들은 와이파이는 생물학적인 영향을 주기엔 너무 약하다고 한다. 하지만 의학에서는 어떤 기기든 세포의 분열과 성장을 촉진시킬 수 있는 것은 암을 유발할 가능성이 있다고 말한다.[51] 그 예로 골절된 뼈의 회복을 촉진시키는 펄스 고주파 발생기와 같은 전기 치료기기를 들 수 있다. 인체 세포를 격리시킨 상태에서 와이파이 신호를 보내면 세포 자멸 반응을 촉진시킬 수 있다.[52]

책상 위의 라우터에 와이파이 안테나를 설치하면 일반적인 형태의 중계기 안테나로부터 30미터 이내에 있는 것과 같은 양의 RF 방사선에 노출될 수 있다고 한다.[53]

2006년 캐나다 온타리오 주 심코(Simcoe) 카운티 학군에서는 와이파이를 설치했다. 그 이후 최소 그 지역 14개 학교에서 학생들이 심박항진(심장박동이 빨라짐), 피로, 두통 등으로 점차 시달리게 되었다. 두 명의 십대 학생들이 심장마비로 인해 심장병 치료에 들어갔다. 심코 학교안전위원회는 2010년 12월 캐나다 국회 건강위원회에서 "오늘날 심코 카운티에서는 십대 학생들이 심장마비를 일으키는 사례가 나타나 모든 학교에서 세동제거기(Defibrillator)를 보유하고 있다."라고 보고했다.[54]

앤드류 골드워시(Andrew Goldsworthy, Ph.D.), 생물학자, 영국

휴대폰 전자파와 마찬가지로 와이파이도 세포막 누출 손상을 유발하여 칼슘이온을 제어되지 않은 상태로 흐르게 하는 원인이 된다고 볼 수 있다. 이러한 현상은 수업 중인 아이들의 뇌가 집중력을 상실하게 하는 결과를 초래한다. 그러므로 와이파이는 아이들의 학습에 도움이 되는 것이 아니라 학습장애물로 여겨져야 한다. 특히 와이파이는 임신중인 교사들에게는 위험할 수 있다. 임신 초기 태아의 뇌가 전자기장에 노출되어 정상적인 발달을 방해받게 되고 결과적으로 자폐증을 초래할 수 있기 때문이다.[55]

와이파이는 신경계에 과민 현상을 유발하여 통증, 더위, 추위, 저림과 같은 감각 증상을 유발할 수 있다. 귀의 안쪽(내이) 세포에 생기는 신경과민은 이명 현상을 일으킬 수 있다. 이는 평형감각에 영향을 줌으로 인해 어지러움과 메스꺼움, 멀미와 현기증을 일으킬 수 있다. 이러한 증상을 보이는 학생들은 주의 깊게 보살피고 와이파이를 차단해야 한다.

유전적 · 환경적 다양성 때문에 모든 사람이 동일한 증상을 겪지는 않는다. 일부는 전혀 고통을 느끼지 않을 수도 있다. 고통 받는 사람들을 생각한다면 와이파이는 학교뿐만 아니라 다른 장소에서도 바람직한 것이 아니다. 건강을 위해서는 유선을 이용하는 것이 훨씬 좋은 선택이다.

무선주파 신호와 자폐증

하버드대 소아신경학자 마사 허버트(Martha Herbert) 박사와 BioInitiative 보고서 공동편집자인 신디 세이지(Cindy Sage)는 2013년 병리학회지(Pathophysiology) 논문에서 "보고된 자폐아 발생 여건이 급격히 증가했고… 이는 무선통신기술 발달과 시간적으로 일치한다."라고 기술하고 있다. 이 논문에서 자폐아 발생 여건과 "낮은 강도(비가열)"의 전자기장(EMR)과 무선주파수 방사선(RFR) 노출과의 타당한 상관관계를 증거로 제시하고 있다. 예를 들어 임신중 EMR/RFR에 노출은 태아의 뇌세포 발달에 잘못된 신호를 보내게 됨으로써 아주 중요한 시기에 뇌의 발달을 교란시킨다. 또한 태아 성장을 방해하는 산화 스트레스를 증가시키고 면역 반응을 촉진시키며, 나아가 태아의 조직 발생 위험 증가, 생리학적 조절 교란 등으로 이어져 심각한 결과를 가져올 수 있다.[56]

논문은 "EMF/RFR 노출이 자폐증을 일으킨다는 증명은 못하지만… 위험이 높은 그룹에 생물학적 문제를 유발하고 증상을 악화시켜 위험을 증가시킴으로써 자폐에 기여할 수 있기 때문에 관심을 갖게 된다."라고 밝히고 있다. 그들은 학교, 의사, 학부모에게 사전예방조치를 취하고 어린이에게 유선(무선이 아닌)을 이용한 학습, 생활, 수면 환경을 제공할 것을 촉구하고 있다.

앤드류 골드워시(Andrew Goldsworthy, Ph.D.)

자폐 스펙트럼 장애(ASD: Autistic Spectrum Disorders)를 유발하는 유전자 형태는 신경세포 뉴런에서 칼슘이온 채널 유전자의 돌연변이로 설명될 수 있다. 유전자 돌연변이는 칼슘이온 배경농도의 증가를 일으킬 수 있고, 뉴런에서 신경과민증과 부적절한 시냅스 형성을 유발하여 결과적으로 ASD가 된다.[57]

출생 전과 직후의 아이의 뇌는 근본적으로 빈 캔버스다. 그 이후 아이는 엄마의 얼굴과 표정 등과 같은 새로운 감각 정보를 집중적으로 받아들이는 기간을 지나고 난 후에 자신과 다른 사람들과의 관계를 인식하게 된다.[58] 이러한 과정 동안 뇌의 뉴런은 셀 수 없이 많은 새로운 연결고리를 만들어 내며, 뇌는 아이가 학습한 것을 저장한다. 몇 개월이 지난 후 거의 사용하지 않은 연결 고리들은 소멸되고 남아있는 패턴은 아이의 정신으로 연결될 수 있다.

만일 이 시기에 아이가 RF에 노출될 경우 과다하고 빈번한 허위 신호가 생성되어 무작위적 연결을 빈번하게 유발할 것이다. 이 신호들은 의미를 가지 못한다 하더라도 소멸되지 않을 것이다. 소멸 과정 또한 더욱 무작위적일 것이기 때문에, 이러한 아이들(보통 사람들보다 아마 더욱 많은 뇌세포를 가지고 특수 재능이 있는 정신 지체인이 될 수 있는)은 사회생활에서 정상적인 사고방식이 결여되어 있을 것이다. 이는 결과적으로 다양한 형태의 ASD를 일으키는 원인이 될 것이다.

전자레인지와 통신기기의 방사선 노출 차이점

전자레인지는 2.4GHz에서 작동한다. 전자레인지는 짧은 시간동안 사용되고, 비록 문을 통해 항상 조금씩 누출이 있더라도 차폐물로 보호막이 쳐져 있다. (전자레인지의 방사선 누출을 시험하려면 플러그를 빼고 휴대폰을 안에 넣고 문을 닫은 후 전화를 걸었을 때 신호가 울리면 누출되는 것이다.)

와이파이도 일반적으로 2.4GHz에서 전송된다. 무선기기, 중계기 안테나, 스마트 미터 등이 곳곳에 설치되어 있는 까닭에 사람들은 800MHz부터 2.4GHz 사이의 RF에 계속 노출되고 있다.[59] 이 주파 영역은 자연에서는 존재하지 않는 것으로 인간과 야생생물에게는 새로운 주파수다. 중계기 안테나가 전력 공급을 필요로 하고 이는 가까이에 있는 전자 시스템의 전력 품질에 영향을 줄 수 있다는 사실에도 주목할 필요가 있다.

안테나 전자파와 건강

연구에 따르면 무선기지국 가까이 사는 사람들은 피로, 두통, 수면장애, 불안, 우울증, 성욕 감소, 기억력 감퇴, 어지러움, 메스꺼움, 암 발생 위험 증가, 수전증, 식욕 상실, 발진, 시력감퇴, 전반적인 불편함 등을 경험한다고 한다.[60]

중계기 안테나로부터 350미터 이내에서 10년 이상 거주한 사람들의 경우 암 발생률이 4배나 증가했으며, 특히 여성들의 경우 10배나 증가했다.[61]

안테나로부터 60~150미터 이내에 거주하는 사람들은 유전 및 성장 · 생식 영향, 뇌혈관 보호막(BBB)의 투수성 증가, 행동 변화, 분자 · 세포 및 대사 작용 수준의 영향, 암 발생 위험 증가 등을 보인다.[62]

브라질에서 1996~2006년 사이 무선기지국 500미터 내에 거주하는 사람들을 추적하는 연구가 이루어졌다. 이 연구에서 주민 1만 명당 34.76명이 종양으로 사망한 것을 알아냈다. 그 외의 지역에서는 종양으로 인한 사망자 수가 감소하는 것으로 나타났다.[63]

이스라엘에서는 중계기 안테나 가까이에서 1년 동안 거주한 경우 암 발생이 급격하게 증가했다. 이 증가는 과거 호놀룰루[64]와 하와이[65]에서 방송 중계탑 가까이 거주한 주민들 사이에 현격하게 증가된 백혈병 데이터와 일맥상통한다. 이집트에서 이루어진 연구는 중계기 안테나와 휴대폰에 장기간(6년) 노출되는 것은 코티솔(부신피질 호르몬), 혈청 프로게스테론(여성의 경우), 갑상선 호르몬 등 인체 호르몬 체계에 부정적인 영향을 미친다는 것을 보고했다.[66]

독일 바이에른 지방의 작은 마을 램바에 중계기 안테나가 설치된 후, 2004년 봄부터 60명의 주민들은 18개월 동안 정기적으로 소변 검사를 받았다. 이들은 스트레스 호르몬(아드레날린과 노르아드레날린)이 현저하게 증가했고, 도파민과 페닐에틸라민 수치는 상대적으로 감소했다. 또 이들은 평상시와 같은 생활 방식을 유지했지만, 안테나 설치 후 수면장애, 두통, 현기증, 집중력 장애, 알레르기가 증가하는 것을 경험했다. 만성적 호르몬 교란은 오랜 시간이 경과되면 건강에 피해를 주기 때문에 중계기 안테나의 전자파에 장기적으로 노출되면 심각한 건강 문제가 발생할 것으로 예측되었다.[67]

안테나 가까이에서 고통 받는 삶에 관한 영화로 제임스 러셀(James Russell)이 만든 "공명: 주파수의 존재(Resonance: Beings of Frequency)"가 있으며 vimeo.com에서 무료로 시청할 수 있다. 거주 지역에 얼마나 많은 안테나가 설치되어 있는지 알고 싶으면 www.antennasearch.com에 들어가 집, 학교 또는 근무처의 주소를 넣으면 된다. 혹은 연방통신위원회 계기판[68]에 들어가 송신기의 유형을 검색하면 된다.

스마트 미터와 건강

2012년 6월 캐나다 퀘벡에서 출간하는 잡지에 전 세계 54인의 과학자와 건강전문가들이 "스마트 미터의 거대한 오류를 바로잡다."를 게재했다.[69]

여기서 스마트 미터가 침실이나 부엌의 벽에 설치되어 있다면 전자파의 노출은 여러 개의 캐리어가 달려있는 셀 타워로부터 30~180미터 이내에서 노출되는 것과 같다고 설명하고 있다. 셀 타워와 스마트 미터가 함께 있는 경우 인체의 전신이 사방으로 퍼져가는 전자파에 잠기게 되어 이러한 경우는 눈이나 고환과 같이 민감한 많은 기관들이 과다 노출될 위험을 증가시킨다. 휴대폰을 사용할 경우 사람들은 기본적으로 머리와 목 부분(스피커 모드를 사용하지 않는 한)이 마이크로파에 노출된다. 이 54인의 과학자와 건강전문가들은 아날로그 계량기 방식으로 시급히 돌아갈 것을 권고했다.

스마트 미터는 FCC의 안전기준을 위반하고 의료기를 체내에 이식한 사람의 생명을 위협하고 있으며, 중추신경계가 자라고 있는 태아에서부터 10대 후반의 청소년까지 위험에 처하게 된다는 보고도 있다.[70]

이웃집에 스마트 미터가 설치된 후 심장박동 조절기가 멈춘 남자의 영상을 유투브[71]에서 볼 수 있다.

텍사스 주 오스틴에 사는 어떤 부부는 침대에 누우면 남편과 부인 모두 매 25초마다 다리에 경련이 나는 것을 느꼈다. 알고 보니 그들 침실 가까이 있는 스마트 미터 또한 매 25초마다 진동하도록 조정되어 있었다.[72]

((🌐))

주디 닐(Judy Neal), 52세, 동북부

2009년 9월까지만 해도 나는 건강했으며 휴대폰과 와이파이를 사용했다. 나는 집에서 일을 해왔는데 그 달부터 일에 집중할 수가 없었다. 그리고 단어도, 또 물건을 어디에 두었는지도 기억할 수 없었다. 밤마다 여러 차례 잠에서 깨어나 불안했다. 항상 긴장해 있었으며, 혹시 알츠하이머에 걸렸나 혼자 생각하기도 했다.

2010년 2월 겨울 폭풍우가 치는 동안 전기가 계속해서 들어왔다 나가기를 반복했다. 오른쪽 귀에 고음의 고통스러운 울림이 있었다. 그러자 심장이 두근거리기 시작했고 악몽에 시달렸으며 점점 다른 증상들도 심해졌다. 나는 우리 집 전기에 무슨 문제가 있나 궁금해졌다. 전기 기술자에게 의뢰했더니 그는 혹시 전기회사에서 우리 집에 새로운 계량기를 설치했는지 물었다. 2009년 6월에 새로운 계량기가 설치되었다.

수차례의 전화를 하고 나의 증세를 진단한 의사의 편지를 제출한 후 전기회사는 스마트 미터를 수거해갔다.

그 후 며칠 내로 불규칙적이고 시끄럽게 윙윙거리는 소리는 조용해졌고 나의 생각도 다시 맑아졌다. 그러나 지금도 휴대폰이나 와이파이 가까이 있거나, 셀 타워 옆을 운전하고 지나갈 때는 머리에 날카로운 통증을 느끼고 귀가 멍멍해진다.

나는 스마트 미터가 문제의 원인이라고 생각한다. 불행하게도 우리 동네는 아직도 스마트 미터가 넘쳐나고 모두가 일주일 내내 24시간 동안 마이크로파 방사선을 전송한다. 내가 전기회사에 그 스마트 미터가 인체 건강에 미치는 영향에 관해 조사하라고 요구했더니 그 회사는 내가 법원으로부터 집행명령을 발부받아야 한다는 답변을 보내왔다.

2012년 가을, 우리 마을(약 8,000명)에 스마트 미터가 설치된 후 병에 걸리거나 사망한 친구들과 지인들의 목록을 작성했다.

- 남성 3명(48세, 55세, 60세)과 여성 1명(70세)이 2009년 갑자기 심장마비로 사망, 이들 중 아무도 이전에는 심장에 이상이 없었음.
- 여성 2명이 유방암 회복 중에 있었으나 다시 재발, 1명 사망, 1명 현재 치료 중
- 50대 여성 2명 자살
- 40대 여성 1명 뇌졸중으로 시달림
- 여러 주민들이 이전에 없었던 고혈압과 이명증상이 생김

시의회 미팅에서 내가 이 문제를 보고 했을 때, 다른 일로 미팅에 참여했던 보이스카웃 멤버들이 자신들도 두통 때문에 잠을 잘 수 없다고 흥분하면서 말했다. 그리고 친구 한 명은 내게 새로 암 진단을 받은 7명의 사람들을 알고 있다고 했다. 2013년에 두 명의 40대 남성이 심장마비를 일으켰으며 한 명은 사망했다.

스마트 미터가 건강에 미치는 영향에 관한 연구를 위해 관련 기업체와는 무관한 독립적인 연구비 지원이 필요하다. 뿐만 아니라 와이파이, 무선전화기, 형광등, 디지털 가전제품들에 관해서도 독립적인 연구 지원이 필요하다. 너무 많은 사람들이 병들어가기 때문에 아직 스마트 미

터가 설치되지 않은 주에서는 연구 결과가 나올 때까지 기다릴 필요가 있다.

((🌐))

나네트 프록터(Nannette Proctor), 39세, 서북부

우리 마을에 스마트 미터가 설치된 후, 우리 남편은 처음으로 항불안제를 복용했다. 2년 후에 12살 난 우리 딸아이는 전날 밤 공부한 내용을 기억하지 못해서 시험을 잘 보지 못했다고 말했다. 나는 그 사실에 화가 났고 우리 집에서 스마트 미터를 없애버렸다.[73]

당뇨병

1950년대 전까지 어린이들이 걸리는 소아 당뇨병(제1형 당뇨병)은 매우 드물었다. 20세기 후반에 이르러 소아 당뇨병의 급격한 증가가 나타났다. 유전적인 변화가 없는 인구 집단에서 급격한 변화는 아이들이 다르게 양육되었거나 그들의 환경에 변화가 있었음을 시사한다.[74] 전기 사용의 일반화가 소아 당뇨병의 증가에 영향을 줄 수 있었을까?

2013년 논문에서 예방의학자 사무엘 밀햄(Samuel Milham, MD) 박사는 "최근 몇 년 사이 가장 눈에 띄는 비만과 당뇨는 1882년 뉴욕 시에서 시작된 토머스 에디슨의 전기의 발명과 보급에 그 기원을 두고 있다."라고 적고 있다.[75]

토머스 에디슨의 직류 전기(DC) 발전기는 심각한 브러시 아킹 현상으로 문제가 있었고, 이는 고주파 전압 과도현상(유해 전기)의 주원인이다. 전력망이 도시에 깔리면서 전기 문명의 혜택을 받은 시민들은 유해 전기에 노출되어 왔다. 디젤 발전기는 오늘날 유해 전기의 주요 발생원이며, 전 세계 대부분 지역에서 작은 섬과 기존의 전력망으로는 전기가 공급될 수 없는 곳에 사용된다. 이는 디젤 발전기에 의해 전기가 공급되는 작은 섬과 기타 지역에서 당뇨병 발병이 일반적이며 공복 혈당과 비만이 아주 높게 나타나고 있는데 반해 전기 보급이 떨어지는 아프리카 사하라이남 지역과 동남아시아는 아주 낮다는 사실을 설명해준다.[75]

안톤 마크(Anton Mark), 37세, 중서부

의사들은 왜 면역체계가 췌장을 공격하여 제1형 당뇨병을 유발하는지에 대해서는 정확히 알지 못한다. 나는 11살 때 당뇨 진단을 받았다. 나는 고주파에 노출되는 것이 최소한 부분적이라도 당뇨 발생의 원인이 될 수 있을 것이라고 생각하게 되었다.

내가 자란 집은 지어졌을 때만 해도 아무도 그 집이 전구 몇 개를 밝히는 것 이상의 전기를 쓸 것이라는 생각은 하지 못했다. 1970년대 후반부터 우리 부모님은 점차적으로 집 내부의 전기 배선을 바꿔나갔다. 당시 집의 전기선은 1940년대 전기회사가 설치한 것으로 그 이후 교체된 적이 없었다. 소나무의 솔잎이 전선을 건드릴 때마다 집은 전기 아킹 현상이 일어났다. 뒤돌아보면 내가 당뇨병 진단을 받기 1, 2년 전부터 이미 소나무가 전선을 건드리기 시작했던 것 같고, 어머니는 류머티스성 관절염 진단을 받았다.

날씬하고 활동적인 내 여동생은 28세 나이로 최근에 제1형 당뇨병 진단을 받았다. 당뇨 진단을 받기 몇 년 전부터 침대 옆에 무선 라우터가 있었고, 휴대폰 사용량이 급격히 증가했다. 동생이 당뇨 진단을 받았을 무렵 그 집에는 두 개의 스마트 미터가 설치되어 있었다.

동생의 당뇨병은 우연이었을까? 어쩌면 그럴지도… 그러나 당뇨 진단을 받은 후에도 산속으로 장시간 하이킹을 할 때면 그녀는 거의 인슐린이 필요하지 않았다.

나는 혈당 조절을 위해 23살 때 인슐린 주사에서 펌프로 바꿨다. 나는 농부이기 때문에 그다지 무선기기 가까이 있을 이유가 없었고 휴대폰을 사용하는 동료들도, 와이파이를 사용하는 이웃들도 없었다. 몇 년 전 친구 집을 방문했을 때 친구는 내가 머무는 동안 와이파이 라우터를 꺼두었다. 그러다 내가 떠나기 몇 시간 전에 다시 스위치를 켰다. 평상시 혈당을 80~120으로 유지하려고 노력하는데 이때 혈당량이 260으로 급격히 올라갔다.

여동생의 집을 방문했을 때 혈당량은 급격히 360으로 치솟았으며 여러 번 인슐린을 투여했음에도 불구하고 혈당이 내려가지 않았다.

한번은 내가 이웃집 옥수수 수확을 도운 적이 있었다. 약 세 시간 동안 나는 콤바인 운전석에 휴대폰을 지닌 이웃 농부와 함께 있었다. 나는 몸이 불편함을 느꼈고 불안해서 혈당을 체크하자 거의 300에 이르는 수치가 나왔고 적당량의 인슐린을 투여해도 혈당이 내려가질 않았다. 나와 함께 일하던 이웃 농부가 휴대폰을 가지고 콤바인을 떠나자 인슐린이 듣기 시작했고, 급기야는 곤두박질 쳐서 30까지, 아주 위험한 수치까지 떨어졌다. 나는 안정적인 수준으로 끌어올리기 위해 음료수(루트비어) 서너 캔을 마셔야 했다.

내 경험에 비춰보면 무선기기에서 방출되는 RF 신호는 인슐린의 작용을 방해하고 췌장에 무리를 가하며, 면역체계를 손상시킬 뿐만 아니라 지나치게 활성화시킨다. 나는 내 자신이 무선기기로 인하여 극단의 위험한 상황에 처하는 피해 대상이 되고 싶지 않다. 나의 건강을 보호하기 위해 휴대폰이나 와이파이 노출을 줄인다는 것은 이제 와서 사회활동 참여를 줄인다는 것을 의미한다.

나는 날씬하고 신체적으로 활동적인 사람이다. 왜 당뇨병이 국가적으로 널리 유행하게 되었는지 내 경험이 그 이유를 밝혀줄까?

이 질문에 대한 답은 예방의학자 사무엘 밀햄(Samuel Milham, MD) 박사의 조사 결과도 참고가 될 수 있다. 뿐만 아니라 2009년 EMR 정책연구소에 온 아래 이메일이 도움이 될 것이다. 이 문제에 관심 있는 리처드 화이트헤드(Richard Whitehead)라는 시민은 선진 7개국에서 1993년에서 1994년[76] 사이에 인슐린 처방을 받는 당뇨병 환자의 비율과 1995년[77] 휴대폰을 가지고 있는 사람들의 비율을 비교하였다. 비교 결과는 아래 표와 같다.

국가	당뇨병 비율(%)	휴대폰 사용 비율(%)
핀란드	36	24.7
덴마크	22	21.9
노르웨이	21	24.6
영국	13	10.2
미국	9	14.4
프랑스	8	2.9
독일	7	5.7

이 비교에 의하면 "일반적으로, 정확히는 아니지만" 인슐린 의존적 당뇨병 비율은 휴대폰 보급률과 일치한다. 물론 이것이 당뇨병과의 상관관계를 증명하는 충분조건은 아니다. 하지만 1994년 나바카티기안(Navakatikian)의 연구에서 말하는 비전이성 RF 방사선이 심각한 인슐린의 저하를 일으키는 것을 고려해 보면 이 자료는 분명 사실을 말해줄 것 같은 느낌이 든다.

그는 이어 말하길, 최근에 당뇨병 발병률이 방사선을 방출하는 기술과 함께 꾸준히 증가하는 점 또한 흥미롭다고 했다. 당뇨병은 흔히 비만에 의해 발병한다고 알려져 있으나 이 국가들의 비만율은 당뇨병 발병률과 일치하지 않는다. 영국, 독일, 핀란드의 비만율은 40~45퍼센트, 미국은 50퍼센트, 프랑스, 스웨덴, 노르웨이는 약 20~25퍼센트에 달한다.[78]

그는 또 미국 텍사스 주 라레도 지역에서 보고된 기사에 주목했다.[79] 라레도 지역은 휴대폰과 중계기 안테나의 급속한 확산이 일어났으며 동시에 시민들에게 비정상적으로 높은 당뇨병이 나타나고 있음을 알게 되었다. 2000년 2월 7일, 라레도 시의회 미팅에서 "라레도 지역이 있는 웹 카운티는 당뇨병으로 인한 가장 높은 사망률을 기록하고 있다."는 문제가 제기되었다. 텍사스 서부 국경지역(웹 카운티 포함)의 평균 사망률이 인구 1십만 명당 43.6명[80]인 반면 웹 카운티의 당뇨로 인한 사망률은 55.5명이다.

엠마 건(Emma Gunn), 31세, 펜실베이니아

나는 어린 시절 설탕을 거의 먹지 않았지만 12살 때 제1형 당뇨병 진단을 받았다. 나는 간식으로 유기농, 집에서 만든 먹거리, 신선한 과일과 야채 등을 먹었다. 엄마가 나를 임신했을 때 치아에 있던 아말감(수은 합금)을 제거했고, 그리고 내가 어릴 때 여러 번 백신을 맞았기 때문에 당뇨에 걸렸다는 생각을 한다.

몇 년 전 혈당량을 일정하게 유지하도록 인슐린 펌프를 부착했다. 아직도 매달 여러 차례씩 매우 위태로운 상태에 처하곤 한다. 혈당치가 너무 낮아지면 의식을 잃을 수가 있다. 그럴 때는 주스나 글루카곤을 섭취해야 하며 필요하면 도움을 청해야 한다.

내가 휴대폰을 갖기 전, 제1형 당뇨병을 앓고 있다는 것은 내 곁에 항상 다른 사람이나 유선전화기가 있어야 한다는 것을 의미했다. 나는 여전히 유선전화기를 쓰기는 하지만 휴대폰이 나에게는 자유롭고 이동성이 있어서 좋다.

최근에 RF 방사선과 자기장의 위험성에 대해서 알게 됐다. 나를 포함한 그 누구에게도 쉬운 해결책이 없다는 것을 나는 안다. RF 방사선과 자기장의 위험성을 알고 휴대폰을 1분 이상 사용하면 두통이 생긴다는 것을 알면서도 휴대폰을 사용하지 않을 수 없을 것 같다.

알레르기, 발진, 천식 그리고 염증

2013년 5월 질병관리본부(CDC: Center for Disease Control)는 어린이 8명 중 1명이 습진이나 다른 피부 알레르기가 있으며, 1990년대 후반에 이루어진 조사에 비해 69퍼센트나 증가했다고 보고했다. 현재 20

명중 1명의 어린이가 음식물 알레르기가 있으며 이는 이전 조사에 비해 50퍼센트 정도 증가된 것이다. 이 보고서는 이렇게 급격히 증가한 원인은 밝히지 못하고 있다.[81]

알레르기 및 면역학 논문에 따르면, 휴대폰은 특정 화학물질의 혈중 농도를 상승시킨다고 한다. 그리고 그 화학물질은 습진, 꽃가루 알레르기, 천식 등과 같은 알레르기 반응을 일으킨다. 휴대폰에서 방출되는 RF 방사선은 과거 알레르기를 앓았던 사람들의 혈액 내에 있는 항원(알레르기를 유발하는 물질)을 자극할 수 있다.[82]

왜 무선기기에서 방출되는 RF 방사선이 세포에 염증을 유발하는 첫 번째 원인이 되는지, 그리고 어떻게 인간이 만든 전자기장이 세포를 죽게 하고, 뇌종양, 심장병, 만성피로, 섬유조직염증(Fibromyalgia), 그리고 그 외 많은 질병을 유발하는지, 심장병 전문의 스티븐 시나트라(Stephen Sinatra)가 heartmdinstitute.com에서 설명하고 있다.[83]

신경계 질환(치매 등)

지난 몇십년 동안 서구 20여 개 나라의 사망률은 감소했지만, 파킨슨병, 운동신경 질환, 유전성 신경근육 질환, 프리온 장애, 퇴행성 질환, 알츠하이머 등과 같은 신경성 질환으로 인한 사망은 증가했다.

일부 국가들은 치매 발병률이 증가하고, 특히 치매의 조기 발병 현상과 운동신경 질환을 앓는 젊은 환자의 증가를 보고하고 있다. 일군의 영국 과학자들은 잠재적인 환경적 요인으로 휴대폰, 전자레인지, 컴퓨터 등과 같이 생활공간에서 전자기장 증가를 유발하는 가전 기술의 사용

2008년 영국 노스햄턴(Northampton)대학 경영대에서 휴대폰을 이용하는 근로자를 대상으로 설문 조사를 했더니 3분의 1정도가 알코올 중독자들과 유사한 증상을 보였다. 초기에 휴대폰을 사용하는 것은 근로자로 하여금 매우 생산적으로 만들었지만 나중에는 휴대폰이 가까이 없으면 매우 불안해졌다.[93]

휴대폰 중독이 갖는 다른 특성들은 무엇이 있을까?

- 새로운 메시지마다 답장을 해야 하는 압박감으로 인해 뇌가 피곤해지고 느려진다.
- 가족보다 휴대폰과 더욱 많은 시간을 보낸다.
- 점차 근무시간과 휴식시간이 구분이 되지 않아 업무시간이 끝이 없다.
- 과로로 인하여 스트레스와 피로 가중, 친밀감 감소, 직장 동료들 간의 갈등 심화와 조기 경력 소진으로 이어진다.
- 의사결정 과정과 판단력을 방해한다.[94]
- 노모포비아(Nomophobia: No Mobile-phone Phobia, 휴대폰 없는 것에 불안을 느끼는 증세)가 늘어난다.[95]
- 사람들이 항상 어딘가에서 따로 떨어져 있다.

2008년 스페인에서 12세와 13세 두 아이가 휴대폰 사는 돈 때문에 친척들에게 거짓말을 해서 중독치료센터에 들어갔다. 이들은 점차 과민, 반사회적이 되었고 학업성적도 나빠졌다. 중독치료 전문가는 이러한 경

우는 빙산의 일각에 불과하다고 지적한다.[96]

요즘에는 걸음마 단계의 어린아이들도 휴대기기 중독 증상을 보이고 있다. 2013년에는 4살배기 아이가 매일 4시간씩 아이패드를 사용하다가 부모가 아이패드를 빼앗아 버리면 "고통스러워 어찌할 줄 모르는" 상태가 되었다. 어린아이들이 테크놀로지 중독에 걸린 것이다. 그러자 그 부모는 아이를 중독 치료과정(디톡스)에 등록시켰다. 아이들이 좋아하는 기기를 압수당하게 되면 알코올 중독자나 마약 중독자들이 겪는 것과 같은 금단현상을 경험하게 된다고 한다.[97]

2013년 영국에서 1,000명 이상의 부모들을 상대로 실시한 설문조사에서 절반 이상의 부모들이 아기들이 휴대폰이나 태블릿을 가지고 놀도록 허용했으며, 7명 중 1명의 부모들은 아기들이 날마다 4시간 또는 그 이상의 시간 동안 휴대기기들을 가지고 놀도록 했다.[97]

신티 세이지(Cindy Sage), BioInitiative 보고서 공동편집자, 환경 컨설턴트

휴대폰 사용이 생리학적으로 중독 현상을 일으킨다면, 이러한 기기들은 마약 수송 체계와 같은 것으로 분류되어 규제되어야 할 필요가 있다. 분명히 어린이들은 이러한 메커니즘을 좀 더 확실히 이해할 때까지 휴대폰 같은 기기들을 사용해서는 안 된다.

의료기 체내 이식

심장박동 조절기 제조업체(Biotronik)의 안내 책자는 다음과 같이 경고한다. "심장박동 조절기는 전자기기나 그 기기에서 나오는 전자파의 영향을 받지 않도록 가능한 최대한으로 보호되어 있다. 하지만 만약 전자기기 가까이 있을 때 심장박동이 증가하거나, 불규칙한 맥박, 또는 어지러움을 느낀다면, 곧바로 그러한 기기가 있는 곳을 벗어나던지 기기의 작동을 꺼야 한다." 안내 책자는 "전화(휴대폰 포함)를 사용해도 좋다."라고 기술하고 있다. 하지만 동시에 "휴대폰을 사용하길 원한다면 담당 의사와 상담해야 한다."고 명시되어 있다. 예기치 못한 사고를 방지하기 위해서는 항상 이식한 심장박동 조절기의 반대쪽으로 휴대폰을 들어야 하고 사용하지 않는 경우라 하더라도 휴대폰을 심장박동 조절기 가까이 두면 절대 안 된다고 강조하고 있다.

체내 이식 의료기 영향에 관한 검사와 규제는 오래 전에 이루어졌어야 하지만 아직 안 되고 있다. 파킨슨 병으로 인해 DBS(심부 뇌 자극기) 이식한 남자가 하이브리드 차를 운전하던 중 정지 신호에서 차의 충전 시스템이 작동할 때마다 그의 DBS 작동이 정지된 사건도 있다.

게리 올레프트(Gary Olhoeft, PhD), 지구물리학자 및 전기공학자

나의 DBS(파킨슨 병의 증상 완화용) 의료전자기기 사용 설명서에는 전자기장 간섭 가능성에 관한 문항이 16쪽이 넘는다. 나는 엘리베이터, 대형 여객기, 쇼핑 몰, 도서관, 보안장치가 있는 정부 건물이나 기타 장소에서 내 몸에 삽입된 의료기기의 작동과 프로그래밍에 간섭받는 것을 느끼곤 했다. 그러한 간섭이 거의 모든 곳에서 생길 수 있기 때문에 나는 위험한 것들로부터 피하기 위해 항상 휴대할 수 있는 경고 모니터를 만들었다. 피해야 할 목록에는 보안 및 재고 관리 시스템, 와이파이, 스마트 미터, 중계기 안테나, 라디오/TV 안테나, 무선전화와 무선기기, 전기 배선이 잘못된 건물, 조광기, 특정 가전제품, 그 외 여러 가지가 있다.

쇼핑몰, 공항, 정부 건물 또는 내가 강의하는 대학의 도서관 등에서 흔히 볼 수 있는 보안 시스템을 지날 때, 어떤 때는 나의 DBS가 작동을 멈춘다. 나는 4초 안에 DBS를 재설정해야 한다. 그렇지 않으면 너무 심하게 떨려서 타인의 도움 없이 재설정할 수가 없다.

미국 국립보건원은 2천5백만 명의 미국인들이 현재 의료 기기를 체내에 이식했다고 추정하고 있다. 뇌 자극기 외에도 심장박동 조절기, 인슐린 펌프, 달팽이관, 뼈 자극기 등도 RF 신호의 방해를 받을 수 있다. 장애인이 철제 휠체어에 앉아서 X레이 검사를 받는 것은 특별히 위험할 수 있다.

인슐린 펌프를 체내 이식한 친구가 비행기를 탈 때는 펌프를 꺼야 한다. 왜냐하면 그의 펌프가 비행기의 항공 시스템을 간섭하고, 또 항공 시스템이 그의 펌프 작동을 간섭하기 때문이다. 이러한 상황은 그 친구의 비행기 여행 거리를 제한한다. 나의 제자 중 한 명은 휴대폰을 사용하는 여러 사람 곁에 있을 경우 자신의 인슐린 펌프가 오작동한다고 말한 적이 있다.

뇌 자극기와 심장박동 조절기를 이식한 친구가 또 다시 달팽이관 이식 수술을 받게 되자, 각 의료기들로부터 나오는 신호로 서로 간섭이 일어났다. 각 의료기들이 부적절하게 작동하여 그는 엄청난 어려움을 겪어야 했다. 이 의료기들을 이식한 외과 의사들은 그 친구 집의 전기 시스템이 문제의 원인이었다고 지적했다. 의료기들이 체내에서 서로 방해할 수 있었지만 의사들은 믿지 않았다. 불행히도 의료기 이식 수술은 체내 상호 방해에 관한 것을 규제 받지 않는다. 그래서 본인도 의사인 내 친구는 수술을 한 외과 의사들에게 체내 이식한 의료기가 자신을 힘들게 한다는 사실을 증명해야만 했다.

파킨슨 병을 치료하기 위해 뇌 자극기를 이식한 사람들의 모임에서, 나는 쇼핑몰이나 기타 장소에서 보안 문을 통과할 때 체내 의료기가 멈추는 사람이 혹시 있는지 물어보았다. 방안에는 50명이 있었는데, 모두 다 손을 들었다.

그러나 어떤 기관도 의료기 체내 이식에 영향을 주는 RF 신호에 대하여 연구하지 않는다. 일반적으로 체내 이식 의료기 제조업체는 사용 설명서의 여러 쪽에 걸쳐 위험성을 경고하고 있지만 의료기 이식 수술을 한 의사들조차도 문제를 인식하지 못하고 있는 것 같다.

의료 장비

컴퓨터 해커들의 입장에서 보면 민감한 개인 정보뿐만 아니라 병원에서 사용하는 태아 모니터와 심장박동 조절기 같은 의료 장비도 매우 손쉬운 대상이 되었다. 엑스레이와 CT 촬영을 보여주는 컴퓨터가 바이러스와 악성코드에 감염되는 사례가 늘어나고 있다. 감염되면 의료장비는 느려지거나 작동을 멈추게 된다. 2010년과 2011년에는 감염된 장비 때문에 여러 병원에서 심장 카테터(막힌 동맥을 넓히는 장치) 이식 실험실을 일시적으로 폐쇄해야 했다.[98]

보스턴에 있는 베스 이스라엘 의료센터에서는 병원의 컴퓨터 네트워크 상에서 약 15,000개의 장비를 가동시키는 날도 있다고 한다. 이러한 장비 중 약 500여 개는 병원에서 직접 조절할 수 있는 범위를 벗어나 악성 코드 감염에 특히 취약한 과거 운영체계를 사용하고 있다고 한다.[98]

2012년 8월 미국 회계감사원(GAO: Government Accountability Office)은 제세동기(심장박동을 정상화시키기 위해 전기 충격을 가하는 데 쓰는 장비)와 인슐린 펌프가 해킹에 취약하다는 발표를 했다.

의사들은 환자 개인정보를 가지고 있는 컴퓨터를 이용하기 위하여 자신들의 비밀번호를 매 시간마다 입력해야 한다. 간호사들이 의사들에게 로그인 상태로 계속 유지하게 하거나 컴퓨터가 돌보지 않고 방치된다면 중요한 의료정보가 매우 취약해질 우려가 있다.[98]

의료 장비가 건강을 해칠 수도 있다.

캐서린 리(Katharine J. Lee), 66세, 뉴멕시코

38세 때 나는 다발성 경화증(MS: Multiple Sclerosis, 중추신경계에 마비증상이 나타나는 질환) 진단을 받았다. 나의 뇌와 다른 신체 부분 간의 교신이 제대로 이루어지지 않는 전기적인 문제가 있다. 57세 때 나는 전동 휠체어를 구입했다. 전동 휠체어는 나의 체력을 생존 이상으로 사용할 수 있는 최소한의 자유를 주었다. 이 자유 또한 내가 매일 두개의 배터리 위에 앉아있고, 매주 며칠 밤을 충전시켜야 가능한 것이다. 나는 이러한 디지털 전자제품, 배터리와 충전시키는 일이 건강에 해롭다는 사실을 안다. 이러한 위험요소에도 불구하고 전동 휠체어는 나에게 많은 혜택을 주고 있다. 전동 휠체어 없는 삶을 나는 상상할 수 없다.

배터리로부터 나 자신을 보호할 수 있는 방법이 있을까? 배터리가 충전되는 동안 유해 전력으로부터 나오는 전자파를 여과하는 필터는 내 전기 시스템을 더 안전하게 만들 수 있을까? 이것에 대한 정보는 어디에서 얻을 수 있을까?

엠마 건(Emma Gunn), 31세, 제1형 당뇨병, 펜실베이니아

2013년 봄, 나는 위에 바이러스가 감염되어 거의 24시간 동안 구토 증상으로 시달리다 병원으로 갔다. 중환자실에서 나는 혈압을 높이기 위한 약(평상시 복용하는)과 구토 예방약을 주입하기 위한 디지털 정맥 링거와 여러 개의 모니터로 연결되어 있었다. 4일 동안 나는 계속 구토와 헛구역질에 시달렸다. 혈압이 166/115까지 올라갈 때는 혈압을 올려주던 약은 중단하고 다시 혈압을 낮추는 약을 투여했다. 나는 말도 겨우 할 정도였다.

4일째가 되자 바이러스가 잡히기 시작해서 구토하는 간격이 점차 길어졌다. 중환자실에서 나와 유선 심장 모니터 대신 무선 모니터가 있는 일반 병실로 옮겨졌다. 병실은 창밖에 4백 미터 정도 떨어져 있는 중계기 안테나도 보였다. 내 몸은 점차 회복되어 갔지만 무선 모니터가 완전한 회복을 지연시키는 것 같은 느낌이 들었다.

우리 엄마가 무선기기에 사용되는 RF 신호가 혈당 조절[99]과 혈압[100]에 영향을 준다는 사실을 알고 담당 의사에게 얘기했다. 그리고 담당 의사에게 무선 심장 모니터를 제거해 줄 것을 요구했다.

병원 정책에 따르면 혈압 약이 정맥 내로 투여되는 경우 환자는 심장 모니터를 꼭 착용해야 한다고 명시되어 있었다. 하지만 의사는 혈압 약을 입으로 복용하게 되면 무선 모니터를 제거해도 되는 현명한 판단을 했다.

무선 모니터가 작동을 멈추자 혈압은 정상으로 돌아왔다. 나는 다음 날 퇴원했다. 내 담당 의사는 다른 환자들도 무선 디지털 의료기기들로부터 영향을 받았는지 궁금증을 느끼고 있었다.

사실 나는 그러한 기기에 노출된 것이 나에게 어떻게 영향을 주었는지 궁금하다. 또 일주일 내내 무선 송신 의료기에 노출되고 셀 타워, 와이파이, 형광등, 무선 키보드 등과 함께 있는 의료진들은 어떤 영향을 받는지도 궁금하다. 그리고 나중에 내가 정말 위험할 정도로 아프게 될 경우 내가 선택할 수 있는 것은 무엇인지도 궁금하다.

FDA가 디지털 및 무선 의료기기를 규제할 권한을 갖고 있지만 의회(하원)는 그러한 것을 추진할 예산을 마련해주지 않고 있다.

미국, 캐나다, 스웨덴에서는 일부 병원들을 전자파 규제지역(낮은 수준의 전자파를 유지해야 하는 지역)으로 지정했다.

생식력

생식력은 출산할 수 있는 능력이다. 출산은 모든 가족의 건강과 모든 공동체의 영속성에 중요한 의미를 갖는다. 모든 가족과 공동체는 건강한 아이를 원한다. 부모들은 아이들이 어른이 될 때까지 건강하게 키우고 싶어 한다. 이를 위해서는 먼저 여성은 건강한 생리주기가 있어야 하고 남성은 발기력과 건강한 정자가 필요하다. 여성은 임신 기간 동안 건강해야 한다.

나는 1997년부터 피임 방법으로도 사용될 뿐만 아니라 임신을 원하는 사람들을 돕기 위한 방법으로도 활용되는 자연가족계획법을 가르치기 시작했다. 이는 여성이 아침에 잠에서 깰 때 나타나는 체온과 자궁경부의 체액을 기록해두는 방법으로 여성들의 가임기와 비가임기를 정확하게 알려준다. 2004년 나의 저서 "비옥한 정원(The Garden of Fertility)"[101]이 출판되었을 때 내가 지도하는 자연가족계획법 수강생 중 3분의 1은 배란이 되지 않았다. 이러한 현상은 다낭성 난소 증후군을 앓고 있는 가임기 여성의 비율에 대한 국가 통계와 상관관계가 있다. 다낭성 난소 증후군을 앓게 되면 여성은 배란을 가끔 하거나 전혀 되지 않기도 한다. 나는 저서에서 약물 복용을 이용한 가족계획과 조명이 있는 환경에서의 수면(예를 들어 TV나 가로등 불빛)이 인체에 주는 나쁜 영향을 설명했다. 어두운 곳에서의 수면과 영양이 풍부한 식사가 주는 장점도 이 책에서 함께 다루었다.

2007년에는 "미국 소녀들의 생리가 점점 더 어린 나이에 시작되고 있다."는 사실을 다루는 책이 출간되었다.[102] 어린 나이에 생리를 시작하면 유방암에 걸릴 위험이 높아진다. 그리고 이러한 현상이 나타나게 되는 요인 중 하나를 소녀들의 텔레비전 시청이라고 지적하고 있다.

이러한 저서들이 출간되고 몇 년 안에 전자기기, 무선기기, 무선통신 서비스의 사용이 급속히 증가했다. 그래서 나는 여러 가지 의문점을 가지게 되었다. 여자 아이들이 생리하기 시작하기 전에 직접 또는 간접으로 휴대폰 전자파에 노출된다면 아이들이 자라서 출산 건강에는 어떤 현상이 나타날까? 또한 10대 소녀들이 와이파이에 노출된 채로 잠을 잔다면 생리 주기에 어떤 영향을 주고, 출산하면 자손들의 건강에는 또 어떤 영향이 나타날까? 만약 베개 밑에 휴대폰을 두거나 브래지어에 끼운 채 잠이 든다면? 피임약이나 기타 의약을 복용하는 동안 휴대폰을 사용하거나 와이파이 라우터 가까이에서 잠을 자게 되면 어떤 영향이 나타날까? 수태가 이루어진 이후부터 휴대폰, 와이파이, 광대역 전력선 통신, 스마트 미터, 기타 전자파 방출기에 노출된다면 장기적으로 건강에 어떤 영향이 나타날까? 아이들이 형광등, 무선 태블릿, 와이파이 라우터 등에 노출되는 학교를 다닌다면 장기적으로 출산 건강에 어떤 영향을 줄까?

나는 이러한 질문에 대답할 수 있는 연구에 관해 아는 바가 없다. 인도에 있는 의학연구위원회(Council of Medical Research)가 휴대폰의 사용과 중계기 안테나 근접성이 여성 생리주기와 남성 정자수 그리고 수면 패턴과 일반적인 행동방식에 미치는 영향을 연구하기 시작했다.

우리가 가지고 있는 자료에 따르면, 많은 연구들이 휴대폰, 휴대정보단말기, 무선호출기 등을 벨트나 포켓에 소지하고 다니는 것은 남성들의 정자 상태와 운동성에 나쁜 영향을 준다고 말한다.[103] 조금 차이를 보이는 다른 연구는 휴대폰을 사용하고 고환 가까이 소지하는 경우 정자의 수, 운동성, 생존 능력과 세포 구조에 영향을 준다는 결론을 내리고 있다.[104]

2012년 세계 성의학회에서 발간된 논문집은 바지 앞주머니에 휴대폰을 가지고 다니는 남성이 발기부전증을 보이는 경우가 2.6배 높다고 보고했다. (휴대폰의 종류나 주머니에 넣고 다니는 시간까지는 연구에서 고려하지 않았다.)

셀 타워(1μW/cm^2 이하 방출)로부터 나오는 RF 방사선에 다섯 세대가 연속적으로 노출된 생쥐(Mouse)는 돌이킬 수 없는 불임 상태가 되었다.[105]

임산부의 주요 사망 원인에 해당하는 심 부정맥 혈전증이 근래에 와서 증가하는 것이 임신 기간 동안 휴대폰 사용과 연관이 있는지 이 분야 연구자들은 궁금해 하고 있다.[106]

임신 중에 조산하는 것과 휴대폰과 컴퓨터 사용을 관련 지으려는 새로운 연구도 이루어지고 있다.[107]

덴마크 학생들의 전자파 실험

2013년 초 덴마크 자레럽(Hjallerup)학교 9학년 학생 5명은 휴대폰을 머리 가까이에 두고 잠을 잔 날은 학교에서 집중하기가 어려웠던 것을 자주 느끼게 되었다. 휴대폰에서 방출되는 전자파가 사람들에게 어떤 영향을 주는지에 대한 여학생들의 궁금증은 곧바로 실험으로 이어졌다. 학생들은 두개의 라우터에서 방출되는 전자파가 냉이(Garden Cress)에 어떤 영향을 주는지 실험을 했다(학생들은 라우터를 휴대폰과 거의 같은 양의 전자파를 방출하도록 설정함). 학생들은 냉이 씨를 뿌린 실험 쟁반을 라우터 두 개가 있는 방과 라우터가 없는 방에 각각 6개씩 두었다. 12일이 지난 후, 라우터가 있는 방의 냉이 씨는 전혀 자라지 않은 반

면에 라우터가 없는 방의 냉이 씨는 무럭무럭 잘 자랐다.[108]

6.3 건강에 대한 또 다른 목소리

((🌐))

리아 몰톤(Leah Morton, MD), 가정의학과 의사, 뉴멕시코 주

환자들은 휴대폰이나 와이파이를 사용한 이후, 또는 집이나 학교, 근무처 가까이에 중계기 안테나와 스마트 미터가 설치된 이후로 자신들의 건강이 더 나빠졌다고 종종 이야기 한다. 그 사람들은 전자파 노출을 획기적으로 줄여야 하지만 그들이 도대체 어디로 갈 수 있다는 말인가?

지금 와서 무선기기를 더 이상 사용하지 않는다는 것은 너무 어려운 일이다. 하지만 나는 이것은 가능한 일이라고 생각한다. 그런데 중계기 안테나에서 나오는 전자파, 그리고 이웃집이나 학교, 사무실의 와이파이 라우터, 스마트 미터, 형광등, 타인이 사용하는 무선기기에서 나오는 전자파를 어떻게 피할 수 있는지 나는 모르겠다.

((🌐))

캐롤린 아다이르(Caroline Adair), 37세, 캘리포니아 주

나는 의사들에 대해 포기했다. 우선 거의 모든 사무실에는 와이파이와 형광등, 대기실에는 대형 TV, 치료실마다 디지털 장비 및 컴퓨터가 있다. 게다가 요즘 대부분의 의사들은 가슴 앞주머니에 휴대폰을 넣고 다닌다. 응급 상황이 발생한다 하더라도 나는 병원에 가지 않을 것이다. 병원마다 형광등, 스마트 미터, 와이파이가 넘쳐나고, 어떤 병원은 옥상에 안테나가 있어 나를 아프게 하는 바로 그 조건을 만들어낸다.

((🌐))

캐서린 클라이버(Catherine Kleiber), electricalpollution.com, 위스콘신 주

1996년 대학을 졸업하자마자 나는 남편과 함께 농장을 구입했다. 이듬해 겨울, 실내에서 더 많은 시간을 보내고 있을 때 나는 그냥 시름시름 몸이 아팠고 아침이면 몸이 좋지 않은 상태로 깨어났다. 나는 겨우 20대 초반임에도 불구하고 위층 계단에만 올라가도 심장이 헐떡거렸다. 신물이 올라왔으며 심한 피부 건조증이 생겼다.

9월부터 다음해 5월까지 발가락이 빨개지며 시리고 아팠다. 오한과 미열이 있었으며 밤이면 식은땀으로 흠씬 젖었다. 이렇게 애를 쓰고 나면 종종 근육에서 젖산이 타는 것 같았다. 설거지를 할 때면 어지럽고 전기 스토브에서 음식을 하고 나면 너무 아파서 식사를 할 수도 없었으며 온몸은 신경통으로 시달렸다.

한번은 실험 삼아 밤에 전기 소켓을 내리고 잤다. 효과는 즉시 나타났다. 나는 충분한 휴식을 취한 듯 아침에 일어났고 신경통과 다른 증세도 사라졌다. 그러나 일주일 후 어느 날 나는 다시 절망 상태에서 깨어났다. 지난 한 주 동안 증세가 좋았던 것은 요행이라 생각했다. 내가 전기 스위치를 올렸더니 불이 들어왔다. 나는 그때 남편이 지난 밤 전기 소켓을 내리는 것을 잊었다는 것을 알게 되었다. 이렇게 해서 나는 전기 공해가 내 건강을 해친다는 사실을 스스로 깨달았다.

우리는 수도관에 전류가 흐르는 것을 막기 위해 절연 장치를 설치했다. 가스 스토브를 설치하고 꼭 필요하지 않는 전기는 모두 차단했다. 나중에 전자파를 여과해주는 Stetzer 필터가 상용화되어 집안 곳곳에 설치했다. 이후 증세가 많이 호전되었고 미팅이나 사교모임에 필터를 가지고 다닌다.

나의 건강이 좋아지자 우리는 멋진 두 아이를 갖게 되었다. 그러자 2009년에 전기회사는 우리 지역에 AMR(Average Minimum Requirement, 평균최소필요량) 유틸리티 미터를 설치하기 시작했다. 우리 집에는 유틸리티 미터를 설치하지 않았지만 이때부터 우리 집의 RF 레벨이 올라갔다. 2010년 가을부터 막내아들은 한밤중에 깨어나고 몸이 좋지 않음을 말하기 시작했다.

마침내 나는 막내아들의 심장이 빠르게 뛰고 있음을 알게 되었다. 몇 개월 동안 막내는 심장이 약해지면서 박동이 지나치게 빠르다가 다시 느려지고 불규칙해지다가 결국에는 극도로 느리고 불규칙하게 변했다.

RF 신호가 아이들까지도 심장 부정맥을 일으킬 수 있었다. 나는 이 사실을 알게 된 것이 운이 좋았다는 생각이 들었다. 나는 막내아들의 RF 신호에 대한 노출을 줄이기 위해 집안의 회로 연결을 끊고 배선을 제거했다. 그렇게 하나씩 고쳐나갈 때마다 막내의 건강이 좋아졌다.

그러나 전기회사는 우리 집 주변에 더욱 많은 유틸리티 미터를 설치했고, 이웃들이 더욱 많은 전자기기를 사용함에 따라 우리 송전망에는 더욱 높은 주파수 영역이 나타나게 되었다. 우리 집으로 들어오는 마지막 전선에서 전기 오염은 더욱 강해졌다. 우리 땅에 있는 변압기에서 나오는 전자파는 단풍나무 껍질에 균열을 일으켰다. 막내아들은 잠 잘 때면 땀을 줄줄 흘렸으며 땀에서는 이상한 냄새가 났다.

2011년 여름, 휴대용 심장 모니터는 막내가 잠들어 있을 때 시간당

1,500회의 느린 맥박 현상이 있었음을 나타냈다. 심장이 아주 느리게 뛰는 것은 서맥 현상이다. 서맥 현상은 5살짜리 사내아이가 경험할 일이 아니다.

우리는 전자파의 노출을 줄이기 위해 모든 전기 시설로부터 800미터 이상 떨어진 텐트로 옮겼다. 그 즉시 우리 아이들의 건강이 좋아지는 것을 확인했다. 텐트 안에서 아주 깊은 잠을 자고 있을 때, 막내는 한 번도 시간당 200회를 넘어서는 서맥 현상이 일어나지 않았다. 한번은 텐트 기둥이 부러져서 다시 집으로 돌아와서 잔 적이 있었는데 심장박동이 아주 느려져서 막내는 방광 조절 기능을 상실했다.

공공서비스 위원회나 전기회사도 전선을 통해 우리 집으로 들어오는 고주파장을 완화시킬 것 같지 않고 우리 막내를 잃을지도 모른다는 생각이 들었다. 그래서 우리는 배전망(전기 그리드)에서 빠지기로 했다. 우리는 중력을 이용한 온수 가열 시스템, 태양광 전기 그리고 직류로 작용하는 우물 펌프 및 오수 펌프를 설치했다. 전기는 모두 필터로 전자파를 줄였다. 우리는 프로판 냉장고와 배터리로 작동하는 캠핑용 조명을 사용했다. 우리는 배터리 팩을 통해 컴퓨터가 작동할 수 있도록 했으며, 배터리 팩을 충전하지 않을 때만 컴퓨터를 사용한다. 인터넷은 전화 접속을 이용한다. 세탁기는 발전기로 작동하기 때문에 (발전기는 우리 배선에 고주파를 발생) 세탁할 때는 모두가 집에서 나간다. 세탁물은 실외 빨래 줄이나 지하실에서 말린다.

만약 누군가 우리가 건강해질 수 있는 이 길고 긴 여정을 미리 말해주었다면 우리는 결코 그것을 믿지 않았을 것이다.

무선기술이 우리를 사회적으로 고립시킨 현실에 우리는 여전히 적응해가고 있다. 우리 아이들은 학교, 축구, 체조를 할 수 없다. 왜냐하면 이 모든 곳에 스마트 미터와 많은 휴대폰이 있기 때문이다. RF 방사선은 우리 아이들을 아프게 한다.

우리 일곱 살짜리는 종종 "그러한 기기들이 편리하다는 것을 알고 있지만, 전화를 걸거나 비디오를 보기 위해 목숨을 걸어야 하는 이유는 무엇입니까?" 라고 말한다. 나는 그에게 거부하는 것이 강력한 힘이 된다고 말한다. 그리고 나는 그 질문에는 답이 없다고 말한다.

((🌐))

제니퍼 리트(Jennifer Litt), 53세, 북동부 지역

2009년 우리 가스 라인에 스마트 미터가 설치되었을 때 우리는 조사를 시작했다. 조사 결과 우리는 1998년 언젠가 전기회사가 우리 아기 침대에서 겨우 30센티미터 떨어진 곳에 AMR 유틸리티 미터를 설치했다는 사실을 알게 되었다. 우리 아들은 1998년 7월에 출생했다. 나는 피토신을 사용할 정도로 심한 난산이었고, 아들은 흡입기를 이용해 태어났고 산소 공급을 해야 했다. 아들이 태어난 첫 해에는 한 번에 몇 시간씩 울어댔다. 나는 아이의 이러한 증상이 배앓이 때문인지 아니면 극심한 난산에 의한 것인지 알 수 없었다. 아니면 스마트 미터 자극으로 인한 것인지?

우리 가족은 모두 건강했다. 하지만 1998년 이후로 우리 모두 밤에 잠을 자는데 어려움을 겪었다. 나는 구토증이 있었고 때로는 발진을 동반한 화끈거리고 가려운 증상을 보이기도 했다. 아들은 심장이 떨리는 증상과 흉부 통증이 있었다. 우리는 그동안 와이파이를 전혀 사용하지 않았으나 1990년생 딸아이는 학교에서 와이파이나 스마트 미터에 노출되었을 때 심한 두통을 느끼고 때로는 구토를 했다.

2010년 9개월 동안 참고 지내다가 의사의 소견서에 따라 우리는 집에서 스마트 미터를 제거했다. 이제 우리는 편하게 잠을 잘 수 있고 아들의 심장 떨림도 사라졌다.

학교에서 아들이 와이파이 연결 랩톱을 사용하는 날이면 두통과 가슴 통증이 왔고 따끔거리는 증상이 생겼다. 그래서 선생님은 아들에게 와이파이 연결 랩톱 없이 수업을 하도록 했다. 우리는 아직도 우리를 도와줄 의사가 필요하다. 그리고 우리는 이웃이 사용하는 무선기기에서 방출하는 전자파를 흡수하지 않아도 될 만큼 멀리 떨어져 있고 가격이 적당한 집이 필요하다.

프랑스는 초등학교에서 휴대폰 사용을 금지하고 있으며, 어린이를 대상으로 하는 휴대폰 광고도 불허하고 있다.[109] 2013년 3월 프랑스 국회는 사전예방원칙에 근거하여 학교에서 어린이 건강 보호를 위해 와이파이 대신 유선 인터넷 사용하는 법안을 표결에 부쳤다.[110]

얼마나 많은 어린이들이 무선기기를 사용하고 있는가?

미국에서는 12세에서 17세까지 75퍼센트 이상이 휴대폰을 소지하고 있다.[111] 그리고 2011년을 기준으로 52퍼센트 아동들이 스마트폰(42퍼센트), 비디오 아이포드(21퍼센트), 아이패드나 그 외 태블릿(8퍼센트)

등을 사용하고 있는 것으로 조사되었다. 0~1세의 아기들의 10퍼센트, 2~4세 아동의 39퍼센트, 5~8세 아동의 52퍼센트가 이러한 최신 모바일 기기를 사용하고 있는 것으로 조사되었다.[112]

2011년 매사추세츠 주의 학생 2만 명을 상대로 한 설문조사에서 3학년 학생의 20퍼센트가 휴대폰을 가지고 있었고, 5학년 학생의 40퍼센트, 중학교 학생의 83퍼센트가 각각 휴대폰을 갖고 있는 것으로 밝혀졌다.[113]

8~10세에 해당하는 보통 어린이들은 하루 동안 일상적으로 다양한 매체에 거의 8시간 정도 소비하고, 10세 이상의 청소년들은 매일 11시간 이상을 보낸다.[114] 어린이들의 방에 TV가 있는 경우는 이러한 숫자는 더욱 올라가며, 71퍼센트의 어린이와 청소년들은 그들의 침실에 TV가 있는 것으로 조사되었다.[114]

침실에 TV가 있는 경우 어린이들의 비만과 약물 사용, 그리고 음란물 노출 위험이 높아진다.[115]

사실 지난 한 세대 동안 미디어 환경은 급격히 변화했다. 하지만 대부분 부모나 교사들은 자신들이 돌봐야 하는 아이들이 이용하는 미디어에 대해 전자파나 폭력적인 내용에 노출되는 것을 제한하거나, 미디어 중독을 예방하거나 방지하는 나름대로의 잣대를 가지고 있지 않다.

2013년 10월 미국 소아과의학회에서는 "미디어 관리: 우리는 계획이 필요하다."라는 주제의 정책 성명서를 발표했다. 성명서는 부모와 소아과의사들은 어린이들이 미디어를 건강하고 선택적으로 이용하는 것을 지도하기 위해 "미디어 다이어트"를 실천할 것을 권고하고 있다. 다시 말하면, 소아과의학회는 부모와 소아과의사들은 어린이들이 스스로 미디어 사용을 제한할 수 있도록 자신들도 미디어 사용을 자제해 줄 것을 권고한다. 소아과의학회는 오락프로그램 시간은 하루 1~2시간 정도로 제한할 것을 권장한다. 2세 미만 아동들은 미디어에 노출되는 것을 반대한다.

학교 운동장과 지붕에 설치된 중계기 안테나

얼마나 많은 중계기 안테나가 학교 운동장과 지붕에 설치되어 있을까? 안테나는 아이들의 장기적인 건강에 어떠한 영향을 주나? 어떻게 하면 교정에 있는 셀 타워를 줄이거나 아예 없앨 수 있을까?

지금으로서는 이러한 질문에 대한 답은 없다.

국가 비영리 환경단체인 학교건강네트워크(HSN: Healthy Schools Network)는 어린이들과 학교 교직원들에게 안전한 환경과 건강한 학교를 제공하기 위해 노력하는 단체다. 이 단체는 연방통신위원회가 새로운 차세대 무선 서비스를 실행하기 전에 미국 대법원이 환경영향조사를 강제적으로 요구할 필요성이 있음을 제안하는 법정의견서를 지난 2006년 9월 제출했다.

학생과 교직원의 건강은 학교 안이나 부근 또는 보육센터에 세워진 셀 타워에서 방출되는 RF 방사선에 심각한 위협을 받고 있다는 사실에 대해 이 단체는 상당한 우려를 나타냈다. 그래서 법원이 사전예방원칙에 따라 초치를 취해줄 것을 촉구했다. 연방통신위원회는 국가환경정책법(NEPA: National Environmental Policy Act)이 의무적으로 요구하는 환경영향평가서(EIS)를 무시함으로써 미국 내 전자파에 취약한 5천4백만 어린이들에게 생물학적인 해를 가하는 위험을 감수하고 있다는 사실을 드러내보였다.[116]

하지만 법원은 학교건강네트워크의 법정의견서를 따르지 않기로 결정했다.

미국 연방환경보호청에서 2012년 2월 8일에 나온 주립학교 환경보건 지침서 초안에는 "K-12(유치원부터 초중고) 학교의 일반적인 환경건강 사항"이 논의되었다. 일상적인 청소와 관리, 곰팡이와 습기, 화학물질과 환경오염, 환기와 해충, 그리고 살충제 사용 감소 등이다. 하지만 유해 전력에서 나오는 자기장과 휴대폰, 랩톱, 패드, 와이파이, 중계기 안테나, 스마트 미터에서 방출되는 RF로 인한 건강의 위험에 대해서는 언급하지 않고 있다.

부모들이 메모할 사항

미국 소아과의학회와 비영리단체 카이저 페르만넨트(Kaiser Permanente)는 스크린을 보는 시간이 지나치게 많으면 아이들은 폭력적 행동, 낮은 학업 성취, 낮은 독서 점수, 수면 패턴의 교란, 비만 등을 보이고 후에 자라면서 흡연이나 알코올 남용과 같은 나쁜 습관을 갖게 된다고 경고하고 있다.[117] 이 단체는 특히 10대 청소년들에게는 하루 2시간 이하, 3~12세의 어린이들은 1시간 이하, 3세 이하의 아동들은 스크린을 보지 말 것을 권장한다. 스크린 시간을 줄이기 위해 다음과 같은 방법을 제안한다.

- 식사 시간 중에는 TV를 끈다.
- TV, 컴퓨터, 비디오 게임기는 아동들의 침실에 두지 않는다.
- 밤에는 휴대폰과 아이포드(iPod)를 침실 밖에 둔다.
- 잘한 일에 대한 보상으로 스크린 시간을 주지 않는다.
- 가족과 함께 걷기, 자전거 타기, 함께 운동하기 등을 한다.
- 어린이들에게 글짓기나 그림 그리기 등 창작 활동을 하도록 권장한다.[117]

샌디 마우러(Sandi Maurer), EMFsafetynetwork.org

미국 전역에서 어린이들에게 학습과 시험용으로 무선 컴퓨터 태블릿을 공급되기 시작했다. 교실에는 새롭고 더욱 강력한 라우터가 설치되었다. 로스앤젤레스 통합 학군에는 초등학교 학생들에게도 무선 아이패드를 공급하고 있다. 교실 컴퓨터 사용 장려 제도는 새로운 연방 커리큘럼이자 주 전체가 공통적으로 추진하는 핵심 교육 프로그램으로 지역사회를 기반으로 하는 별도의 계획은 허용하지 않는다. 이 제도는 학교에서 컴퓨터를 이용하는 시험 방식을 도입하고 정부에 어린이들을 추적하고 정보를 수집할 수 있는 새로운 도구를 제공한다.

이 제도에 관해 잘 알고 있는 부모나 교육자는 거의 없다. 하나의 예로, 2013년 가을 캘리포니아 주 세바스토폴(Sebastopol) 학교 이사회는 컴퓨터 시스템을 업그레이드하기 위한 기금을 받았다. 전자파 안전 네트워크 회장이자 학부모로서, 나는 라우터와 무선 컴퓨터에 의해 방출되는 RF 방사선이 학습, 집중, 기억 및 그 외 여러 심각한 건강 문제를 일으킬 수 있다는 과학적 전문지식과 의학적 경고를 학교위원회에 제출했다.

나는 학교 이사회에 사전예방원칙을 적용할 것을 요구했다. 즉, 무선환경은 모든 어린이들이 위험해지기 때문에 더욱 빠르고 안전하며 유해하지 않는 인터넷 연결을 제공할 수 있는 유선 컴퓨터실을 만들 것을 이사회에 제안했다. 이미 두통, 심장 떨림, 경련, 전자파 과민을 경험했거나, 특히 의료기 이식수술을 받은 어린이들은 훨씬 더 큰 위험에 처해있다. 그러한 어린이들은 컴퓨터를 사용할 때 친구들로부터 외톨이가 될 수도 있고, 한편으론 학교가 그들을 지도하지 못할 수도 있다.

수십 명의 다른 학부모들과 교사들은 "전문가로서의 성공, 사회적 통합과 경제적 지속가능으로 가는 열쇄, 그리고 나아가 어린이들의 건강은 기술 세계를 탐색할 수 있는 능력이 될 것" 이라 기술하고 있는 문서에 서명했다.

이렇게 의도하는 바가 확실한 학부모들은 학교 이사회로 하여금 "효율적인 비용의 휴대용 무선 컴퓨터 설비" 에 투자해줄 것을 촉구했고 이사회는 무선 설비계획을 승인했다.

아이패드와 건강 위험

애플은 사용자 설명서에 아이패드 사용자에게 두통, 기억상실, 발작, 경련, 눈이나 근육 수축, 의식 상실, 비자발적인 움직임, 방향 감각 상실 등을 포함한 기기의 건강 위험에 대해 경고하고 있다.

애플 지지자 포럼(discussions.apple.com)은 다음과 같은 소비자 불만을 게시한다.

"아이패드를 사용한 후에 잠시 어지럽거나 메스꺼움을 느끼는 사람, 저 말고 혹시 누구 있나요?"

"나는 아이패드를 너무 좋아한다, 하지만 겨우 몇 분 동안 사용하고 나면 멀미가 나고 어지러워지기 때문에 계속 사용할 수 없을 것 같다."

"오늘에서야 일련의 검사를 마쳤다…. 초음파, 뇌 스캔, 경동맥 초음파, 그러한 일들… 어지러움증을 진단하려고, 그리고 심지어는 실신했던 에피소드도… 크리스마스 이후. 크리스마스 선물로 뭘 받았는지 생각해 봐요… 아이패드…."

주석 및 참고문헌

1. J. Oschman, Energy Medicine, London: Churchill Livingstone, 2000.
2. The New Book of Popular Science, Grolier, 1996; also F. Magill, Magill's Survey of Science, Hackensack, NJ: Salem Press, 1991.
3. G. Lietz and Anne White, Secrets of the Heart and Blood, Durham, UK: Gerrard, 1965.
4. R. Becker, MD, The Body Electric: Electromagnetism and the Foundation of Life, New York: William Morrow, 1985.
5. Shumann Resonance (https://www.nasa.gov/mission_pages/sunearth/news/gallery/schumann-resonance.html)
6. www.ctia.org/advocacy/research/index.cfm/AID/10323.
7. Washington Post, 11-29-2012, "Web video leaves deaf out of loop."
8. S. Milham, MD, MPH, Dirty Electricity, iUniverse.com, 2010.
9. "Exposures to Extra Low Frequency EMFs in Occupations with Elevated Leukemia Rates,"Applied Industrial Hygiene vol. 3, no. 6 (1988): 189–193.
10. S. Milham and L. L. Morgan, "A new electromagnetic exposure metric: High

frequency voltage transients associated with increased cancer incidence in teachers in a California school,"American Journal of Industrial Medicine, vol. 51 (2008): 579–586.
11. M. K. Goldhaber, American Journal of Industrial Medicine, vol. 25 (1988): 150 155.
12. N. Wertheimer and E. Leeper, "Possible effects of electric blankets and heated waterbeds on fetal development," Bioelectromagnetics vol. 7 (1986): 13–22.
13. F. S. Perry, M. Reichmanis, A. A. Marino, R. O. Becker, Environmental power-frequency magnetic fields and suicide, Health Physics. 41(2):267-77, Aug. 1981
14. L. Slesin, "Power-line EMFs: New focus on Alzheimer's disease," Microwave News, 11-17-2008.
15. BioInitiative 2012 Report Issues New Warnings on Wireless and EMF, University of New York at Albany, Rensselaer, Jan. 2013
16. A. Fragopoulou, Y. Grigoriev, O. Johansson, L. H. Margaritis, L. Morgan, E. Richter, C. Sage, "Scientific panel on electromagnetic field health risks: Consensus points, recommendations, and rationales. Scientific Meeting: Seletun, Norway, November 17-21, 2009", Rev Environ Health, 25: 307-317, 2010
17. International Institute for Building-Biology and Ecology, Electromagnetic Radiation Seminar Manual, 212, 2011.
18. B. Greenfield, "Woman Shocked in Shower Wins $4 Million Lawsuit: Is Your Shower Safe?"Shine, 3-21-2013.
19. Dr. Magda Havas, speaking in Feb. 2013 in a public forum sponsored by the Perth County Federation of Agriculture in Listowel, Ontario; reported by Bob Reid in Ontario Farmer.
20. D. Davis, Disconnect: The Truth about Cell Phone Radiation, What the Industry Is Doing to Hide It, and How to Protect Your Family, New York: Dutton, 2010.
21. A. Campisi et al, "Reactive oxygen species levels and DNA fragmentation on astrocytes in primary culture after acute exposure to low intensity microwave electromagnetic field," Neuroscience Letters, vol. 473 (2010): 52–55,.
22. E. Cardis et al, "Brain tumor risk in relation to mobile telephone use: Results of the Interphone International Case Controlled Study,"International Journal of Epidemiology, vol. 39, no. 3 (2010): 675–694; L. Hardell et al, "Epidemiological evidence for an association between use of wireless phones and tumor diseases,"Pathophysiology, Aug. 2009, vol. 16., (2–3), 113–122; L. Hardell et al, "Tumor risk associated with use of cellular telephones or cordless desktop telephones, World Journal of Surgical Oncology, vol. 4, no. 74 (2006); L.

Hardell et al, "Long-term use of cellular phones and brain tumors; increased risk associated with use for >or = 10 years, Occupational and Environmental Medicine, vol. 64 (2007): 626–632; Ö. Hallberg et al, "The potential impact of mobile phone use on trends in brain and CNS tumors,"Journal of Neurology and Neurophysiology, Dec. 2011.
23. L. G. Salford et al, "Nerve cell damage in mammalian brain after exposure to microwaves from GSM mobile phones,"Environmental Health Perspectives, vol. 111, no. 7, (2003).
24. L. Hardell and M. Carlberg, "Mobile phones, cordless phones and the risk for brain tumors,"International Journal of Oncology, vol. 35 (2009): 5–17.
25. H. Divan et al, "Prenatal and postnatal exposure to cell phone use and behavioral problems in children," Epidemiology, vol. 19, no. 4 (2008).
26. M. Pall, "Electromagnetic fields act via activation of voltage-gated calcium channels to produce beneficial or adverse effects,"Journal of Cellular and Molecular Medicine, 6-26-2013.
27. S. M. Bawin et al, "Effects of modulated VHF fields on the central nervous system,"Academy of Science, 247: 74–81.
28. A.Goldsworthy,electromagnetichealth.org/wp-content/uploads/2010/04/why_vodafone_should_not_increase2.pdf 2010.
29. R. C. Beason and P. Semm, "Responses of neurons to an amplitude modulated microwave stimulus," Neuroscience Letters, vol. 333 (2002): 175–178; J. F. Krey and R. E. Dolmetsch, "Molecular mechanisms of autism: A possible role for Ca2+ signaling,"Current Opinion in Neurobiology, vol. 17 (2007): 12–119; N. D. Volkow et al, , "Effects of Cell Phone Radio frequency Signal Exposure on Brain Glucose Metabolism,"Journal of the American Medical Association, vol. 305 no. 8 (2011): 808–813. doi: 10.1001/jama.2011.186.
30. hese-project.org/hese-uk/en/papers/cell_phone_and _cell.pdf and at bioinitiative.org. Dr. Martin Pall's paper, "Electromagnetic fields act via activation of voltage-gated calcium channels to produce beneficial or adverse effects,"analyzes 24 studies in Journal of Cellular and Molecular Medicine, 6-26-2013.
31. O. P. Gandhi and Gang Kang, "Inaccuracies of a plastic "pinna" SAM for SAR testing of cellular telephones against IEEE and ICNIRP safety guidelines," in IEEE Transactions on Microwave Theory and Techniques, vol. 52, no. 8, pp. 2004-2012, Aug. 2004.
32. O. P. Gandhi et al, "Electromagnetic absorption in the human head and neck for

mobile telephones at 835 and 1,900 MHz,"IEEE, Transactions on Microwave Theory and Techniques, vol. 44 (1996): 1,884–1,892; O. P. Gandhi and G. Kang, "Some present problems and a proposed experimental phantom for SAR compliance testing of cellular telephones at 835 and 1,900 MHz,"Physics in Medicine and Biology, vol. 47 (2002): 1,501–1,518; J. Wang and O. Fujiwara, "Comparison and evaluation of electromagnetic absorption characteristics in realistic human head models of adults and children for 900 MHz mobile telephones," IEEE Transactions on Microwave Theory and Techniques, vol. 51 (2003): 966–971; M. MartinezBurdalo et al, "Comparison of FDTD-calculated specific absorption rate in adults and children when using a mobile phone at 900 and 1,800 MHz,"Physics in Medicine and Biology, vol. 49 (2004): 345– 354; A. De Salles et al, "Electromagnetic absorption in the head of adults and children due to mobile phone operation close to the head," Electromagnetic Biology and Medicine, vol. 25 (2006): 349–360; J. Wiart et al, "Analysis of RF exposure in the head tissues of children and adults,"Physics in Medicine and Biology, vol. 53 (2008): 3681–3695; N. Kuster et al, "Past, present and future research on the exposure of children,"Foundation for Research on Information Technology in Society, Foundation Internal Report, 2009.

33. www.MRIsafety.com.
34. H. Lai et al, "Microwave irradiation affects radial-arm maze performance in the rat,"Bioelectromagnetics, vol. 15, no. 2 (1994): 95–104.
35. H. Lai and N. Singh, "Single- and double-strand DNA breaks in rat brain cells after acute exposure to radio-frequency electromagnetic radiation,"International Journal of Radiation Biology, vol. 69, no. 4 (1996): 513–21; E. Diem et al, "Non-thermal DNA breakage by mobile phone radiation (1,800 MHz) in human fibroblasts and in transformed GFSH-R17 rat granulosa cells in vitro,"Mutation Research, vol. 583, no. 2 (2005):178–83.
36. B. Wang and H. Lai, "Acute exposure to pulsed 2,450 MHz microwaves affects water-maze performance of rats,"Bioelectromagnetics, vol. 21, no. 1 (2000): 52–56.
37. J. Eberhardt et al, "Blood–brain barrier permeability and nerve cell damage in rat brain 14 and 28 days after exposure to microwaves from GSM mobile phones,"Electromagnetic Biology and Medicine, vol. 27, no. 3 (2008): 215–29.
38. I. Pavacic et al, "In vitro testing of cellular response to ultra high frequency electromagnetic field radiation," Toxicology in Vitro, no. 5, (2008): 1,344–1,348.
39. O. Bas et al, "900MHz electromagnetic field exposure affects qualitative and

quantitative features of hippocampal pyramidal cells in the adult female rat," Brain Research, vol. 1,265 (04-10-2009): 178–185.

40. M. S. Tolgskaya and A. V. Gordon, "Pathological effects of radio waves,"Soviet Science Consultants Bureau, New York, 1973 133–137.
41. U.S. Senate, 1979. "Microwave radiation of the U.S. Embassy in Moscow," Committee on Commerce, Science and Transportation, 90th Congress, 1st session, April 1979, 1–23.
42. R. Santini et al, "Enquete sur la sante de riverains de stations relais de telephonie mobile: Incidences de la distance et du sexe. Pathologie Biologie, vol. 50 (2002): 369–373, doi.10.1016/50369-8114(02)00311–5; G. Abdel-Rassoul et al, "Neurobehavioral effects among inhabitants around mobile phone base stations,"Neurotoxicology, vol. 22, no. 2 (2007): 434–440, doi.10.1016/j.neuro.2006.07.012; A. E. Navarro et al, "The microwave syndrome: a preliminary study in Spain, Electromagnetic Biology and Medicine, vol. 22, nos. 2–3 (2003): 161–169, doi;10.1081/JBC-120024625; B. Levitt and H. Lai, "Biological effects from exposure to electromagnetic radiation emitted by cell tower base stations and other antenna arrays,"Environmental Reviews, vol. 18 (2010): 369–395.
43. klinghardtacademy.com
44. www.dirtyelectricity.ca/images/Swiss%20EMF%20study.pdf
45. M. Tseng et al, "Prevalence and psychiatric comorbidity of selfreported electromagnetic field sensitivity in Taiwan: a populationbased study,"Journal of the Formosan Medical Association, vol. 110 (2011): 634–641.
46. IARC: International Agency for Research on Cancer, https://www.iarc.fr/
47. Risk Evaluation of Potential Environmental Hazards from Low Frequency Electromagnetic Field Exposure Using Sensitive In Vitro Methods.
48. L. Slesin, "It's official: Mike Repacholi is an industry consultant and he's already in hot water," Microwave News, 11-13-2006; L. Slesin, "WHO and electric utilities: A partnership on EMFs," Microwave News, 10-1-2005.
49. A. Dalsegg, "Mobile phone radiation gives Gro Harlem Brundtland headaches," Dagbladet, Oslo, 3-9-2002.
50. Robert Kane 'Cellular Telephone Russian Roulette: A Historical and Scientific Perspective, Vantage Press, 2001
51. S. Milham, MD, MPH, Dirty Electricity, iUniverse.com, 2010.
52. S. Leea et al, "2.45GHz radio frequency fields alter gene expression in cultured human cells," FEBS Letters, vol. 579 (2005): 4,829.

53. C. Reese and M. Havas, Public Health SOS, 2009.
54. J. Nelson, "Jumping off the wireless bandwagon," The Monitor, Canadian Center for Policy Alternatives, 3-1-2011; also see www.safeschool.ca.
55. J. F. Krey, "Molecular mechanisms of autism: A possible role for Ca2+ signaling," Current Opinion in Neurobiology, vol. 17 , no. 1(2007): 112–119.
56. M. R. Herbert and C. Sage, "Autism and EMF? Plausibility of a pathophysiological link – Part I", Pathophysiology (2013)
57. T. Hawley and M. Gunner, "How early experiences affect brain development"(2000), http://tinyurl.com/5u23ae.
58. P. R. Huttenlocher and A. S. Dabholkar, "Regional differences in synaptogenesis in human cerebral cortex," Journal of Comparative Neurology, vol. 387, no. 2 (1997): 167–178.
59. R. Santini et al, "Survey study of people living in the vicinity of cellular phone base stations," Electromagnetic Biology and Medicine vol. 22, no. 1 (2003): 41–49.
60. B. Levitt and H. Lai, "Biological effects from exposure to electromagnetic radiation emitted by cell tower base stations and other antenna arrays," Environmental Reviews, vol. 18 (2010): 369–395. H. P. Hutter et al, "Mobile phone base stations: Effects on health and wellbeing," Pathophysiology, vol. 16 nos. 2–3 (2009): 123–135.
61. R. Wolf and D. Wolf, "Increased incidence of cancer near a cellphone transmitted station," International Journal of Cancer Prevention, vol. 1, no. 2 (2004). Review by M. Kundi, "Evidence for childhood cancers (leukemia), brain tumor epidemiology, III: Epidemiological studies of RF and brain tumors," C. Selvin et al, "The BioInitiative Report: A Rationale for a Biologically-based Public Exposure Standard for Electromagnetic Fields"(http://www.bioinitiative.org/).
62. B. Levitt, ibid.
63. A. C. Dode et al, "Mortality by neoplasia and cellular telephone base stations in the Belo Horizonte municipality, Minas Gerais state, Brazil," Science of the Total Environment, vol. 409, no. 19 (2011), 3,649–3,665
64. J. R. Goldsmith, "Epidemiologic evidence of radio frequency radiation (microwave) effects on health in military, broadcasting, and occupational studies,"International Journal of Occupational and Environmental Health, vol. 1, no. 1 (1995): 47–57.
65. G. Maskarinee et al, "Investigation of increased incidence in childhood leukemia near radio towers in Hawaii; preliminary observations," Journal of Environmental

Pathology, Toxicology and Oncology, vol. 13, no. 1 (1994): 33–7.
66. E. F. Eskander et al, "How does long term exposure to base stations and mobile phones affect human hormone profiles?" Clinical Biochemistry, vol. 45, nos. 1–2 (2012): 157–161.
67. K. Buchner and H. Eger, , "Changes of clinically important neurotransmitters under the influence of modulated RF fields: A long-term study under real-life conditions," Umwelt-MedizinGesellschaft, vol. 24, no. 1 (2011): 44–57.
68. http://reboot.fee.gov/reform/systems/spectrum-dashboard.fcc
69. A. Fauteux, "Smart Meters: Correcting the Gross Misinformation", La maison du 21e siecle, Jun. 2012
70. Sage Associates, "Thirteen Flaws of Smart Meter Technology," 2011; www.sagereports.com.
71. watch youtube.com/watch?v=BRDhogkdxW4
72. an interview with Dr. Pressley, "Is Your Smart Meter Causing Brain Damage?" at youtube.com/watch?v=dhF6C_pB22g&feature =em-uploadermail.
73. For a catalog of symptoms reported by ratepayers after "smart"meter installation, go to EmfSafetyNetwork.org.
74. E. A. Gale, "The rise of childhood type 1 diabetes in the 20th century," Diabetes, vol. 51, no. 12 (2002): 3,353–3,361.
75. S. Milham, "Evidence that dirty electricity is causing the worldwide epidemic of obesity and diabetes," Electromagnetic Biology and Medicine, vol. 33, no. 1 (2014); 75–78.
76. Data from "Prevalence and incidence of insulin-dependent diabetes" by R. E. LaPorte et al, http://diabetes.niddk.nih.gov/dm/pubs /america/pdf/chapter3.pdf.
77. Statistics are from IDATE World Atlas of Mobiles/Washingtonpost. com 1995 data.
78. www.obesity.chair.ulaval.ca/ITOF.htm.
79. Christian Science Monitor, "Two Border Cities Seek End to Communications Chaos." November 16, 2000
80. www.ci.laredo.tx.us/city-council/council-activities/council-minutes/2000Min/M2000 -R-04.html.
81. J. Silverberg et al, "Prevalence of allergic disease in foreign-born American children,"JAMA Pediatrics, vol. 167, no. 6 (2013) 554–560. M. Stobbe, "Study: Food, skin allergies increasing among children," Associated Press, May 2, 2013.
82. www.healthandgoodness.com/article/cell-phone-radiation-and-allergies.html.

83. www.heartmdinstitute.com/v1/wireless-safety/cordless-phone-use-can-affect-heart
84. C. Pritchard et al, "Changing patterns of neurological mortality in the 10 major developed countries 1979–2010," Royal Society for Public Health, vol. 127, no. 4 (2013): 357–368.
85. www.telegraph.co.uk/news/worldnews/asia/southkorea/10138403/Surge-in-digital -dementia.html/.
86. J. Tirapu et al, 2004.
87. M. Paz de la Puent and A. Balmori, "Addiction to cell phones: Are there neurophysiologic mechanisms involved?"Proyecto, vol. 61 (Mar. 2007): 8–12: in English at emfacts.com.
88. C. Braestrup et al, "Benzodiazepine receptors in the brain as affected by different experimental stresses: The changes are small and not unidirectional,"Psychop harmacology (Berlin), vol. 65 no. 3 (1979): 273–277; H. Lai et al, "Single vs. repeated microwave exposure: Effects on benzodiazepine receptors in the brain of the rat,"Bioelectromagnetics vol. 13, no. 1, (1992): 57–66; B. M. Walker and A. Ettenberg, "Benzodiazepine modulation of opiate reward,"Experimental and Clinical Psychopharmacology, vol. 9 no. 2 (2001): 191–197,.
89. W. R. Adey, "Electromagnetic fields, the modulation of brain tissue functions: A possible paradigm shift in biology,"in G. Adelman and B. Smith (eds.), International Encyclopedia of Neuroscience, 2003.
90. H. Lai et al, "Intraseptal microinjection of beta-funaltrexamine blocked a microwave-induced decrease of hippocampal cholinergic activity in the rat," Pharmacology Biochemistry and Behavior vol. 53, no. 3 (1994): 613–616; M.A. Rojavin and M. C. Ziskin, "Electromagnetic millimeter waves increase the duration of anesthesia caused by ketamine and chloral hydrate in mice,"International Journal of Radiation Biology, vol. 72, no. 4, (1997): 475–480.
91. www.msnbc.msn.com/id/14832639/.
92. M. Paz de la Puente and A. Balmori, "Addition to cell phones,"ibid.
93. Forbes.com.staff04.03.08.
94. www.news.bbc.co.uk/1/hi/programmes/click_online/6411495.stm.
95. "Rise in Nomophobia: Fear of Being without a Phone,"www .telegraph.co.uk/news, 2.16.12.
96. www.news.bbc.co.uk/go/pr/fr/-2/hi/europe/7452463.stm.
97. www.telegraph.co.uk/technology/10008707/Toddlers-becoming–so-addicted-to-iPads -they-require-therapy.html.

98. www.washingtonpost.com/national/health-science/facing-cybersecurity-threats-fda -tightens-medical-device-standards-2013/06/12/b79cc0fe-d3j0-11e2-b051-3ea310e7bb5a_story.html.
99. M. Havas, "Dirty electricity elevates blood sugar among electrically sensitive diabetics and may explain brittle diabetes,"Electromagnetic Biology and Medicine, vol. 27, no. 2 (2008): 135–146.
100. M. Havas et al, "Provocation study using heart rate variability shows microwave radiation from 2.4 GHz cordless phones affects autonomic nervous system,"European Journal of Oncology, vol. 5, (2010): 273–300.
101. K. Singer, "The Garden of Fertility: A Guide to Charting Your Fertility Signals to Prevent or Achieve Pregnancy--Naturally--and to Gauge Your Reproductive Health", Penguin, 2004
102. Sandra Steingraber, The Falling Age of Puberty in U.S. Girls. 2007
103. A. Agarwal et. al, "Effect of cell phone usage on semen analysis in men attending infertility clinic: an observational study,"Fertility and Sterility, vol. 92, no. 1, (2008): 124–128; and "Effects of radio frequency electromagnetic waves (RF-EMW) from cellular phones on human ejaculated semen: an in vitro pilot study,"Fertility and Sterility, vol. 92, no. 4 (2009): 318–325; A. Wdowiak et al, "Evaluation of the effect of using mobile phones on male fertility,"Annals of Agricultural and Environmental Medicine, vol. 14, no. 1 (2007): 69–172; G. N. De Iuliis et al, "Mobile phone radiation induces reactive oxygen species production and DNA damage in human spermatozoa in vitro,"PLoS One, vol. 4, no. 7 (2009): e6446; I. Fejes et al, 2005, "Is there a relationship between cell phone use and sperm quality?"Archives of Andrology, vol. 51, no. 5 (2005): 385–393.
104. R. J. Aitken et al, "Seeds of concern,"Nature, vol. 432 (2004): 48–52; O. Erogul et al, "Effects of electromagnetic radiation from a cellular phone on human sperm motility: an in vitro study,"Archives of Medical Research, vol. 37, no. 7 (2006): 840–843.
105. I. N. Magras and T. D. Xenos, "RF radiation-induced changes in the prenatal development of mice,"Bioelectromagnetics, vol. 18, no. 6 (1997): 455–461.
106. D. I. Davis et al, "Swedish review strengthens grounds for concluding that radiation from cellular and cordless phones is a probable human carcinogen,"Pathophysiology vol. 20, no. 2 (2013): 123–129.
107. N. Col-Araz, "Evaluation of factors affecting birth weight and preterm birth in southern Turkey,"Journal of Pakistan Medical Association, vol. 63, no. 4 (2013):

459–462.
108. www.liveleak.com/view?i=cd3_1369428648.
109. www.lesondesmobiles.fr/.
110. www.cnetfrance.fr/news/lesdesputes-ne-veulent-pas-de-wi-fi-dans–les-establissements-scolaires-39788397.htm.
111. http://www.pewinternet.org/2010/04/20/teens-and-mobile -phones/.
112. www.commonsensemedia.org/research/zero-eight-childrens -media-use-america.
113. E. K. Englander, "Research findings: MARC 2011 survey grades 3–12": http://vcc.bridgew.edu/marc_reports/2.
114. V. Rideout, "Generation M2: Media in the lives of 8- to 18-year-olds,"Kaiser Family Foundation, 2010; www.kaiserfamilyfoundation.files .wordpress.com/2013/01/8010.pdf.
115. A. E. Staiano et al, "Television, adiposity and cardiometabolic risk in children and adolescents,"American Journal of Preventive Medicine, vol. 44, no. 1 (2013): 40–47; C. Jackson et al, "A TV in the bedroom: Implications for viewing habits and risk behaviors during early adolescence,"Journal of Broadcasting and Electronic Media, vol. 52, no. 3 (2008): 349–367; A. M. Adachi-Mejia et al, "Children with a TV in their bedroom at higher risk for being overweight,"International Journal of Obesity, vol. 31, no. 44 (2007): 644–651; J. L. Kim et al, "Sexual readiness, household policies and other predictors of adolescents'exposure to sexual content in mainstream entertainment television,"Journal of Media Psychology, vol. 8, no. 4 (2006): 449–471; E. L. Gruber et al, "Private television viewing, parental supervision, and sexual and substance use risk behaviors in adolescents,"Journal of Adolescent Health, vol. 36, no. 2 (2005): 107.
116. "Brief of Healthy Schools Network, Inc. as Amicus curiae in support of Petitioner Maria Gonzales,"US Supreme Court, 06–175, 9-5-2006.
117. A-M. Tobin, "Limit screen time for healthier kids"(search at kaiserpermanente.org); V. C. Strasburger and B. J. Wilson, Children, Adolescents, and the Media, Thousand Oaks, CA: Sage, 2002, pp. 73ff.

제7장
무선기기의 또 다른 위험

컴퓨터와 무선통신기술은 인류문명에 대변화를 가져왔지만 충분한 사전 검토와 규제를 하지 않아 여러 가지 위험도 함께 내포하고 있다. 이 장은 앞에서 설명한 내용(전자파로 인한 생태계와 건강 피해) 외에 우리가 주의를 기울여야 할 무선기기의 또 다른 위험을 다루고 있다.

전자기술이 인간 생활의 거의 모든 분야에 엄청난 혜택을 가져왔다는 것을 다시 한 번 언급하고자 한다. 하지만 이 기술이 만들어낸 새로운 기기들과 장비들 그리고 그 사용은 충분한 사전 검토와 규제를 하지 않았기 때문에 커다란 위험도 함께 초래하고 있다. 게다가 지금까지 언급한 것보다 더 많은 주의가 요구되는 또 다른 문제들도 있다.

에너지와 자연자원

아마존, 애플, 마이크로소프트와 같은 회사들이 관리하고 있는 거대한 서브(데이터를 저장하고 전 세계인들이 클라우드 컴퓨팅 인터넷을 통해 음악, 사진, 동영상 등을 공유하는 앱에 접속함) 때문에 엄청난 양의 전력을 사용한다. "클라우드는 얼마나 환경 친화적인가?" 라는 질문에 대해 그린피스는 데이터 센터가 너무 커서 우주에서도 볼 수 있을 정도이며, 약 2십5만 유럽 가정이 사용하는 전력량과 맞먹는 에너지를 소비한다고 말한다. 또 클라우드를 하나의 독립된 국가로 본다면 세계에서 5위에 해당하는 전력 소비국에 해당하는 것으로 추정한다.

2012년 뉴욕 타임즈는 전 세계 데이터 센터는 대략 30기의 원자력발전소가 생산하는 전력량과 맞먹는 전력을 필요로 한다고 보도했다.[1] 무선기기도 에너지를 소비하면서 환경악화에 일조하게 된다. 휴대폰은 유선전화기의 3배에 해당하는 전력을 소비한다. 구글 검색 1회에 100와트 전구를 6분간 사용하는 양의 전력을 필요로 한다.[2]

아프리카 콩고에서는 휴대폰 제작에 필요한 광물질인 콜탄(Coltan) 채굴이 이루어지고 있다. 콩고 광산에서 희생되는 인명과 약탈은 제2차 세계 대전 이후 지금까지 있었던 어떤 단일 사건보다도 더 큰 규모로 이루어지고 있으며, 이 참혹한 상황은 책으로도 출판되었다.[3]

근로자 안전과 전자파 기준 위반

2013년 전자파 방사선 정책연구소(EMRPI)는 미국 전역에서 자행되고 있는 연방통신위원회(FCC)의 전자파 기준 위반에 관해 근로자와 그 가족들에게 경각심을 불어넣기 위해 캠페인을 시작했다.[4] EMRPI가 미국 23개 주에서 통신업체가 운영하는 중계기 안테나 설치 지역을 조사했더니, 조사한 곳 모두 FCC 일반 노출 기준을 크게 초과한 것(최고 600퍼센트)으로 나타났다. 이것은 수많은 근로자들이 FCC 기준을 초과한 상태에서 지붕이나 안테나 가까이에서 일하고 있음을 의미한다. 근로자들이 일하는 곳은 전자파를 피할 수도 없으며 경고문이나 차단벽도 없는 상태였다. FCC는 기준을 초과한 것에 대하여 무선통신 사업자에게 단 한 건의 벌금을 부과한 적도 없다. FCC는 미국인들에게 불법 노출의 위험과 그러한 노출로부터 보호받을 권리가 있음을 알려야 할 책임이 있다. EMRPI는 의회(하원)가 FCC에 그 책임을 요구하도록 요청했다.[5]

2012년 5월 미국 PBS 방송에서는 무선통신 인프라 구축과 수리를 담당하는 근로자들의 사망률은 일반 건설현장 노동자들이 직업으로 사망하는 것보다 10배는 더 많을 것이라는 보도를 했다.[6] 무선통신 인프라에 종사하는 근로자들이 사망률이 높은 이유는 복잡한 하청계약 구조 때문이라고 지적하고 있다.[7] 하청계약 구조가 복잡해지면 사업자는 사고 시 책임을 면할 수도 있게 되고, 일정도 무리하게 잡혀질 가능성이 커진다. 또 하청업자는 무리한 일정에 맞추기 위해 작업 과정에서 원칙을 무시하게 된다. 이것은 결국 근로자의 높은 사망률로 이어진다.

통신 장비와 스마트 미터로 인한 화재

미국 ABC 방송은 2009년 4월 26일 뉴스 시간에 캘리포니아의 말리부 화재는 "새로운 휴대폰 장비 설치로 인해 과도한 하중이 실린 전신주"에 의해 발생한 것이라고 보도했다. 시속 150킬로미터의 풍속을 견뎌야 했던 전신주는 "케이블과 안테나에 부는 강풍"으로 인해 시속 80킬로미터의 바람에 부러졌다.

펜실베이니아 주에서는 스마트 미터 설치로 인해 26건의 화재와 수백만 달러의 손해가 발생했다. 그 결과 2012년 8월, 전기회사(PECO)[8]는 추가 설치를 중단했다.

해킹과 개인정보

워싱턴대학교 법학교수 닐 리처드(Neil M. Richards)는 지금까지 개인의 지적정보를 보호하는 법률은 기술의 발전을 따라가지 못하고 있다고 말한다. 예를 들어, 도서관 사서는 법률 및 윤리에 따라 회원의 독서목록을 공개하지 않지만, 애플, 아마존, 반즈앤노블과 같은 회사는 자신들이 직접 제정한 개인정보 취급방침에 따른다.[9]

휴대폰 사용자들은 자신들의 전화기가 추적 장치 기능을 한다는 것을 알지 못할 것이다. 또 하버드대를 비롯한 많은 고용주들은 직원들의 이메일을 주기적으로 스캔한다.[10]

무선기기는 쉽게 해킹 당할 수 있기 때문에 개인 정보는 정기적으로 도난 당할 수도, 사람들의 재정 상태와 삶 전체를 위협할 수도 있다. 신분 도용에 의한 비용만으로도 소비자들은 연간 50억불, 기업들은 500억불에 이르는 것으로 여겨진다. 종합신용평가기관 에이앰 베스트(A.M. Best)는 2013년 2월 14일 보험업계에 "데이터 관리 위반", "휴대폰의 긴 통화와 관련된 위험", "휴대폰 중계기 안테나 가까이 일하는 약 25만 근로자의 위험" 등을 주의 사항으로 알렸다.

2012년 워싱턴 포스트는 "디지털 세계의 위험성을 성공적으로 해결하기 위하여 세계 지도자들은 지금까지 인간이 만든 창조물 중 지구상 가장 복잡한 사이버 공간을 이해해야 한다."라고 지적하고 있다.[11]

지난 2012년, 투자 사이트 해킹 전문가는 스마트 그리드 전력망에 대한 사이버 공격으로 "3년 안에 에너지 공급망이 대재난으로 이어질 돌발적인 중단이 발생할 확률은 100퍼센트"라고 했다. 이러한 사건은 언제 어디에서나 일어날 수 있기 때문에 실제로 핵전쟁보다 더 위험할 수도 있다. 그는 또 "정부와 전력회사들이 아무런 보호 장치 없이 무작정 인터넷과 전력망을 통합하는 방법은 극도로 미친 짓이다."라는 극언도 서슴지 않고 있다.[12]

사라져가는 도서관과 역사

지금 우리가 살아가고 있는 이 가상의 시대에는 새로운 컴퓨터와 프로그램은 나오는 즉시 쓸모가 없어져 버린다. 이런 경우도 있다. 의회(하원) 도서관에 있는 베트남 참전 용사들과의 구두 인터뷰는 오직 한 컴퓨터만이 읽을 수 있는 디스크에 담겨져 있고, 그 컴퓨터가 고장 나면 고칠 수 있는 사람은 극소수다.

문서 보관 담당자들이 "종이 문서는 만약 누군가 내용을 변경하면, 수정한 부분을 우리는 찾아낼 수 있다."라고 내게 말한 적이 있다. 그리고 종이 문서는 쉽게 파기될 수 없다. 하지만 문서가 디지털화된 경우는 간단히 글자를 바꿈으로 해서 누구든 문서를 변경하고 기록을 수정할 수 있다. 디지털 문서는 단 한 번 키를 누르기만 하면 완전히 삭제 될 수도 있다. 또한, 지난 20년간 디지털 시대를 지나오면서 종이 기록을 보관한 사람들이 거의 없었기 때문에 이 기간의 역사는 잘 기록되어 있지 않다.

많은 교과서들이 지금은 온라인으로만 이용할 수 있게 되어서, 경제적 또는 물리적 제약으로 컴퓨터 사용이 불가능한 사람들은 볼 수가 없다. 게다가 e-교과서는 일반적으로 교과 과정이 끝나버리면 학생들이 더 이상 이용할 수 없게 되었다. 그래서 몇 개월 후에는 학교에서 배웠던 기본적인 지식을 다시 접할 수 없게 된다.

의학 학술지의 경우 구독하는데 연간 600~1,200불씩 비용이 들고 보관할 장소가 필요하기 때문에 많은 병원들은 도서관을 아예 없애버렸다. 한 병원 체인은 10개 병원에서 근무하는 직원들이 250개의 디지털 의료저널에 보는데 1만 달러만 투자하면 될 수도 있다. 이는 종이로 된 학술지보다 훨씬 저렴할 뿐만 아니라 저장 공간도 필요 없다. 의사들은 손안에 있는 장비로 온라인에 있는 의학 연구에 접속해서 환자의 병상 옆에서 개략적인 내용을 파악하고, 그 자리에서 치료 방법과 처방을 생각해 낼 수 있다. 역사적으로 연구란 책장을 샅샅이 뒤지고, 책의 내용을 서로 비교하고 다른 연구자들과 토론하는 것이었다. 책장도, 책도, 토론자도 없는 디지털 연구는 어떻게 지식을 변화시킬 수 있나?

심리적인 문제

심리학자들은 인터넷은 인간의 심리상태를 변화시킨다고 말한다.[13] 인터넷에 들어가게 되면 사람들은 과장된 자신감으로 도발적 행동을 하게 되고, 참을성이 부족하고 산만해지며 충동적인 상태로 변하게 된다.

산만한 운전자와 보행자

미국 도로교통안전국(NHTSA)[14]은 2011년 한 해 동안 운전 부주의로 3,300여 명이 사망했고 38만 7천여 명이 부상했다고 발표했다. 분명한 것은 음성 텍스트 변환기를 사용하고 핸즈프리로 이야기 하더라도 운전자의 집중력을 저하시킨다는 사실이다. 2005년 호주에서 이루어진 연구에 따르면 운전 중 핸즈프리나 휴대폰을 사용하는 운전자들이 그렇지 않은 운전자들에 비해 충돌을 일으킬 위험이 4배나 높았다.[15] 2013년 8월 27일 미국 뉴저지 주의 고등법원은 민사소송에서 매우 흥미로운 판결을 내렸다. 만약 문자를 보내는 사람이 "이전 문자로부터… 알아야 하는 특별한 이유…" 와 같이 보는 사람이 운전 중이라도 문자를 확인하고 싶도록 하면 운전자를 산만하게 한 책임을 물을 수 있다는 판결을 했다. 이 판례는 "문자를 보낸 사람이 운전자를 산만하게 하여 공공의 안전을 보호해야할 의무를 위반한 것" 을 알리고 있다.[16]

오하이오주립대학교에서 실행한 전국적인 실태 조사에 따르면 2010년에 1,500명이 넘는 보행자들이 걸을 때 휴대폰을 사용하다가 발생한 사고로 부상을 입고 응급실에서 치료를 받았다고 한다.[17] 연구자들은 이 숫자가 실제로 일어나는 것보다 훨씬 적다고 생각하고 있다. 2010년에서 2015년 사이에는 이보다 2배가 넘더라도 놀라지 않을 것이라고 말했다. 21세~25세 사이의 청소년들이 휴대폰을 사용하면서 산만한 상태로 걷다가 부상을 입을 가능성이 가장 높으며, 그 다음으로 16~20세로 조사되었다.

연구자는 "부모들은 아이들에게 길을 건널 때 양쪽을 보라고 지금까지 잘 가르치고 있다. 이제 부모들은 아이들에게 길을 걸을 때, 특히 건널목을 건널 때는 휴대폰을 사용하지 않도록 가르쳐야 한다." 라고 경고하고 있다.

항공기 안전

지난 10여 년간 조종사들은 승객들의 모바일 기기들이 항공기 장비들을 교란시킨다고 말해왔다. 이는 과학적 연구에서도 밝혀졌다. 어떤 경우는 휴대폰 한 대의 신호만으로도 지구 위치 파악 위성을 차단하여 비행기의 GPS수신기를 무용지물로도 만들 수 있다. 항공 시스템이 위성항법장치로 전환함에 따라, 승객들의 전화와 태블릿으로 인한 전파방해 위험이 증가하고 있다. 한편으로는 전체 승객의 거의 절반이 전 비행 구간에 걸쳐 자신들의 모바일 기기를 사용하길 원한다.[18]

만약 휴대폰 한 대가 항공기 GPS에도 "위험한 교란"을 일으킬 수 있다면, 작고 나약한 아이들의 뇌에는 도대체 어떤 영향을 미칠 수 있을까?

근로자 안전

오늘날에는 전기 기술자나 일반 사업장에서 일하는 근로자들은 안테나에서 나오는 고주파 방사선에 일상적으로 노출되어 있다. 하지만 그들은 자신들이 노출되어 있는지도, 또 어떻게 보호해야 할지도 모른다. 2013년 9월 11일 국제전기노조(IBEW)[19] 회장 에드윈 힐(Edwin D. Hill)은 연방통신위원회(FCC)의 RF 노출 규제 및 정책에 관해 지적하면서 "우리는 회원 중 많은 사람들이 FCC 기준을 초과하는 RF 방사선에 노출되어 왔다고 생각한다."라고 말했다.

그는 또 "위험 요소가 있을 때, 원인 제공자는 다른 사람들에게 그 위험에 대해 경고할 의무가 있다."라고 말했다. 그는 안테나를 설치하는 통신업체들은 전기노조 회원들이 "모든 작업장의 독특한 물리적 특성을 이해하여 RF 노출 한도를 넘지 않도록 해야 할 책임이 있음을 시사했다". 현재 통신업체들은 작업자들에게 안테나(다른 모양으로 위장되어 있거나 굴뚝에 있는)가 가까이 있음을 알리는 표지판을 설치해야 하는 의무가 없다. 종합신용평가기관 에이앰 베스트(A.M. Best)는 매년 약 25만 명의 근로자들이 중계기 안테나에 가까운 곳에서 일하고 있다고 추정하고 있다. 그래서 다른 보험사들에게 가까운 곳에 있는 중계기 안테나는 "근본적으로 문 열린 전자레인지"와 같은 역할을 하고, 여기에 노출된 근로자들에게는 "눈 손상, 불임, 인지 장애"와 같은 건강 피해를 유발할 것이라고 경고하고 있다.[20]

한정된 책임

종합신용평가기관 에이앰 베스트(A.M. Best)와 로이드 오브 런던(Lloyds of London)은 소속 보험사들에게 중계기 안테나를 비롯한 무선기기로 인한 건강 상해에 대해서는 보험을 들어주지 말라고 하고 있다. 재보험사 스위스 알이(Swiss RE)는 전자기장(EMF)으로 인한 위험률을 최근에 발생하는 다른 어떤 것보다 높게 평가하고 있다.[21]

에이앰 베스트(A.M. Best)는 "이동통신 타워의 지속적이고 기하급수적인 증가는 타워에서 일하는 근로자들과 다른 이들에게도 노출을 크게 증가시킬 것"이라는 사실에 주목하고 있다.[22] 안테나, 휴대폰, 스마트 미터 등으로 인한 건강피해가 법정에서 입증될 경우 해당 손해에 대한 보상(자가 보험 외에)을 책임질 보험사는 없다고 했다.

계속되는 기술의 발전

1995년 미국 하원에서 나온 보고서[23]에 따르면 "새로운 기술은 계속 나올 것이지만 모든 실제 상황에서 검증될 수 없다. 예를 들어, 유럽형 BMW 자동차 매뉴얼은 휴대폰이 자동차의 전자 시스템을 교란시켜 에어백을 작동시킬 수 있으므로 운전 중에는 휴대폰 사용을 금하도록 권고하고 있다".

오바마 행정부의 지지를 받고 있던 통신회사(Light Squared)는 2018년까지 4G WiMax[24]를 미국 전역에 97퍼센트까지 끌어올리는 것을 목표로 잡았다. 하지만 이 회사의 4G WiMax 신호가 GPS네트워크 신호체계를 교란시킨다는 이유로 계획이 보류되었다.[25]

2009년 통신회사 AT&T는 높은 유지보수 비용 때문에 자사의 유선장비를 폐기시켜 줄 것을 요청하는 탄원서를 FCC에 제출했다.

2014년 1월 버몬트 주 공공서비스국 통신과장 제임스 포터(James Porter)는 "현재 버몬트 주에서 서비스 통신회사의 비용과 수익성" 에 관한 주 의회 보고서에서 대부분의 버몬트 주민들은 무선통신망의 조기 착공을 허가하는 것에 만족한다고 했다. 그는 주정부가 통신사에 수익성이 떨어지는 유선전화선 유지를 얼마나 더 오랫동안 요구할 수 있을지 의문을 제기했다. 인구 밀도가 높은 지역(유지보수 비용이 저렴한 지역)에서는 유선 수요가 감소하고, 인구 밀도가 낮은 지역(유선이 더 인기 있는 지역)에서는 유선 서비스 유지비용이 많이 든다. 이 질문에 대한 답변으로 다음과 같은 반론이 제기되고 있다.[26]

규제 당국이 어떻게 유선전화를 원하는(또는 필요로 하는) 사람은 모두 하나씩 가질 수 있게 할 수 있는지? 오직 소수의 인구만이 유선전화를 사용할 때는 누가 유선 인프라 유지비용을 지불할 것인지? 그리고 20년쯤 후에 휴대폰이 우리 건강에 나쁘다고 판단되어 유선전화가 필요하지만 인프라가 모두 사라져 버렸다면 우리는 어떻게 해야 할지?

주석 및 참고문헌

1. James Glanz, "Power, Pollution and the Internet: Industry Wastes Vast Amounts of Electricity, Belying Image," September 23, 2012, NY Times.
2. E. Pariser, The Filter Bubble: What the Internet is Hiding from You, New York: Penguin, 2011.
3. Peter Eichstaedt, Consuming the Congo: War and Conflict Minerals in the World's Deadliest Place, Chicago Review Press, Jul. 2011
4. Electromagnetic Radiation Policy Institute(EMRPI), a campaign "Americans Beware", March 2013.
5. Search youtube.com: "Wireless Industry Safety Failure,"part 1.
6. PBS(Public Broadcasting Service) Frontline News, "Cell Tower Deaths" May 22, 2012
7. WirelessEstimator.com
8. PECO: Pennsylvania's electric utility
9. A. Sultan, "Online, your reading habits are an open book," St. Louis Post-Dispatch, 9-24-2012.
10. See more at the Electronic Frontier Foundation, which defends rights in the digital world; www.eff.org.
11. See www.washingtonpost.com/investigations/health-care-sector–vulnerable-to-hackers -researchers-say/2012/12/25/left.
12. David Chalk(Marketwatch.com), speaks in the documentary, "Take Back Your Power," at thepowerfilm.org, April 12, 2012.
13. Elias Aboujaoude, Virtually You: The Dangerous Powers of the E-Personality, W. W. Norton Company, 2011
14. National Highway Traffic Safety Administration, https://www.nhtsa.gov
15. J. Hecht, "Hands-free tools make driving more dangerous," The Associated Press, 8-1-2013.

16. M. Pearce, "Court paves way for blame of texters who distract drivers," LA Times, 8-30-2013.
17. Jack L. Nasar and Derek Troyer, Pedestrian injuries due to mobile phone use in public places, Accident Analysis & Prevention, Vol.57, 91-95 (2013)
18. A. Levin, "'Off'button key to pilot interference reports," Bloomberg News, 5-16-2013.
19. International Brotherhood of Electrical Workers
20. "Emerging Technologies Pose Significant Risks with Possible LongTail Losses," Best's Briefing, 2-14-2013.
21. See http://mieuxprevenir.blogspot.com/2011/12/swiss-re-will-not-reinsure-mobile.html.
22. "Emerging Technologies Pose Significant Risks with Possible LongTail Losses," Best's Briefing, Feb.14, 2013.
23. The U.S. Congress'Office of Technology Assessment, "Wireless Technologies and the National Information Infrastructure," July 1995.
24. WiMAX: Worldwide Interoperability for Microwave Access
25. See commlawblog.com/2012/02/articles/cellular/federal-gps-sers-nix–lightsquared /index.html.
26. Matt Levin, Non-Profit Organization, Vermonters for a Clean Environment.

제8장

전자기 환경을 위한 법과 규제

현재 전기, 전자, 안테나, 그리고 무선기기에 적용되는 법과 규제는 기술적인 목적으로 제정되었기 때문에 환경적 측면에서는 아주 미흡하다. 이 장은 연방통신위원회의 통신법을 비롯하여 지금의 법과 규제가 보여주는 문제점을 사례와 함께 설명하고 인체 건강과 생태계를 보호할 수 있는 개정 방향을 제시하고 있다.

현재 적용되는 미국 연방통신위원회(FCC)와 국제기구가 정한 기준은 전자기장과 무선주파수 방사선에 매일 노출되는 사람(특히 어린이)을 보호하기에는 충분하지 않다. 현대인들은 계속되는 새로운 기술로 인해 무선기기를 매일 사용하고, 또 함께 살아가고 있다. 지금의 안전 기준은 현대인들의 건강에 영향을 줄 수 있는 이 새로운 기술들을 예상하지 못했다. (생물학적) 영향은 대부분의 현행 국내외 기준보다 현저하게 낮은 수준에서 지금 이 시간에도 매우 광범위하게 발생하는 것으로 보고되고 있다.

- 데이비드 카펜터(David O. Carpenter, MD), BioInitiative 보고서 공동편집인
뉴욕주립대(SUNY) 알바니 캠퍼스 보건환경연구소 소장

사람들은 바퀴, 수레, 마차를 발명하면서 이용자들과 행인들을 안전하게 보호할 방법도 필요하다는 것을 알게 되었다. 예를 들어, 마차를 끄는 말을 멈추기 위해 마부는 말을 정지시키는 신호를 보내는 방법과 수레바퀴에 브레이크도 필요하게 되었다. 자동차는 앞유리 와이퍼, 안전벨트, 아동용 좌석, 에어백이 필요하다. 사람들은 도로를 포장하고, 제한속도를 정하고, 정지 신호와 신호등이 있는 교차로를 만들었다. 대부분의 이러한 보호 조치들은 새롭게 개발되는 차량과 보조를 맞추었다.

8.1 지금의 법과 규제가 갖는 문제점

전기, 전자, 안테나, 그리고 무선기기 등에 관련된 법과 규제는 기술적인 요구를 위한 것이다. 그래서 매우 간단하다. 특별한 경우를 제외하면 지금의 법은 이러한 기술들이 공중 보건과 환경에 주는 영향을 고려하지 않는다. 그 특별한 경우도 보건과 환경 영향에는 한정된 책임만 부여하고 있다. 전기, 전자, 안테나, 무선기기 등이 건강에 관련된 미국 연방정부의 법규를 간략하게 요약하면 다음과 같다.

- 어떤 연방정부기관도 스마트 설비를 비롯한 60Hz 송전망을 규제하지 않는다.
- FCC는 기존의 라디오, TV, 인터넷 방송을 방해하는 어떤 것이라도 "유해한 전파 방해"로 규정한다. 어떤 기관도 변압기 또는 방송 장비로 인한 "생물학적 피해"라는 용어를 규정하지 않고 있다. 어떤

기관도 사람의 건강이나 야생생물에 피해를 야기할 가능성이 있는 전자기장이나 무선주파수(RF) 영역에 자금을 지원하지 않는다.

- 1996년에 제정된 통신법 704조는 건강이나 환경 문제가 통신 장비의 설치를 방해할 수 없다고 명시하고 있다.
- 2013년 8월 FCC는 귓바퀴 부분을 신체 말단으로 재분류했다. 이는 휴대기기에서 방출되는 전자파 인체 흡수율(SAR) 4.0W/kg이 허용됨을 의미하며, 이 값은 머리나 몸통과 같은 부분에 허용되는 SAR 1.6W/kg보다 현저히 높은 수치다.
- 전자기장 또는 RF가 임산부, 어린이, 의료기 체내 이식 환자, 또는 병약자와 같은 특수 집단에 미치는 영향을 다루는 규정은 없다.
- 중계기 안테나 또는 기타 송신기를 학교와 그 주변, 또는 기타 민감한 지역에 설치할 때 국가환경정책법(NEPA)이 규정한 환경영향평가서(EIS)는 지금까지 가치를 인정받지 못하고 있다.

연방통신위원회 규제

1900년대 초반 미국 전역에서 전기를 생산하고 공급하기 시작한 이래로, 어느 연방정부기관도 전력망의 설치를 규제하지 않았다. 지금의 스마트 설비도 당연히 규제하지 않고 있다. FCC는 9kHz이상 300GHz 이하에서 작동하는 모든 기기(정부 관할 기기 제외)를 규제한다. 정부 관할 기기는 국가정보통신관리청(NTIA)이 규제한다. 전선은 9kHz이하, 그리고 금속 탐지기(공항에서 사용하는 것과 같은)는 300GHz이상에서 작동하기 때문에 어떤 연방기관도 전선이나 금속 탐지기를 규제하지 않는다.

1934년 의회(하원)는 FCC에 기존 방송 체계를 교란시킬 가능성이 있는 전자기기와 시스템을 규제할 권한을 부여했다. 이것은 제조업체가 새로운 기기를 판매하고자 할 때 새 제품이 기존 라디오, TV, 또는 (지금의) 인터넷 방송을 교란시키지 않음을 FCC에 입증해야 한다는 의미다. 달리 말해, FCC는 일부 주파수가 전자기기에 해를 끼칠 수 있으며 어떤 장치는 기존 방송에 "유해한 방해"를 일으킬 수 있음을 인식하고 있다는 것이다. 하지만 어떤 기관도 전자기장이나 RF 영역이 생물학적 해를 줄 수 있다는 것을 인식하지 못하고 있다.

FCC 규제는 BioInitiative 보고서를 작성한 과학자들이 밝혀낸 공중보건 안전수치보다 최소 1천 배 이상 높은 전자파 방사선의 노출을 허용하고 있다.[1]

1996년에 FCC는 모바일 기기에 대해 허용 가능한 전자파 인체 흡수율(SAR)을 제정했다. 이 규정들은 공학적 필요에 기초하였을 뿐 생물학적 영향은 고려하지 않았음을 다시 한 번 밝혀둔다.

식품의약품안전청(FDA) 규제

인체에 심장박동 조절기 이식 수술이 시작되면서 처음부터 전자레인지가 교란을 일으킨다는 보고가 있었다. 이러한 보고가 있고 10여 년이 지난 1971년에 이르러 미국 식품의약품안전청(FDA)은 전자기 신호가 심장박동 조절기를 방해할 수 있기 때문에 전자레인지가 가까이 있음을 알리는 경고문 게시를 요구하기 시작했다.

1970년 FDA 방사선 보건국(현 의료장비 및 방사선 건강센터)은 전자레인지는 외부로부터 5센티미터 이상 떨어진 어느 지점에서든 SAR가 $5mW/cm^2$를 초과하지 말아야 한다고 규정했다.[2] 2013년 8월 당시 휴대폰의 경우, FCC SAR 허용 한계는 신체 말단(귓바퀴 포함) 1g 이내의 피부조직에 대해 4.0W/kg로서 전자레인지 허용한계보다 월등하게 높은 수준이다.

미국에서는 전기전자공학회(IEEE)와 국가 방사선방지 및 측정위원회(NCRPM)[3]가 안전기준을 개발하고 FCC가 그 기준에 따라 규제한다. 이러한 기관들 모두 사람의 건강보다 기술에 관심이 더 많다. 실제로 2003년, IEEE의 국제전자기안전위원회(ICES)는 "안전기준은 합리적이어야 하며, 지나친 여분의 안전도는 피하는 것이 중요하다."라고 기술하고 있다.[4]

어떤 기관도 임산부, 어린이, 의료기 체내 이식 수술자에 대한 SAR 규제 한도를 결정하지 않았다. 어떤 기관도 유선전화기를 더 이상 사용하지 않는 부모에게서 태어난 자녀의 건강이나 행동에 대해 연구하지 않았다.

FDA는 여전히 컬러TV, 베이비 모니터, 휴대폰, 와이파이를 포함한 RF 방사선을 방출하는 모든 기기를 규제할 권한을 가지고 있지만 의회(하원)는 권한을 행사할 수 있는 예산을 배정하지 않았다. 비슷하게 미국 연방환경보호청(EPA)도 환경에서 인공 전자파 방사선을 규제할 권한은 있지만 1980년대에 의회(하원)는 EPA가 규제하는데 필요한 모든 예산을 없애버렸다.

1996년 통신법

미국은 1996년 클린턴 대통령 재임 기간 중에 통신법(TCA: Telecommunications Act)이 제정되었다. 앞에서 설명한 바와 같이, TCA 704조는 주 의회와 지방자치단체는 건강 또는 환경 문제를 이유로 통신장비 설치를 거부하는 것을 금지하고 있다. 만약 그 지역 시의원이 주민들의 건강을 이유로 통신장비 설치를 거부한다면 통신회사는 관리하는 시를 상대로 고소할 수 있다.

만약 시의회에서 통신장비 설치 신청을 처리하는데 너무 많은 시간이 걸린다면, 통신회사는 시를 상대로 고소할 수 있다.

통신법에 따르면, 시는 안테나 모양이 마음에 들지 않거나 장비 설치나 외관이 재산 가치를 떨어뜨리는 경우에만 무선장비 설치 허가를 거부할 수 있다.

통신 관련 재판 사례

통신에 관련된 법과 규제들은 실제로 사람과 야생생물에 어떤 영향을 주었나? 이러한 법과 규제들은 법정에서 어떤 역할을 했나?

1990년대 후반, 한 통신회사가 버몬트 주 벌링턴 부근에 있는 라디오 송신 타워에 중계기 안테나를 설치했다. 그 후 안테나 신호가 근처에 있는 수의사가 동물을 수술할 때 바이탈 사인(생명 징후)을 모니터하는 장비를 교란시켰으며, 이 교란은 수의사가 안전하게 수술하는 것을 방해하게 되었다. 수의사는 주민들과 함께 안테나를 다른 곳으로 옮기거나 신호를 완화시켜 주길 바라는 목적으로 통신회사를 상대로 고소했다.

이 사건에 대하여 지난 2000년 제2차 순회재판관[5]들이 만약 통신회사가 FCC로부터 운영 허가를 받았다면, 인근 주민, 단체, 사업체들은 안테나의 전파 방해를 받아들여야 한다고 판결했다. 시민들은 연방대법원에 항소했으나 대법원은 사건을 기각했다. 결국 수의사는 다른 곳으로 병원을 옮겼다.

미국 코네티컷 주 부지선정위원회가 통신회사(Cellco, Verizon)에 환경영향조사도 요구하지 않은 채 환경적으로 민감한 조류서식지 부근에 셀 타워 설치 허가를 내준데 대해, 디나 재거(Dina Jaeger)라는 시민은 철새 피해를 막기 위해 셀 타워를 다른 곳으로 옮길 것을 시의회에 강력히 촉구했다. 부지선정위원회는 1996년의 통신법이 철새보호조약에 우선하고 타 기관의 개입을 불허한다는 이유로 그녀의 주장이 과학적인 연구 자료가 있음에도 불구하고 받아들이지 않았다. 그녀는 코네티컷 주와 기타 관련 주들이 새 보호를 목적으로 하는 국제철새조약에 따라 새의 이동경로와 산란부화 및 서식 장소에 통신타워 설치를 금지해 달라고 대법원에 청원했다. 하지만 2011년 6월 28일 연방대법원은 그 사건의 심리 거부를 발표했다.

2012년 한 통신회사는 캘리포니아 환경 민감 서식지 부근에 있는 기존의 분산형 안테나 시스템(DAS)[6]을 통하여 4G WiMax 설치를 요청했다. 환경 민감 서식지 부근에 새로운 셀 타워를 설치하기 위해서는 통신회사는 반드시 국가환경정책법(NEPA)에서 요구하는 환경영향평가서를 먼저 제출해야 한다. 하지만 기존에 설치된 전신주가 있는 경우는 환경영향평가가 면제된다.

인근 주민들이 분산안테나 시스템 설치를 반대하는 경우에는 FCC가 2009년 채택한 신속 추진(Shot-Clock) 규정에 따라서 지방자치단체는 동일 장소에 추가 설치할 경우는 90일 이내에, 새로운 장비를 설치할 경우는 150일 이내에 안테나의 설치 허가에 대한 가부를 결정해야 한다. 만일 지방자치단체에서 통신회사의 요청을 90일 또는 150일 이내에 최종 결정하지 않을 경우에는 장비 설치는 자동적으로 허가되도록 했다. 이렇게 짧은 기간은 적절한 공고, 공청회 또는 항소절차와 같은 지역사회 요구 조건을 만족시킬 수 없기 때문에 통신회사는 환경 민감 서식지를 비롯한 지역적 관심사를 고려하지 않고 자신들이 원하는 대로 안테나를 효율적으로 설치할 수 있다.

텍사스 주 알링턴 시는 미국 상고법원에 제5회 순회재판의 신속 추진 규정을 무효화할 것을 요청하였으나 상고법원은 이를 거부하고 유지를 결정했다. 연방대법원은 이 사건을 심리하기로 합의했다. 로스앤젤레스, 샌안토니오, 그리고 몇몇 기타 지방자치단체들이 FCC 규정에 의의를 제기한 알링턴의 도전에 합류했다. 통신회사(AT&T, Verizon, T-Mobile)와 무선기반시설협회(WIA)[7]는 FCC의 신속 추진 규정을 지지하기 위해 보고서를 제출했다. 2013년 5월 대법원은 FCC 규정과 통신회사에 유리한 판결을 내렸다.

2010년 휴대폰 안테나 신호 때문에 장애인이 된 한 전기 과민증 남성이, 미국 장애인 법(ADA) 제14차 개정안을 근거로 통신장비 설치가 그의 권리를 침해한다고 주장하면서 뉴멕시코 주 산타페 시와 통신회사(AT&T)를 상대로 소송을 제기했다. AT&T의 요청에 따라 이 사건은 주

법원에서 연방법원으로 이송되었으며, 그곳에서 판사는 TCA가 ADA에 우선한다고 판결하였다. 법률 제정 연도는 ADA(1991년)가 TCA(1996년)에 앞선다. 또 TCA가 제정되면서 그 이전에 있었던 의회의 모든 법령은 그대로 준수되어야 한다고 기록되어 있다. 하지만 연방법원은 이러한 판결을 한 것이다. 연방법원 판사는 더욱 명확하게 기술된 법(TCA)은 일반적으로 기술된 법(ADA)에 앞선 판례가 되기 때문에 TCA는 ADA에 우선한다고 판결했다. 판사는 무선통신 방사선에 의해 장애인이 된 사람들은 의회를 통하여 TCA 제704조를 개정하도록 하는 것이 최선의 방법이라고 했다. 2012년 10월, 상고법원은 이 사건이 연방법원으로 이관되지 말았어야 한다고 판결하였으며, 그래서 사건이 다시 뉴멕시코 주 법원으로 돌려보내졌다. 2013년 10월 전기 과민증 남자는 법원에 직무집행 영장을 신청하였다. 그 영장은 산타페 시가 자체 법을 시행하고 셀 타워 전자파가 심화되는 어떤 경우든 새로운 공청회를 요구하는 법원의 강제 명령을 말한다. 이 글을 쓰고 있는 지금 법원 결정을 기다리고 있는 중이다.

그 외에도 무선기기에 대한 많은 소송들이 법원을 통해 진행되고 있다. 2013년 6월 데이비드 카일(David Kyle)과 폴 오버렛 (Paul Overett) 법률 사무소는 스마트 미터가 건강에 미치는 영향(두통, 기력 저하, 이명, 암, 심장 마비, 체내이식 의료기 교란 등)에 관하여 캘리포니아의 가스전기회사(PG&E와 SC Edison[8])를 상대로 집단 소송을 제기했다. 메인 주와 일리노이 주 내이퍼빌에 사는 시민들도 스마트 미터에 대항하는 소송을 하고 있다. 오리건주 포틀랜드시 소송 사건은 공립학교에서 와이파이가 당뇨병 어린이에게 주는 영향에 관한 것이다.

법에 대한 또 다른 도전

미국은 거의 모든 지역이 군과 경찰 레이더, 와이파이, 모바일 기기, 중계기 안테나, 스마트 미터, 기타 송신기 등에서 나오는 RF 영역에 만성적으로 노출되고 있다. 그러나 일부 시민들만 연방정부의 법과 규제에 이의를 제기하고 있다. 다음은 그들의 이야기다.

조티나 디제나로(Jo-Tina DiGennaro), 뉴욕 주

나는 뉴욕 주 롱아일랜드의 작은 마을 베이빌에 살고 있다. 1992년부터 주민에게 적절한 공고도 없이 급수탑에 안테나가 설치되기 시작했다. 2009년경에는 60개에 가까운 안테나가 설치되었다. 초등학교 건물은 급수탑에서 15미터 정도 떨어져 있다. 2000년에서 2007년 사이에 우리 마을에서 네 명의 아이들이 백혈병 진단을 받았고, 또 다른 아이는 뇌종양 진단을 받았다. 이 다섯 명의 아이들 중 세 명이 사망했다. 어느 순간 21명의 교직원 중 7명이 각종 암에 걸렸다. 작은 마을에서 이러한 현상은 매우 높은 소아 백혈병과 암 발병률인 것이다.

그 안테나로 인해 이런 일이 생겼을까? 그 안테나가 학교 전선에 고주파를 흐르게 했을까? 안테나 장비들이 수도관에 전류를 흐르게 했을까?

우리는 모른다. 하지만 안테나 근처에 살고 있으면서 학교 다니는 자녀와 손주가 있는 우리들로서는 매우 우려된다.

당시 우리 시장은 공적 및 사적인 모임에서 안테나가 우리 아이들을 위험에 빠뜨린다는 믿음은 완전히 근거 없는 것이라고 거듭 말했다. 마을 이사회에서 급수탑에 경찰용 안테나를 추가로 더 설치하자는 찬반투표(찬성 5표, 반대 2표)를 하고 나서, 몇몇 주민들은 동요하기 시작했다. 당시 9개월이 된 아기가 있는 한 남자가 앞 계단에서 안테나 소리를 들을 수 있었다며 걱정스런 발표를 시작했을 때, 그는 나중에 하라면서 발언을 제지당했다. 경찰이 그를 건물 밖으로 데리고 나갔다.

우리는 후회를 최소화할 수 있는 방법을 원하기 때문에 베이빌에 사는 대다수의 주민들은 안테나의 제거를 원하고 있다. 하지만 통신법 때문에 우리는 마을 공무원들과 자유롭게 대화도 못하고 안테나가 우리 건강에 문제를 일으키는지에 관하여 질문도 할 수 없었다.

우리 마을 급수탑은 상업적인 목적으로는 절대 사용될 수 없다는 조건하에 마을에 기증된 땅위에 설치되었다. 기부 약정서에는 그 땅에 설치되어 있는 것으로부터 1.6킬로미터 이내에 있는 어느 누구로부터도 그것이 위험하다거나, 공격적이거나, 불쾌하게 여겨져서는 안 된다고 명시되어 있다. 급수탑 위쪽 공간을 장기 임대하는 것은 베이빌 마을과 통신사에 경제적 이익(상업적 목적)을 제공하고 많은 사람들이 급수탑 위에 있는 통신장비가 위험하다는 것을 알기 때문에 우리는 마을과 통신사를 상대로 안테나 철거를 목적으로 문제를 제기했다.

하급 법원에서는 우리에게 불리한 판결을 내렸다. 우리는 이 문제를 상급 법원에 항소하고 싶었지만 더 이상 비용을 충당할 수가 없었다. 하지만 관련된 다섯 개의 통신회사들은 필요한 만큼 계속할 수 있는 경제적 여력이 있었다.

분명히 말해 1996년의 통신법은 통신회사들을 보호한다. 하지만 일반 시민들에게는 아무런 보호도 없다.

그런데 한편으로는 통신장비가 주는 건강피해를 우려하는 사람들보다 더 넓은 범위에 더 수신이 좋은 통신을 원하는 사람들이 많다고 한다. 국토 전역에 걸쳐 급수탑과 기타 구조물들이 안테나로 덮여있다. 타워 부근에서 측정되는 전자파는 FCC 가이드라인을 초과하는 것으로 BioInitiative 보고서 연구진이 안전하다고 판단하는 수준보다 1천배는 높다. 그래서 안테나 가까이 사는 주민들과 학교에 다니는 아이들, 그리고 급수탑 관리원들을 걱정하지 않을 수 없다.

뎁 카르니(Deb Carney), 변호사, 콜로라도 주

콜로라도 골든의 룩아웃 마운틴(Lookout Mountain)에 TV와 라디오 타워들이 처음으로 세워졌을 때 대다수 주민들은 보기 싫다고 여겼지 위험할 것이라고는 생각하지 않았다. 그리고 정부 규제가 우리를 보호한다고 믿어 왔다. 지역에 사는 과학자, 의사, 변호사, 엔지니어들이 오랜 시간 안테나가 건강에 미치는 영향을 연구한 후에야 우리는 보호받지 못했다는 것을 알게 되었다.

우크라이나에서는 FCC와 같은 기관이 신호 전송 체계의 기술적 측면을 다루고 시민의 건강 보호는 다른 기관에서 한다는 것을 알게 되었다. 미국에는 시민의 건강 보호를 담당하는 기관이 없다.

국립보건원의 예산 지원으로, 두 대학의 과학자들이 300명의 주민들로부터 혈액 샘플을 채취했다. 우리는 전자파에 대한 노출이 증가함에 따라 백혈구도 증가한다는 것을 알게 되었다. 과학자들은 FCC 허용치보다도 100배나 낮은 전자파 수준에도 혈액 샘플에 생물학적 영향이 있음을 발견했다. 룩아웃 마운틴 근처에 사는 뇌종양 환자들은 TV/FM 타워와 직접적인 가시거리에 살고 있었다. 과학자들은 연구 결과를 발표했다.[9] 1999년, 콜로라도대학교 방사선 종양학과에서 "과학적 데이터 없이 제퍼슨 카운티(Jefferson County) 주민들을 이러한 수준의 방사선에 노출시키는 것은 부당하다고 생각한다."라고 발표했다.

8년 동안 골든 지역 시민들은 룩아웃 마운틴에 설치하려는 220미터 높이의 새로운 방송 중계기를 효과적으로 막았다. 이 중계기는 콜로라도 주 덴버 전 지역에 디지털 신호를 전파하도록 설계되었다. 골든 지역 주민들과 관계자들은 전자기파 증가는 시민들의 건강에 악영향을 주고, 산의 경관을 해칠 뿐만 아니라 인근 가정과 기업에 전기적 교란을 일으킬 것이라고 우려했다. 우리는 새로운 방송타워 설치를 원하지 않는 3천여 주민들의 사인을 받았다.

2006년, TV 방송국들은 최고 행정부 관리와 주요 공화당 및 민주당 하원의원들과 지속적으로 전문직 관계를 유지하는 로비 그룹[10]을 고용했다.

2006년 12월 9일 토요일, 오전 2시 9분에, "논란의 여지도 없는" 법안이 청문이나 토론도 없이 상원(후에는 대통령 인준)을 통과했다. 이 법안으로 인하여 룩아웃 마운틴에 설치된 탑들에 대한 지역의 구역 통제를 선점하게 되었다. 12월 22일 대통령 부시가 이 법안에 사인함에 따라 법으로 제정되었다. 골든 지역에 이러한 일이 발생했다면 이는 어디서든지 발생할 수 있는 것이다.

제프 스톤(Jeff Stone)

나는 소도시 시청의 토지 이용 및 계획 부서에서 일하고 있다. 최근에 한 통신회사가 이곳 교회의 첨탑위에 안테나 설치를 제안하였다. 그 교회는 유치원을 운영하고 있었다. 학부모들은 안테나 설치를 반대했다. 하지만 교회 이사진들은 재정적 도움 때문에 첨탑을 통신회사에 임대해 줌으로서 생기는 돈을 원했다.

토지이용법규를 준수해야 하는 공무원으로서, 나는 안테나 설치를 허용하는 것과 허용하지 않을 경우 통신회사가 시를 상대로 제기할 소송 사이에서 무엇을 선택해야할지 고민하게 되었다. 통신회사는 법을 따르지 않는다는 이유로 소송할 것이고 결과는 이길 것이 뻔하다. 여기에 우리 시는 소송에 맞설 만한 재원도 없다.

이 사건을 통해 내가 알게 된 것은 전자파를 우려하는 시민들은 통신회사가 부동산 소유주에게 안테나 설치에 필요한 공간에 대해 임대를 제의하기 전에 이웃들을 교육시켜야 한다는 사실이다. 그리고 통신법 704조 개정을 위한 의회(하원) 청원을 해서 모든 지역사회가 안테나 설치에 대한 저지 대책을 스스로 세울 수 있도록 해야 한다.

게리 올레프트(Gary Olhoeft, Ph.D.), 지구물리학자 및 전기공학자

미국인의 10퍼센트가 의료기 체내 이식 수술을 받은 사람임에도 불구하고 어떤 기관도 가까이 있는 무선기기로 인해 이들에게 나타나는 피해 사례를 연구하지 않고 있다. 대다수의 의료기 이식 수술을 한 사람들이 비행기를 탑승하거나, 엘리베이터 안에서 휴대폰 사용자와 함께 있거나, 또는 도서관이나 쇼핑센터의 보안 문을 통과할 때 이식된 의료기가 제대로 작동하지 않는 것(작동 정지 포함)을 느낄 것이다. 지금까지 어떤 기관도 심부 뇌 자극기나 심장박동 조절기 이식 수술을 이미 받은 사람이 추가로 달팽이관 이식 수술을 받았을 때 이러한 기기들 간에 발생할 수 있는 교란에 관해 연구하지 않았다.

우리는 의료기 이식 수술을 받은 사람들의 취약성에 대해 많은 대중들에게 알려야 할 필요가 있다. 또한 전자기파 방출을 제한하는 규제도 필요하다. 우리는 전자기파의 "간접적인" 노출에 대해 기준을 설정해야 할 필요가 있다. 예를 들어, 금속으로 둘러싸인 엘리베이터 안에서 휴대폰 사용자와 함께 있는 의료기 체내 이식 환자는 특별히 위험할 수 있기 때문이다. 보안 및 와이파이 장치(지금은 보이지 않고 벽 뒤에 숨겨져 있는)가 있는 쇼핑센터나 그 외 기타 장소는 적어도 의료기 이식 수술을 받은 사람과 무선주파수 장애가 있는 사람들에게 잠재적 위험이 있다는 경고문을 붙여야 한다.

이러한 경고에는 1970년대 FDA가 전자레인지 제조업체에게 요구하기 시작한 것이 모범 사례가 될 수 있다. 당시 제조업체들은 전자레인지는 전자파가 누출될 수 있고 잠재적 위험을 유발할 수 있다는 사실을 심장박동 조절기 이식 환자에게 경고했다. FDA는 여전히 전자레인지를 규제하고 있으며, 대부분의 전자레인지는 휴대폰보다도 적은 전자파를 누출한다. 현재 모든 휴대폰은 전자레인지보다 높은 전자파 인체 흡수

율(SAR)을 허용하고 있다.[11]

산드라 치아포니(Sandra Chianfoni)

www.sandaura.wordpress.com, 매사추세츠 주

1999년 900여 가구가 사는 교외지역에 집을 샀다. 2006년 가을을 지나면서 우리 가족들은 집의 모든 방에서 계속되는 소음을 들었고, 집 밖에서도 소음 없이는 새와 바람 소리를 들을 수 없었다. 소음으로부터 자유롭고자 고가의 헤드폰과 이어폰을 구입했지만 그 소음은 걸러지지 않았다. 잠을 자기 위해 소음을 흡수할 수 있는 선풍기를 틀어놓았다. 나는 종종 라디오를 켜놓았다 그렇지 않으면 소음이 나를 감싸버릴 것 같았다. 겨울철에도 책을 읽기 위해 머리맡에 선풍기를 돌렸다. 어디서든 고요함을 찾을 수가 없었다. 우리 가족은 7년간 제대로 수면을 취할 수가 없었다.

우리 집에 뭔가 잘못되었다는 생각을 한 지 일 년 후, 우리는 전력품질 엔지니어를 불렀다. 그는 우리 집 전선에서 60Hz 교류 전기의 끊임없는 고조파 왜곡이 전기전자공학회(IEEE) 허용치의 두 배가량 일어나고 있음을 발견했다. 그 후 우리는 공인된 과학수사전문 오디오 엔지니어에게 의뢰를 했다. 그는 우리 집에서 녹음된 소리, 6.5킬로미터 떨어진 곳에서 녹음된 소리, 그리고 우리 마을 전역에서 정전이 일어났을 때 녹음된 소리를 분석했다. 이 엔지니어는 250Hz의 좁은 옥타브 밴드에서 217Hz의 일정한 소음이 측정된다고 했다. 그는 이 소음이 생물학적으로 활성적이고 유해하고 유독한 "순음(Pure Tone) 주파수"[12]라고 했다. 이것은 스마트 그리드(송전망)의 한 영역에 속하는 것으로 전력회사들은 정전 시에도 이 주파수를 데이터 통신하는데 사용한다.

이것이 내가 듣는 윙윙거리는 소리의 원인일까?

1972년 연방환경보호청(EPA)은 소음의 악영향으로부터 근로자의 건강을 보호하기 위해 순음의 노출 한계를 규정했다. 매사추세츠 주 환경보호국(DEP)이 1990년에 채택한 규정에 의거하여 나는 주정부 공공시설 규제기관인 DEP와 공중보건당국을 상대로 민원을 제기했다. 이유는 우리 집 순음이 불법적이고, 내가 제대로 수면을 취할 수 없을 뿐만 아니라 스마트 그리드에서 급증하는 전력이 우리 집의 전기 시스템에 높은 수준의 전기오염을 일으키는 원인이 되기 때문이다.

DEP는 순음에서 방출되는 것과 같은 극저주파도 건강에 영향을 미친다는 것을 알고 있으면서도 민원에 대해 아무런 조치를 취하지 않았다. 규제당국은 나에게 소음의 원인을 알려달라고 했다. 그들은 연방통신위원회(FCC)와 관련되려 하지도 않았고 내가 의뢰했던 엔지니어들과 인터뷰도 하지 않으려 했다. 그리고 나의 민원을 마감해버렸다.

내가 신청한 민원은 미국 전역에서 일어나는 문제를 위해 재검토되어야 한다. 오늘날 송전 그리드는 연속적인 안테나 역할을 하고 있다. 전세계적으로 스마트 그리드가 작동하는 곳에서는 개인 및 공공장소에 유해한 순음을 방출할 것이다. 풍력 터빈 또한 방해 소음을 방출한다. 요즘에는 일상적으로 점차 불안해지고, 수면을 취할 수 없으며, 주택 구매(혹시 순음 소리가 들릴까)를 두려워하며, 소음으로 인해 자살 충동까지 느끼는 사람들이 세계 곳곳에 있다는 소식을 접하게 된다. 개인이 소음과 싸운다는 것은 상식 밖의 일이다. 하지만 규제기관들이 보호 법안을 시행할 때까지 우리는 지겨운 소리에 시달려야 할 것이다.

조시 하트(Josh Hart, MSc.), StopSmartMeters.org, 캘리포니아

전기회사들이 전국에 설치한 스마트 미터는 각종 위험한 요소들을 가지고 있다. 전통적인 아날로그 계량기에는 전자부품이 없지만 디지털 스마트 미터는 스위치 모드(Switch-Mode) 전력공급방식에 의해 작동된다. 스마트 미터는 전기를 사용하는 가정, 학교, 병원 및 사무실 건물로 보내는 마이크로파를 방출한다.

아마 스마트 미터는 에너지를 절약하도록 설계되었을 것이다. 하지만 에너지 절약 효과도 없다. 일례로, 미국 퍼시픽 가스전기회사(PG&E: Pacific Gas & Electric, 미국 최대 전력회사 중 하나)가 납세자들의 세금 수십억 달러를 들여 스마트 미터와 데이터 저장 시설을 설치했지만 이 회사의 2010년 보고서[13]를 보면 에너지가 전혀 절약되지 않은 것을 알 수 있다.

스마트 미터 반대자 모임[14]은 스마트 미터가 집에 설치된 후 발진, 두통, 메스꺼움, 현기증, 이명, 불면증, 코피, 화끈거림, 그 외 여러 증상을 느끼는 수많은 사람들로부터 1천 건이 넘는 보고를 받았다. 캘리포니아 공공시설위원회[15]에는 1만 건이 넘는 민원이 접수되었다.

전 세계적으로 스마트 미터로 인해 발생하는 화재가 거의 매일 보도되고 있다. 전자파 안전네트워크[16]에서는 이러한 화재와 폭발사고를 조사했다. 화재로 인해 사망자가 발생했고, 어떤 사람들은 집을 잃게 되었다. 화재 원인은 설치가 조잡하게 이루어졌기 때문일까? 아니면 집의 전기 배선이 미터와 호환이 되지 않기 때문일까? 우리가 여기에 답을 하려면 독립적인 조사가 필요하다. 한편으로는 미터가 달려있는 소켓이 건물 소유주 재산으로 간주되기 때문에 보험회사들은 스마트 미터 설치에 대해서 보험을 들어주지 않을 것이다.

스마트 미터는 개인의 사생활을 침해한다. 고객이 전기, 가스, 수도를 사용하는 것에 대한 상세한 데이터를 제공함으로써 매일 일정을 공개한다. 이 정보는 요금 납부자의 일상적인 습관을 알려줄 수 있다. 캘리포니아를 비롯한 기타 주들은 데이터를 납부자의 동의 없이 제3자에게 판매되고 있다.

더 많은 스마트 미터가 설치되는 것을 막기 위한 캠페인에 대응하기 위해 산업체는 "옵트 아웃(opt-out)" 프로그램을 만들었다. 이것은 아날로그 미터를 그대로 유지하거나 다시 복원시킬 경우 소비자들에게 그 비용을 부담시키는 제도다. 우리는 이 프로그램을 지지할 수가 없다. 만약 미터가 위험한 것이고 디지털 미터가 정말로 위험하다면 누구도 그러한 위험에 노출되어서는 안 된다. 옵트 아웃 프로그램은 수입이 적은 서민을 차별하게 되며, 이웃에 여러 개의 미터가 있는 경우는 옵트 아웃에 비용을 지불했던 안 했던 상관없이 미터에서 방출되는 전자파와 씨름해야 하는 것이다.

모든 사람들은 자신의 집에 스마트 미터를 달아야 한다는 법은 지금까지 만들어지지 않았다. 사람들은 자신의 집과 학교에 위험한 것, 전자파 방출, 그리고 감시 장치를 거부할 권리가 있다.

현재로는 공공서비스(유틸리티) 기업은 납부자들로부터 돈을 받아서 이윤을 주주들에게 분배하는 투자자 소유 구조다. 그래서 전기, 가스, 수도의 안전한 공급이 필요한 사람들에게는 위기이자 기회가 될 수 있다. 디지털 스마트 미터는 모두 회수되어야 한다. 우리는 안전과, 건강 그리고 삶의 질을 최우선 과제로 생각해야 한다. 그리고 이산화탄소 배출을 줄여나가기 위해서는 가정과 지역사회에서 각각의 특성에 맞는 실질적인 방법을 찾아야 한다.

연방정부와 전자파 건강

일반 시민들이 가정과 학교, 그리고 이웃을 전자파로부터 보호하기 위해 투쟁하는 동안 전자파 방사선 정책연구소(EMRPI)는 법무성(DOJ), 연방통신위원회(FCC), 식품의약품안전청(FDA), 회계감사원(GAO), 과학아카데미(NAS), 직업안전건강관리청(NIOSH), 국가정보통신관리청(NTIA) 등을 포함하는 연방정부기관에 무선주파수(RF) 영역의 노출이 건강에 미치는 영향에 관해 문제점을 지적했다. EMRPI는 순회항소법원에 여러 사건을 제소했다. 연방대법원을 통해 세 건의 이송명령 탄원서를 접수했지만 아무것도 받아들여지지 않았다.[17]

EMRPI의 사건 제기에 대한 답변으로 FCC는 하원과 연방법원에 RF 영역의 노출에 따른 건강 영향에 있어서 자신들이 전문지식이 없다는 주장만 반복했다. 다음은 EMRPI 회장 자넷 뉴톤(Janet Newton)이 정리해둔 RF 영역 노출과 보건정책에 관한 연방정부의 기록이다.

1995년

미국 하원 기술평가국(OTA)[18]은 "무선기술과 국가 정보기반시설" 이라는 보고서를 냈다. 그 보고서에는 "호환성 문제를 갖고 있는… RF의 의도치 않은 영향은 차단막을 치거나, 사람들과 민감한 장비로부터 RF를 멀리 하거나, RF 방출 기기의 변조 방식을 바꿈으로써 대부분 해결할 수 있다." 고 명시하고 있다. 그러나 복잡한 작동 특성을 가지고 있는 소형 무선기기들이 광범위하게 설치됨으로 어느 순간 시스템 작동 오류로 이어질 방해를 유발할 가능성이 있다. 다수의 기기들과 사용되는 방법의 다양성, 그리고 발생할 수 있는 상호작용의 복잡성 등으로 인해 모든 요소의 조합을 점검하거나 잠재적인 문제점들을 예측하기란 불가능한 일이다.

1997년

1997년 FCC는 전기전자공학회(IEEE)의 RF 노출기준설정 소위원회가 정한 노출수준을 기준으로 채택했다. 하지만 1999년에 와서 무선주파수 관계기관 공동작업단(RFIAWG)은 IEEE가 정한 기준에서 14가지 결함을 발견했다. 기준은 아래와 같은 결함을 포함하고 있다.

- RF 영역의 인간 노출 연구에 기초한 것이 아니다.
- 변조된 RF 방출에 대한 노출 연구에 기초한 것이 아니다.
- 뇌, 골수, 심장, 피부 등 신체 조직이 RF 영역에 노출됨으로 인해 어떻게 또는 각각 다르게 영향을 받는지를 고려하지 않았다.

- 낮은 강도의 RF 영역에 만성적, 반복적, 그리고 장기간 노출되는 경우는 고려하지 않았다. 고강도에서 겨우 6분간(휴대폰으로) 노출이 된 경우만 다루고 있다.
- 건강 영향에 관한 권위 있는 연구 논문들을 고려하지 않았다.
- 낮은 수준의 장기 노출, 신경 및 행동 영향, 암과 관련된 소핵시험법(Micronuclei Assay) 연구는 제외되었다.

RFIAWG의 지적에도 불구하고, 의회(하원), FCC, FDA, IEEE는 이러한 결함을 언급하지 않았다.

1999년

FDA는 무선주파수(RF) 방사선을 국가독성프로그램(NTP)의 연구 주제로 지정했다. FDA는 "비가열 수준의 마이크로파 방사선이 비교적 짧은 시간 동안 노출로 유해한 영향을 주기 않기 때문에 장기적으로도 건강에 해로운 영향을 주지 않을 것이라고 보장한다는 것은 과학적으로 있을 수 없는 일이다."라고 명시했다.

15년 후인 2014년에도 NTP연구는 "진행 중"이다. 이 연구에서는 휴대폰에 대한 노출만 언급하고 있다 - 중계기 안테나, 와이파이, 그리고 스마트 미터에 관한 언급은 없다.

2001년

정부회계감사원(GAO)은 보고서[19]를 통해 "휴대폰이 의료 문제를 일으킨다는 것은 소설"이라고 한 FCC 성명을 비판했다. GAO 보고서는 "휴대폰의 인체 건강에 위험 초래 여부에 관한 확실한 결론을 얻기에는 앞으로도 아주 많은 시간(여러 해에 걸친 조사)이 더 걸릴 것"이라고 결론지었다. GAO의 비판에 대하여 FCC의 공학기술사무국은 "그렇게 묘사하는 것은 건강 문제가 해결되었음을 암시하기 때문에 오해의 소지가 있다."라고 하며 동의했다.

2003년

RFIAWG는 IEEE가 제안한 휴대폰 안전기준 변경에 대해 세 가지 추가 결함이 있음을 확인했다. IEEE 제안에는 다음과 같은 결함이 있다.

- 귓바퀴를 발이나 발목, 손처럼 몸의 말단 부분으로 분류함으로써 귀의 바깥쪽이 더욱 많은 전자파에 노출되도록 했다.
- 이론적 근거도 없이 RF 영역에 노출 기준을 느슨하게 했다.
- 설명도 없이 노출 조직의 형태에 따른 차이점을 무시했다.

RFIAWG는 이러한 결함 지적에 관해 아무런 회신도 받지 못했다.

2005년

국가독성프로그램(NTP)은 FDA가 선정한 RF 방사선의 인체 노출에 관한 연구가 필요한 이유를 다음과 같이 설명했다. "만성적 노출에 의한 비가열 효과로부터 인체를 보호하기에 이러한 가이드라인이 적합한

지에 대하여 명확한 결론을 내리기에는 지금까지 자료로는 충분하지 않다. 또한 지금까지 이루어진 실험실 연구 결과들을 검토한 대부분의 과학단체들은 낮은 수준의 RF 방사선 노출이 인체에 암을 유발할 가능성이 있음을 입증하기에는 충분하지 않다는 결론을 내렸다. 그래서 장기적이고 다양한 수준의 노출이 이루어지는 동물 연구가 필요하다."

2007~2008년

FDA와 휴대폰 및 인터넷 협회(CTIA)의 요청에 따라, 국립과학아카데미(NAS)는 연구 보고서를 준비하는 과정에서 RF 방사선 노출에 관한 연구의 필요성을 확인하는 워크숍을 개최했다. NAS 보고서는 RF 방사선에 대한 FCC 안전정책 연구배경에는 공중보건[20]을 위해 필요한 다음과 같은 요인들을 고려하지 않고 있음을 지적하고 있다.

- RF 방사선의 단기 및 장기 노출의 차이
- 펄스 RF 방사선에의 노출
- 다양한 각도로부터 노출
- 다중 주파수 노출
- 비가열 효과
- 어린이, 임산부, 노인, 병약자, 의료기 체내 이식 수술자에서 나타나는 위험의 차이
- RF 방사선 노출이 다른 물리화학적 요인이 주는 생물적 영향을 변화시키는지 여부

RFIAWG와 NAS 패널조사 결과는 FCC의 RF 노출규제 연구 기록에 나타나는 결함을 상세히 설명하고 있다. FCC의 연구 기록은 오늘날 거의 모든 사람들이 언제 어디에서나 방사선에 노출되는 환경을 고려해볼 때 신뢰할 만한 안전정책을 수립하기에는 적합하지 않다.

2009년

FDA의 요청에 따라 BioInitiative 보고서[21] 편집자는 RF 방사선의 비가열 효과에 대한 비공식적인 브리핑을 했다. 이에 대하여 FDA는 BioInitiative 보고서의 연구내용과 분석결과를 평가하거나 문제점을 지적하기 위한 아무런 조치도 취하지 않았다.

2012년

GAO는 "통신: 휴대폰 노출 및 실험 요건은 재평가되어야 한다."라는 보고서[22]를 발표했다. 이 보고서에 따르면 FCC는 지금의 무선주파수 노출기준을 재평가해야 하고, 필요하다면 바꿔야 한다. 또한 일반적인 사용 형태(특히, 휴대폰을 신체 반대 방향으로 잡을 때)를 고려하여 휴대폰 실험 요건도 변경해야 한다. FCC는 현재 고려중인 문서 초안에 GAO의 권고 사항을 다룰 가능성이 있다고 밝혔다.

2013년

정부가 해야 하는 일은 산업체가 져야할 부담에 상관없이 일반 대중을 보호해야 하는 일이다. 하지만 2013년 3월에 발표한 FCC 자료[23]를 보면 "산업에 과도한 부담을 주지 않으면서 일반 대중을 적절하게 보호하는 것" 이 FCC의 의도라고 밝히고 있다.

6월 4일, FCC는 RF 노출 한도 및 정책에 대한 재평가 필요 여부를 결정하기 위해 조사 공지(NOI: Notice of Inquiry)를 연방정부 관보에 게시했다. NOI는 최근에 있었던 연구와 RF 기기 및 용도의 변화 특성을 인정하고, FCC 기준과 정책의 우선순위에 초점을 두고 있다. 여기에는 FCC의 기본적인 노출 가이드라인과 장비 승인과정 및 정책적인 측면을 포함하고 있다. 왜냐하면 이러한 사항들은 FCC 규정이 채택된 이후 나타난 이러한 변화의 관점에서 무선주파수 노출에 관련되어 있기 때문이다.

자넷 뉴톤(Janet Newton), EMRPI 회장

실제로 FCC가 자신들의 RF 노출기준과 정책을 재평가하고 "최근 몇 년간 이루어졌던 연구와 RF 기기와 용도의 변화 특성" 을 인정하기에는 지금이 적절한 시기다. 지금 FCC의 RF 정책을 뒷받침해주는 연구는 1987년 이전에 이루어진 것이다. NAS, RFIAWG, FDA, 그리고 NTP에서 나온 발표는 FCC의 RF 규제가 기초로 하는 연구 기록은 미흡한 점이 많다는 것을 잘 보여주고 있다. 예를 들어, 지금까지 낮은 강도의 RF 방사선에 대한 장기간 노출부터 미국인들의 다양한 그룹에서 나타날 수 있는 여러 건강 악영향에 관해서 그 연구 기록은 충분한 답을 하지 못한다는 것이다. 다시 말하면 FCC의 가이드라인은 불완전한 연구를 바탕으로 하고 있다.

산업계 대표자가 "우리는 FCC 기준을 준수합니다." 라고 말할 때 그들은 진실을 왜곡하고 있는 것이다. 왜냐하면 FCC는 가이드라인에 따라 운영할 뿐이고 가이드라인은 기준과 일치하지 않기 때문이다. (기준은 인체 노출 연구에 기초를 두고 가이드라인은 인체 없이 하는 연구에 기초를 둔다.) 산업계 대표자들이 "여러분들은 전혀 걱정할 것이 없습니다." 라고 할 때 우리는 그들의 가이드라인에 대한 과학적 근거에 관해 물을 수 있다.

8.2 건강과 생태계를 위한 법

휘트니 세이모어 주니어(Whitney N. Seymour Jr)가 통신법 704조의 개정 초안을 작성했다. 그는 미국 뉴욕 주 변호사, 뉴욕 주 상원 의원, 천연자원보호위원회 공동설립자로 활동했다. 세이모어 개정안은: "제704조(47 U.S.C.s 332[c] [7] [B] [iv])는 다음과 같이 개정 된다: 개정안에 포함된 어떤 것도 주 또는 지방 정부 또는 그로 인해 만들어진 기관이 학교, 놀이터, 보육 시설, 주거 공동체, 의료 시설 또는 이와 유사한 구역 또는 시설에 가까이 그러한 시설(무선주파수 방사선 방출 시설)을 설치하는데 있어 합당한 사전예방책을 채택하는 것을 금지해서는 안 된다." 라고 명시하고 있다.

세이모어 개정안은 통신장비 주변에서 생활하는 주민들의 복지여건을 보호하는 지방정부의 구역설정 권한을 복원시킬 것이다. 이번 개정안에 의해 새로운 비용을 발생시킬 것도 아닐 뿐만 아니라 업계에서는 기존에 설치된 장비로 인해 법정 소송으로 이어지는 것도 아니다.

EMRPI는 개정안을 옹호하며 함께해 줄 지지자를 찾고 있다.

휴대폰 알권리 법

의회(하원)는 모바일 기기에 대한 정보 표시를 요구하는 법안을 통과시킬 수 있었다. 2012년에 당시 하원의원이었던 데니스 쿠시니치(Dennis Kucinich)에 의해 도입된 휴대폰 알권리 법(HR 6358)은 EPA(FCC가 아닌)에서 모바일 기기의 안전기준 수립을 요구하며, EPA는 이러한 기준을 생물학적 필요에 기초하여 2년마다 개정하도록 하고 있다. 이법은 무선기기 방사선이 야기하는 건강과 환경영향에 관한 연구를 지원하기 위한 예산도 배정했다. 2012년 12월 미국 소아과의사회(AAP)는 휴대폰 알권리 법(The Cell Phone Right-to-Know Act)을 공개적으로 지지했다.

2012년에는 의회는 휴대폰 알권리 법안을 통과시키지 않았지만, 현 의원들이 이 법안을 재상정할 수 있다. 번역을 진행하고 있는 지금(2018년 7월)도 이법은 통과되지 않고 있다.

유해 간섭이라는 용어 정의 확장

2013년 6월 FCC가 새로운 방출 기준을 발표했을 때, "유해 간섭"이라는 용어의 정의에는 통신방송에만 적용되며 생물학적 유해성을 포함하지 않는다는 것을 인정하고 있다.[24] (이때 나온 기준에 의해 귓바퀴를 말단으로 재분류함에 따라 휴대폰의 허용 SAR를 높이게 되었다.) 사실 지금의 규제에는 건강에 관한 것을 포함할 필요가 있다.

FCC 2013년 조사 공지(Notice of Inquiry)에 대해 EMRPI는 생물학적 유해를 다음과 같이 정의할 것을 제의했다. 유해 간섭이란 사람과 동식물 또는 생태계의 생물학적 기능을, 위험하게 하거나, 저하시키거나, 중단시키거나, 반복적으로 방해하며, 결과적으로 건강상의 악영향 또는 의료기기의 오작동을 초래하는 전자기장 또는 무선주파수에 대한 급성, 만성 또는 장기간 노출을 포함한다.

생물학적 유해 간섭에 대한 EMRPI의 전체 정의는 제11장(해결책)에 나와 있으며, FCC에 대한 EMRPI의 총괄 논평은 EMRPolicy.org를 참고하라.

자넷 뉴톤(Janet Newton), EMRPI 회장

만약 규제기관들이 RF의 생물학적 영향을 인정하고, 모바일 기기 사용과 서비스를 우리가 획기적으로 줄였다면 사회가 어떻게 되었을지 많은 사람들은 궁금해 한다. 나는 사회가 무선기기 이전 시대에 했던 것처럼 되었을 것이라 예상한다. 우리는 전화를 걸고 이메일을 보내기 위해 다시 유선으로 연결된 기기 앞에 앉게 될 것이다. 그리고 훨씬 풍부한 인간관계로 돌아갈 것이다.

1954년 브라운 대 교육위원회[25] 사건에서 플레시 대 퍼거슨의 판결이 뒤집혔을 때, 우리가 다른 피부색의 사람들을 위한 "분리되었지만 동등한" 화장실과 학교 없이 어떻게 살아갈 수 있을지 아무도 몰랐다. 그러나 우리는 살았고 발전해 왔다. 이제 국민의 건강과 생태계에 도움이 되지 않는 통신법을 개정해야할 때가 왔다.

주석 및 참고문헌

1. http://www.BioInitiative.org.
2. http://www.accessdata.fda.gov/scripts/cdrh/cfdocs/cfcfr/CFRSearch.cfm?fr=1030.10.
3. NCRPM: National Council for Radiation Protection and Measurements https://ncrponline.org/
4. J. M. Osepchuk and R. C. Petersen, "Historical review of RF exposure standards and the International Committee on Electromagnetic Safety (ICES),"Bioelectromagnetic Supplement, suppl. 6 (2003): 7–16.
5. U.S. Second Circuit (http://www.ca2.uscourts.gov/about_the_court.html)
6. DAS: Distributed Antenna System(https://en.wikipedia.org/wiki/Distributed_antenna_system)
7. WIA: Wireless Infrastructure Association, formerly known as Personal Communications Infrastructure Association(PCIA) (http://wia.org/)
8. SC Edison, Southern California Edison (www.sce.com)
9. J. B. Burch et al, "Radio frequency nonionizing radiation in a community exposed to radio and television broadcasting,"Environmental Health Perspectives, vol. 114, no. 2 (2006): 248–253; J. S. Reif et al, "Human responses to residential RF exposure: Final report,"Environmental Health Perspectives, 8.23.05.
10. Wiley Rein & Fielding (https://www.wileyrein.com/)
11. Professor Olhoeft speaks on "Electromagnetic Interference and Medical Implants"; at www.youtube/com/results?search_query =olhoeft&sm#12.
12. Pure Tone Frequency http://www.indiana.edu/~p1013447/dictionary/tone.htm
13. Demand Response and Energy Conservation Annual Report, PG&E, 2010
14. Stop Smart Meters (http://StopSmartMeters.org)
15. California Public Utilities Commission (http://www.cpuc.ca.gov/)
16. EMF Safety Network (http://EmfSafetyNetwork.org)
17. www.emrpolicy.org/litigation/case_law/index.htm
18. U.S. Congress Office of Technology Assessment (http://ota.fas.org/)
19. gao.gov/new.items/d01545.pdf
20. nap.edu/catalog. php?record_id=12036.
21. C. Sage and D. Carpenter, MD, BioInitiative Report 2012 press release, 1-7-2013.
22. Report GAO-12-771, Telecommunications: Exposure and Testing Requirements for Mobile Phones Should Be Reassessed, 2012

23. FCC 13-39 First Report and Order
24. http://www.commlawblog.com/2009/01/articles/broadcast/finding-the-harm-in-harmful -interference/; posted by Mitchell Lazarus.
25. http://www.uscourts.gov/educational-resources/educational-activities/history-brown-v- board-education-re-enactment

제9장

골리앗을 향한 투쟁

무선통신기술이 나온 후 제기되는 인체 건강과 자연생태계 피해를 정부와 산업계는 부인하거나 보류하고 있다. 하지만 관련 전문가들은 과학적 이론과 실제 사례를 제시하면서 개선을 촉구해오고 있다. 이 장은 전문가 모임과 관련 기관들이 지금까지 취한 주요 사항을 시간에 따라 정리하고 있다.

단지 문제를 해결하기 어렵다고 해서 어떤 문제가 존재한다는 것을 부인할 이유는 없다. 어려운 문제에 대한 해결책은 대개 그 문제가 알려지고 창의적인 방법을 생각해내기 전까지는 기대할 수가 없다. BioInitiative 보고서에서 제안하는 안전기준을 실현한다는 것은 비용이 많이 든다. 그리고 신중한 계획 없이 갑자기 실행하면 우리의 삶과 경제에 큰 혼란을 일으킬 수 있다. 그래서 그러한 조치는 위험을 고려한 비용과 편익에 균형을 맞춰야 한다. 하지만, 지금 산업계가 하고 있는 "사실을 부인하고 밀어붙이기" 전략은 결코 잘하는 일이 아니다.[1]

나는 사람들이 언제부터 자신들의 행동이 자연 파괴적임을 인식하고 바뀌었는지 궁금하다. 수백여 년 전 아메리카 원주민은 같은 토양에 같은 작물을 해마다 경작했을 때 땅이 황폐해지는 것을 알게 되었다. 그러자 그들은 콩, 옥수수, 호박 등을 돌려 심기를 시작하자 땅이 비옥해지고 작물의 성장도 좋아졌다.

1900년경 뉴욕 시에서 고아가 된 아기들을 고아원에서 잘 먹이고 따뜻한 곳에서 지내게 했으나 그중 많은 아기들이 사망했다. 고아원 보모들은 아기들은 잘 먹고 따뜻한 곳에서 지내는 것뿐만 아니라 안아주고 사랑스런 손길이 있어야 잘 자란다는 것을 알게 되었다.

1930년경 알코올 중독으로 자신들의 삶을 주체할 수 없게 된 사람들이 술이 깬 맑은 정신으로 자신들의 경험담을 나누는 모임을 시작했다. 그들은 12단계의 프로그램을 만들고 알코올 중독자 갱생회(AA)[2]를 결성했다.

1989년 소련이 붕괴된 후 쿠바는 석유 공급원을 상실했다. 졸지에 식량을 운반하던 트럭조차 연료를 구할 수 없게 되었다. 그러자 정부는 3백만 대의 자전거를 구입하고 이용 가능한 땅은 모두 농경지로 전환했다. 쿠바의 과학자들은 석유 없이 생산할 수 있는 생물학적 퇴비와 살충제를 개발했다. 지역사회는 이웃 농민들이 함께하는 시장과 대중교통, 공동 TV 등으로 결집되었다.

산업화가 시작되면서 공장과 석유기반 농장에서 배출되는 유독성 폐기물로 강물이 마실 수 없게 되자 사람들은 곰팡이를 이용한 정화기술, 침전물을 먹는 버섯 재배방법 등을 개발했다. 덕분에 물은 다시 마실 수 있게 되었다.

남아프리카 공화국에서 인종차별 정책이 끝나자 새로운 국가 지도자들은 피해자들 앞에서 가해자(살인자와 고문 가해자들 포함) 본인이 직접 범죄의 진실을 말하고 사과하면 사면해주는 진실과 화해 위원회를 설립했다. 그들은 새로운 애국가를 만들고 옛 애국가 몇 구절을 가사에 집어넣었다.

이처럼 인류는 문제에 봉착할 때마다 해결책을 생각하게 되었다. 무선통신기술로 인한 전자파 방사선도 문제의 존재를 부인할 것이 아니라 해결책을 찾아야 한다. 지금까지 문제를 부인하고 있는 거대한 골리앗을 향한 작지만 의미 있는 투쟁이 지구 곳곳에서 일어나고 있다.

다음은 무선주파수(RF) 방사선 노출로 인한 인체 건강과 환경 피해를 우려해서 관련 기관과 전문가 모임이 취한 주요 조치 목록과 관련 사항이다.

1993년, RF 방사선의 영향에 관한 연방통신위원회(FCC)의 평가 가이드라인[3]에 대한 공식적인 논평에서, 연방환경보호청(EPA)은 FCC의 노출 기준에 "심각한 결함이 있음"을 발견했다.[4]

1993년, 식품의약품안전청(FDA)은 "FCC의 규정은 고주파 영역에 장기적이고 만성적인 노출 문제를 다루고 있지 않다."고 FCC에 견해를 밝혔다.[5]

1994년, 아마추어 무선중계연맹(ARRL)[6]의 생물영향위원회는 FCC에 보내는 의견에서 "FCC 기준은 비가열 효과를 막지 못한다."라고 기술하고 있다.

1999년, 무선주파수 관계기관 공동작업단(RFIAWG)은 미국 전기전자공학회(IEEE)에 보내는 서한에서 "무선주파수 노출 가이드라인을 뒷받침할 명백하고 신뢰할 만한 근거를 제공하기 위해 짚고 넘어가야 할" 14가지 이슈를 명시했다.[7]

2003년, 미국 조류보호위원회[8]와 산림보전위원회[9]는 수백만에 달하는 철새가 휴대폰 중계기 안테나 타워에서 방출되는 전자파 방사선으로 인해 방향감각을 상실하여 타워와 충돌하는 사고가 발생한 것에 대하여 연방통신위원회를 상대로 소송을 제기했다.[10]

2004년, 국제소방관협회는 소방서에 통신안테나 설치를 반대한다고 선언했다.[11]

2007년, 유럽 최상위 환경감시기관인 유럽 환경청(EEA)[12]은 와이파이, 휴대폰, 중계기 안테나가 방출하는 방사선에 대한 노출을 줄이기 위한 즉각적인 조치를 요구했다.[13]

2008년, 프랑스 파리의 공공 도서관들은 사서들의 건강을 우려해 도서관 건물에서 와이파이를 제거했다.[14]

2008년, 진보적 사서 조합에서는 도서관에 무선 테크놀로지를 설치하는 것에 대하여 반대할 것을 권고했다[15]

2008년, 국립과학아카데미(NAS)[16]는 "무선통신이 건강에 미치는 악영향에 관한 연구에 관한 필요성 확인"이라는 주제의 보고서를 발간했다.[17]

2008년, 국제전자기안전위원회(16개국 과학자들로 구성)[18]는 어린이, 청소년, 임산부, 노약자들은 휴대폰 사용 제한을 권고했다.[19]

2008년, 러시아 국립 비전이성 방사선방지위원회[20]는 휴대폰은 짧은 통화일지라도 안전하지 못하다고 지적하면서 다음과 같이 경고했다. 16세 미만 청소년, 임산부, 간질병 환자, 기억상실증 환자, 수면장애자, 신경 질환자 등은 절대로 휴대폰을 사용하지 말아야 한다.[21]

2008년, 피츠버그대학교 암연구소는 응급 상황을 제외하고 아이들은 절대 휴대폰을 사용해서는 안 된다고 경고했다.[22]

2009년 11월, 노르웨이 셀레툰에서 국제 의사 및 과학자 팀이 모임을 갖고 전자기장 및 무선주파수로부터 세계 공중보건을 보호하기 위해 새롭고, 생물학적 기반에 근거한 노출 기준 제정 촉구를 목적으로 하는 셀레툰 과학 성명서를 작성했다.[23]

2009년, 16개국에서 참여한 50여 명의 과학자들이 "전자기장 노출이 인체의 기본적 생물 현상을 방해한다는 사실을 입증할 신체적 증거"에 기초한 보다 많은 연구를 시급히 촉구하는 포토 알레그르 결의(Porto Alegre Resolution)[24]에 서명했다.

2009년 5월, 미국 어류 및 야생동물 관리국(USFWS)은 무선기기와 벌떼 붕괴 간의 잠재적 관련성을 조사해 줄 것을 의회에 촉구했다.[25]

2010년, 독일 프랑크푸르트 시 당국은 와이파이가 무해한 것으로 판명날 때까지 학교에 와이파이를 설치하지 않을 것이라고 발표했다.[26]

2010년, 프랑스에서는 유치원부터 고등학교까지 학교에서 휴대폰 사용

을 금지했다.[27]

2010년, 캘리포니아, 하와이, 메인, 메릴랜드 주에 위치한 지방자치단체에서는 스마트 미터 사용을 일시 중단시키고자 하는 결의안을 통과시켰다.[28]

2011년 5월 31일, 세계보건기구(WHO)는 무선주파수 전자기장을 발암 가능성으로 분류했다. 같은 5월에 세계보건기구는 국제 질병 분류에 다중화학물질 민감증과 전기 과민증을 추가했다.

2011년 5월, 유럽 평의회(PACE)[29]는 "전자기장의 잠재적 위험과 환경에 미치는 영향"이라는 결의문을 발표했다. 결의문에는 "어린이(특별히 학교와 교실에서)는 보통 유선인터넷 연결을 우선적으로 하며 교내에서 휴대폰 사용을 엄격하게 규제하도록 한다." 라고 명시되어 있다.[30]

2012년 1월, 미국 환경의학아카데미(American Academy of Environmental Medicine)는 스마트 미터 설치에 관련된 "심각한 건강 문제"가 해결될 때까지 스마트 미터에 대한 즉각적인 중단을 요청했다.

2012년 1월, 산타크루즈(Santa Cruz)에 있는 캘리포니아 감독위원회는 공중 보건관리국에서 나온 스마트 미터는 건강에 나쁜 영향을 준다는 보고서의 의견을 수렴하여 카운티 내에는 스마트 미터 설치는 계속 유예시키기로 결정했다.

2012년 2월, 캐나다 온타리오 영어 가톨릭 교사회(OECTA)는 직장에서의 와이파이에 대한 우려를 표명했다.[31]

2012년 3월, 버몬트 주 4개 지역 베닝턴(Bennington), 도르셋(Dorset), 맨체스터(Manchester), 샌드게이트(Sandgate)에서는 스마트 미터 설치를 거부했다.[32]

2012년 3월, 오스트리아 의학협회는 전자기장과 관련한 건강 문제 및 질병의 진단 및 치료 가이드라인을 마련했다.[33]

2012년 6월, 캐나다 토론토의 여자대학병원은 가정의학과 의사들은 수면 방해, 두통, 메스꺼움, 어지러움, 심계항진(심장 두근거림), 발진 등 무선기기에서 방출되는 방사선에 노출됨으로 나타나는 증상을 진단하는 법을 배워야 한다고 밝혔다.[34]

2012년 7월, 인도는 통신정보기술부가 구성한 위원회 보고서에 따라, 안테나에서 나오는 방사선 누출 한계를 10배 줄이기로 했다. 현재 인도의 안테나의 노출 한계는 9.2w/m^{2}이다. 러시아는 0.2w/m^2, 중국은 0.4w/m^2, 미국, 캐나다 및 일본은 12.0w/m^{2}이다. 새로운 결정에 따라 인도는 기준을 0.92w/m^{2}로 낮출 것이다. 통신업체들은 안테나 파워를 줄인다는 것은 무선기기들이 더욱 강하게 작동해야 하므로 결국 사용자들에게 노출을 증가시키게 됨을 의미한다고 주장한다. 통신업체에서는 충분한 적용 범위를 제공하기 위해서는 더욱 많은 안테나를 설치해야 한다고 주장한다.[35]

2012년 7월, 메인 주 대법원은 주정부 공공시설위원회가 센터럴 메인전력회사에서 설치한 스마트 미터의 안전성에 관한 우려를 제대로 지적하지 못했다고 판결했다. 메인 주 규제당국은 지금부터 스마트 미터의 건강과 안전성에 관한 문제점을 조사할 것이다.

2012년 8월, 이스라엘 보건부는 학교에서 와이파이 사용을 금지할 것을 요청했다.[36]

2012년 11월, 인도에서 가장 면적이 넓은 라자스탄 주 고등법원은 휴대폰 전자파는 "생명에 위험"하므로 학교, 대학, 병원, 놀이터 주변 지역에 있는 모든 중계기 안테나에 대한 철거를 명령했다. 2013년 7월 5일, 인도 대법원은 이 결정을 지지했다.

2012년 12월, 미국 소아과의학회는 휴대폰 알권리 법이 무선주파수 에너지가 어린이와 임산부와 같은 취약 집단에 미치는 영향에 관한 조사를 강조하기 때문에 이를 지지하는 서명을 했다.

2013년 2월, 호주 연방법원의 행정심판재판소는 산재보상 사례에서 전자기파 방사선이 건강에 미치는 영향을 합법적으로 인정했다. 고용주는 피해자 알렉산더 맥도날드 박사로 하여금 전자 장비를 실험적으로 사용해볼 것을 요구했기 때문에, 그는 건강 피해를 입었다.[37]

2013년 2월, 벨기에 보건부는 7세 미만 어린이에게 휴대폰 판매는 금지될 것이며, 휴대폰 광고도 어린이 TV, 라디오 및 인터넷 프로그래밍 중에는 금지될 것이라고 발표했다.

2013년 2월 8일, 하버드의대 소아신경전문의 마사 허버트(Martha Herbert)는 로스앤젤레스 통합 학군(LAUSD)에 보내는 편지에서, "와이파이와 셀 타워에서 방출되는 EMF/RFR은 학습 능력과 기억력을 혼란시키는 영향을 줄 뿐만 아니라 면역기능과 신진대사를 불안정하게 만들 수 있다. 이로 인해 일부 어린이들은 학습을 어려워하게 되고, 특히 이미 학습이 어려운 어린이들에게는 더욱 그렇다…. 나는 LAUSD에 와이파이를 설치하려는 당신들의 의도를 잠시 멈추고 대신 유선 기술을 선택하길 강력히 요구한다. 지금 건강을 위한 결정이 훗날 잘못된 결정을 되돌리는 것보다 훨씬 쉬울 것이다."[39]

2013년 3월, 로스앤젤레스 교사연맹은 무선기술로 인한 위험한 전자기장으로부터 학교의 안전을 보장하기 위한 결의안을 통과시켰다.[40]

2013년 3월, 호주 방사선 보호 및 원자력 안전원은 부모들에게 전자기파 방사선 노출을 최소화할 수 있도록 자녀들의 휴대폰과 무선전화기 사용을 제한하고 베이비 모니터는 아기 침대에서 최소 1미터이상 떨어진 곳에 두도록 권고했다.[41]

2013년 6월, 영국 항공(British Airways)은 데일리 텔레그래프에서 자사의 새로운 항공기에는 와이파이를 장착시키지 않을 것이라고 발표했다.

2013년 8월, 캐나다 온타리오 주 초등교사연합(76,000여 명 교사 참여)은 학생들과 교사의 건강을 보호하기 위하여 교실 내의 휴대폰 전원을 꺼둘 것을 모든 학교 이사회에게 권고했다. 또한 모든 와이파이 송신기는 명확하게 보이도록 하고 위험물 관리 프로그램에 따라 라벨을 부착하도록 표결했다.[42]

2013년 8월, 미국 미주리 주 콜 카운티의 판사 패트리샤 조이스(Patricia

Joyce)는 단일 무선통신 인프라 설치법[43]에 대한 무기한 보류를 선언했다. 주에서 제정한 이법은 모든 지역 규제에서 셀 타워는 사실상 제외시키고 있다. 6개 도시는 이법이 미주리 주 헌법을 위반했다고 주장했다. 조이스 판사는 HB331또는 HB345 조항의 이행, 집행, 적용 또는 주장은 원고에게 헌법에 위배되는 부당한 부담을 안겨주며, 즉각적이며 회복할 수 없는 부상, 손실 또는 피해는 결과적으로 구제 방안과 현재 상태의 보존이 없다는데 동의하고 판결했다. 지역 신문에서는 "콜 카운티 판사가 휴대폰 셀 타워 비용을 줄이려는 시도를 말살시켰다."라고 비난했다.[44]

2013년 8월, 인도에서 가장 인구가 많은 뭄바이(Mumbai)에서는 학교, 대학, 고아원, 아동 재활센터, 노인요양원에 가까운 지역, 그리고 이러한 시설이 있는 건물들을 향하는 방향으로 안테나 설치를 금지하는 안을 투표에 부쳤다. 또한 뭄바이에서는 맨 위층에 거주하는 모든 사람들의 동의와 맨 위층 아래 거주자의 70퍼센트의 동의 없이는 지붕 위에 안테나를 설치하는 것을 금지하는 안에 대하여 투표를 했다. 뭄바이에서는 지붕위에 설치된 3,200여 개의 불법적인 안테나를 모두 철거할 예정이다.[45]

주석 및 참고문헌

1. David Carpenter, MD, and Cindy Sage, MA, "Key Scientific Evidence and Public Health Policy Recommendations,"The BioInitiative 2007 Report
2. Alcoholics Anonymous, https://www.aa.org

3. FCC Docket ET 93–62, November 9, 1993
4. http://emrpolicy.org
5. http://emrpolicy.org Exhibit 46
6. ARRL: Amateur Radio Relay League, www.arrl.org/home
7. tp://tinyurl.com/btfpae2
8. American Bird Conservancy(https://abcbirds.org/)
9. Forest Conservation Council
10. http://ewire.com/display.cfm/Wire_ID/1498
11. http://emrpolicy.org;iaff.org/HSFacts/CellTowerFinal.asp
12. EEA: European Environmental Agency(https://www.eea.europa.eu/)
13. http://eea.europa.eu/highlights/radiation-risk-from-everyday-devices:assessed
14. http://accessmylibrary.com/coms2/summary_0286-35451555_ITM
15. http://libr.org/plg/wifiresolution.php
16. NAS: National Academy of Sciences(www.nasonline.org/)
17. http://nap.edu/catalog.php?record_id=12036
18. ICEMS: International Commission on Electromagnetic Safety(www.icems.eu/)
19. http://icems.eu/resolution.htm
20. Russian National Committee for Non-Ionizing Radiation Protection
21. http://radiationresearch.org/pdfs/mcnirp_children.pdf
22. http://post-gazette.com/pg/08205/898803-114.stm
23. A. Fragopoulou et al, “Scientific panel on electromagnetic field health risks: Consensus points, recommendations, and rationales,”Reviews on Environmental Health, vol. 25(4): 307–317, 2010
24. http://www.icems.eu/docs/resolutions/Porto_Alegre_Resolution.pdf
25. http://electromagnetichealth.org/electromagnetichealth-blog/emf-and-warnke-report -on-bees-birds-and-mankind/
26. http://magdahavas.com/wordpress/wp-content/uploads/2010/09/German_Swiss_Wifi _In-Schools_Warn.pdf
27. France Environmental Law, Article 183.
28. http://emfsafetynetwork.org or http://stopsmartmeters.org
29. PACE: Parliamentary Assembly Council of Europe(http://assembly.coe.int)
30. http://assembly.coe.int/Mainf .asp?link=Documents/AdoptedText.tal.ERES1815.htm
31. http://magdahavas.com/ontario-english-catholic-teachers–association-wi-fi-in-the -workplace
32. www.wakeupoptout.org

33. http://aerztekammer.at/documents/10618/976981/EMF-Guideline.pdf
34. http://womenscollegehospital.ca/news-and-events/connect/the-effects-of-invisible -waves
35. http://articles.economictimes.indiatimes.com/2012-07-18/news /32730933_1_radiation- exposure-mobile-towers-emf
36. norad4u.blogspot.co.il/2012/08/this –is-translation-to-english-of.html
37. austiii.edu/au/au/cases/cth/aat/2013/105.html
38. expatica.com/be/news/belgian-news/TMag-Mobile-phones-to–be-banned-for -children_259994.html
39. LAUSD: Los Angeles Unified School District(www.lausd.net/)
40. http://nea.org/assets/docs.nea-resolutions-2012-13.pdf
41. http://perthnow.com.au/lifestyle/technology/parents-urged-to-limit-childrens-use–of- mobiles-cordless-phone-under-new-health-warnings/story-fn7bsi10-1226589473040
42. http://c4st.ca
43. Uniform Wireless Communications Infrastructure Deployment Act
44. Matt Kalish, “Cole County Judge Shoots Down Attempt to Limit Cell Phone Tower Fees,”Eldorado Springs Sun, September 5, 2013.
45. http://prd34.blogspot.com/2013/08/reminder-comments-to-fcc–due-this.html

제10장

가상의 시대 함께 살아가기

지금 우리는 사이버 공간, 휴대폰, 와이파이, 스마트 서비스 등이 일반화된 가상의 시대를 살아가고 있다. 그래서 모든 사람들은 무선주파수 방사선을 서로 조금씩 주고받는다. 그로 인한 피해가 있다면 어떻게 해야 하나? 다음 장에서 해법을 찾아보기 전에 여기서 이 시대를 힘들게 살아가는 사람들의 이야기를 다시 한 번 들어본다.

1963년, 침묵의 봄이 미국인들에게 살충제의 유해성을 소개한 이후, 레이첼 카슨은 의회 청문회에서 다음과 같이 말했다. "나는 이 위원회가 지금까지 무시되어 온 인간의 권리를 신중히 고려해주길 바란다. 적어도 인간은 타인이 사용한 유독성 물질의 침입으로부터 자신의 집을 안전하게 지킬 수 있어야 한다…. 이것은 인간의 기본적인 권리 중 하나이자 당연히 인정받아야 할 권리다." 카슨의 의회 청문은 미국이 연방환경보호청(EPA)을 창립하게 된 계기가 되었다.

반세기가 지났지만 현대 기술과 인간의 관계는 여전히 복잡하다. 공공 서비스(유틸리티) 기업은 스마트 미터를, 그것이 주는 생물학적 영향을 점검하지도 않고, 더구나 사람들에게 사전 정보나 동의도 없이 설치했다. 통신회사 역시 안테나, 4G, WiMax[1]를 생물학적 영향을 검토하지도 않고, 또 사람들에게 사전 정보도 주지 않고 동의도 없이 도시 시골 따지지도 않고 전 국토에 설치해 버렸다. 당연히 안전할 것이라 생각하고 직장, 학교, 이웃 등 모두가 와이파이를 설치했다. 교회와 학교 또한 중계기 안테나가 해로운 영향을 주지 않을 것이라 생각하고 공간 임대료를 받기 위해 설치를 허용했다. 그리고 거의 모든 사람들이 모바일 서비스에 가입했고 가족들도 그렇게 하고 있다.

많은 사람들은 직업상 모바일 서비스가 필요하다. 인터넷에 접속할 수 없는 학생들은 장애인으로 취급된다. 이 시대를 살아가는 대부분의 사람들은 서로의 가정에서 무선주파수 방사선을 조금씩 주고받는다. 그로 인한 피해에 대한 최소한 책임이 있는데 여기에 우리는 어떻게 대처해야 할까? 이 수수께끼에는 실현가능한 해법이 나올 것 같지 않다. 그렇다고 무시한다고 해서 문제가 사라지는 것도 아니다.

1997년에 나는 컴퓨터를 샀다. 컴퓨터를 20분가량 사용하자 갑자기 목 뒤쪽에서 경련이 일어남을 느꼈다. 그러자 그 증상은 감기로 변했다. 그 이후 며칠 동안 나는 컴퓨터를 잠깐씩만 사용했다. 컴퓨터 화면이 깜박거리는 것을 볼 때마다 마치 내 신경계를 자극하는 것만 같았다. 일주일도 안 돼서 나는 컴퓨터를 반납했다.

나는 작가다. 그래서 나는 워드 프로세서와 인터넷 접속이 정말 필요했다. 이후 몇 년 동안 나는 스크린 보호막, LCD 스크린, 프로젝터 모니터, 행동적 시력검사, 특수 안경 등을 시도해 보았다. 나는 컴퓨터 12대를 사고 반납했지만 아무 도움이 되지 않았다.

나는 이런 상황을 나의 개인적인 문제로 생각했다. 그래서 나에게 온 이 메일을 읽어주고 답변을 받아서 타이핑해 줄 사람을 고용했다. 다행히 나는 오래된 워드 프로세서 글을 4인치 디스크에 담아 최근 워드로 전환시킬 줄 아는 사람을 만나 지금도 여전히 책을 낼 수 있다.

그리고 2008년에는 내가 1997년(나를 병에 걸리게 했던 첫 번째 컴퓨터를 사기 몇 달 전)에 씌운 금니 4개중 하나가 떨어졌다. 나는 다른 치과의사에게 헐거워진 치아를 다시 붙여줄 것을 부탁했다. 그 치과의사는 "있잖아요, 여기 아말감(수은 합금)으로 때운 것이 있어요"라고 했다.

"어머, 그럴 리가 없어요. 아말감은 1992년에 다 제거했는걸요." 나는 그에게 확신에 찬 소리로 말했다.

치과의사는 내게 거울을 주었고, 나는 금니를 씌우지 않은 치아에서 은빛 아말감을 보았다. '세상에', 습한 환경에서 혼합 금속은 구강 직류 전기(Oral Galvanism)로 내 몸에 전류를 흐르게 했다.

아말감 치아가 컴퓨터 화면의 깜박거림에 민감한 내 체질의 원인일 것 같다는 생각이 들어 치과에 연락했다. (참고로, 치과의사는 그가 가지고 있는 것 중 가장 견고하다고 생각했기 때문에 금관 아래 아말감을 채워 넣었다. 미국에서는 아직도 아말감 사용이 합법적이다.)

2010년에 나는 치아에서 금관과 아말감(수은)을 모두 제거했다. 2013년에 실시한 머리카락 검사에서 여전히 매우 높은 수준의 수은이 나타났는데, 내 주치의는 치과 치료와 생선 섭취 때문이라고 했다.

나는 여전히 "깜박거림에 민감"하다. 나는 일주일 하루 24시간 내내 따끔거림, 떨림, 이명 현상에 시달리고 있다. 내 눈은 자주 흐릿하다. 읽으려면 적어도 14포인트 크기의 글자체가 필요하다. 내 심장은 단지 와이파이 핫스팟 근처에 있다는 것만으로도 심장박동률이 달라질 수 있다. 형광등이 켜져 있는 곳에 있는 것도 나에게 심한 정신적 긴장감을 준다. 밤이 되면 내 몸은 주로 잡음만 내보내는 라디오 방송국 같다는 느낌이 들곤 한다.

전자 스모그에 노출되면 내 증상은 더욱 악화될까? 나는 자기장이나 전자파가 없는 환경에서 내 몸이 어떻게 반응하는지를 "테스트"할 수 있는 장소를 찾지 못하겠다.

수많은 연구를 통하여 적어도 인구의 3퍼센트가 전파 질환을 겪는다는 사실이 밝혀지고 있다.[2] 수은과 같은 유독물이 자기장 노출에 더해지면 피해는 가중된다고 보고하는 연구도 있다.[3]

대부분의 사람들은 무선기기들이 더 넓은 지역에 더 빠르게 연결되기를 원하고 휴대폰, 와이파이, 형광등 불빛, 그리고 안테나 등이 건강에 별로 영향을 주지 않는다고 생각한다. 이런 사람들과 좋은 관계를 유지하는 것이 나에게는 아주 힘든 과제다.

한 번은 친구 집에 가서 홀로그램처럼 공중에 빨간 숫자가 번쩍이게 하는 벽시계 맞은편에 앉아있었다. 함께 간 내 친구는 내가 스트레스 받는 것을 보고 조용히 자리를 바꿔 앉자고 했다.

우리가 자리를 옮긴 후 내 시야에서 벽시계가 *f+l!i*c?k#e!e!d! 이렇게 보였다. 나는 그 자극이 마치 공격처럼 느껴졌다. 나는 우리를 초대한 친구에게 “즉시 저 시계 코드를 뽑지 않으면 나는 미쳐 버릴 것 같아.” 라고 말했다.

그러자 초대한 친구는 벽시계 코드를 뽑았다. 다음날 나는 그 친구에게 전화를 걸어 사과를 하고 깜박거림에 예민한 증상에 관하여 설명하자 괜찮다고 했다. 하지만 그로 인해 우리의 우정은 끝이 났다.

실제로 많은 사람들이 오늘날 디지털 시대를 힘들게 살아가고 있다. 여기 그들의 이야기가 있다.

재클린 홀리(Jacqueline Holly), 53세, 위스콘신 주

4G 스마트폰과 세 가지 스마트 미터(전기, 가스, 수도)가 우리 마을에 들어온 이후 나는 우리 집에서 잠을 제대로 잘 수가 없다. 아마 한 시간 정도 겨우 수면을 취하고 나면 다음 날 아침 다리는 뻣뻣하고 쑤셔서 겨우 걸을 지경이었다. 나의 생각은 점점 둔해져 갔다. 나는 이것을 참을 수가 없다.

2011년 3월 이후로 나는 매일 밤마다 10시 30분경에 집을 나와 어릴 적부터 가지고 있었던 십자가를 자동차 핸들 대시보드에 놓고서 쇼핑센터 주차장에서 잠을 잤다.

공원에서도 잠을 자려고 시도해보았지만 보안 요원이 차의 창문을 두드려 나를 깨웠다. 나는 그것이 무섭기도 했고 보안 요원이 내가 가정 문제가 있는 것으로 생각했기 때문에 공원에 있을 수가 없었다. 다른 쇼핑센터에서도 잠을 자려고 했었지만 그곳에 있는 전력선 때문에 머리와 가슴에 심한 압박감을 느껴 거기서도 잘 수가 없었다. 지금 내가 있는 쇼핑센터 주차장으로부터 약 400미터 떨어진 곳에 셀 타워가 있는 것을 볼 수 있다. 어느 추운 밤, 나는 사냥용 양발을 세 겹이나 껴 신고, 긴 내복, 두 겹의 바지랑 스웨터를 입었다. 그리고 난 슬리핑 백 안으로 들어가서는 다시 알루미늄으로 처리된 플라스틱 담요 두 겹(셀 타워에서 방출되는 전자파로부터 보호해줄 것 같은)으로 나를 감쌌다. 운이 좋은 날에는 6시간이나 잠을 잤다. 아침에 깨어나자 몸이 얼얼하긴 했지만 생각은 아주 맑았다(물방울이 내 침낭으로 떨어졌다). 보통은 아침 7시경에 남편과 막내아들이 있는 집으로 돌아간다.

남편은 방사선이 우리 침대에 영향을 주는 것을 차단하기 위해 금속 스크린으로 페러데이 케이지를 설치하려고 애를 썼다. 아마 남편이 바닥을 제대로 처리하지 못했기 때문인지 별 효용이 없었다. 우리는 기술자가 아니었다. 침대 위 차폐 지붕은 비쌀 뿐만 아니라 전도성이 높은 차폐 막과 벽의 전선에서 방출되는 전기장의 상호작용은 오히려 더 상황을 악화시킬 수도 있다.

주치의는 화학적 민감성은 인식하고 있었지만 스마트 미터가 문제를 일으킨다는 것을 믿지 않았다. 그는 문헌 자료에 개방적인 사람이라 나는 의사협회에서 발간된 것들을 그에게 주기 시작했다.

나는 두 개의 석사학위가 있으며, 22년의 결혼 생활에 성인이 거의 다 된 아이들이 둘 있다. 사람들은 나의 인상이 좋아 보인다고 한다. 그러나 사람들은 내가 항상 시달리고 있는 신체적 무감각과 근육 저림을 보지 못한다. 스마트 미터나 와이파이가 있는 건물 안에 들어가면 그 증상이 더욱 심해진다. 누군가 내 가까이에서 휴대폰을 사용할 때 찾아오는 나의 두통을 사람들은 보지 못한다.

((🌐))

클래어 폴락(Claire Pollack), 42세, 뉴욕

어느 날 저녁, 연방통신위원회(FCC)가 유선통신망을 제거할 것을 제안했다는 것을 알게 된 후, 나는 소파에 앉아 무기력해졌다. 갑자기 남편이 "나는 네가 싫어! 너를 만나지 말았어야 했어. 넌 태어나지도 말았어야 했어." 하면서 소리 지르기 시작했다.

어떤 면에서는 남편이 좌절감과 무기력함을 표출하고 있었음을 안다. 나는 남편에게 "당신을 믿어요, 당신이 지금 이것들에 대해 생각하고 있는 것 같아요." 라고 하자

남편은 "그래!" 라고 했다.

"알겠어요." 나는 신중하게 답했다.

그러고 나서 그의 분노는 잠잠해졌다. 그것으로 끝이었다.

내 남편이 자연보다 기술을 더 중시하는 지금의 법을 바꿀 수는 없다. 그는 이웃들에게 와이파이를 끊고 유선인터넷 접속을 하라고 설득할 수 없다. 그리고 그는 우리에게 전자파 없는 지역을 찾아 줄 수도 없다. 그는 "도움이 되는 일은 아무것도 할 수 없어서 난 정말 내 자신이 너무 싫어." 라고 했다.

내가 보기에 요즘 많은 사람들이 미친 듯이 감정을 분출한다. 그러한 현상들은 무선기기로부터 나오는 방사선 확산과 관련이 있을 수도 있지만 그렇지 않을 수도 있다. 그러나 내가 알고 있는 모든 "예민한" 사람들은 휴대폰, 와이파이, GPS 장치, 베이비 모니터를 사용하는 배우자나

아이들이 있거나 형광등이 우리 생태계에 좋다고 생각하는 사람들의 친구다. 또한 예민한 사람들은 우리가 그저 "무시무시한" 정보를 퍼뜨리려고 한다고 생각하는 사람들의 이웃들이다.

살아남기 위하여 나의 평화로 가는 노력은 계속 갈고닦아야 한다.

((🌐))

앤 오코노(Anne O'Connor), 62세, 매사추세츠 주

내 손자는 엄마 뱃속에서 수태된 이후, 스마트폰 두 개, 스마트 미터 여러 개, 와이파이 그리고 GPS 장치에 노출되어 왔다. 우리 막내딸은 캠퍼스에 모든 유선을 제거해버린 명문대학에 자랑스럽게 다니고 있다. 어떻게 하면 내가 우려하는 바를 아이들의 동요 없이 함께 상의할 수 있을까?

((🌐))

진저 파버(Ginger Farver) (제1장 이야기)

내 아들이 죽은 뒤 나는 무선기기로 인한 피해에 대해 알게 되었고 매우 화가 났다. 샌디에이고주립대학교와 다른 학교들이 학생들과 직원들에게 무선기기가 방출하는 방사선에 대해 알리지도 보호 정책을 마련하지도 않았고, 그리고 책임도 지지 않았다. 그래서 나는 화가 났다. 나는 통신회사, 정부, 그리고 자신들을 스스로 위험에 빠뜨린 개인 가입자들과 안테나 근처에 살거나 일하는 모든 사람들에게 화가 치밀었다.

분노를 표출하기 위해, 비전이성 방사선의 위험성에 관한 전단지를 배포해 왔다. 시의회 회의석상에서 스마트 미터로 인한 피해에 대해 이웃들에게 경고했다.

나는 이제 인간이 도저히 통제할 수 없는 상황이 더욱 확장되었다는 사실을 알게 되었다. 하지만 우리는 여전히 우리 자신부터 시작해야 한다. 각 개인들의 무선기기 사용이 타인에게 방사선 노출을 강요하기 때문에 각자 사용을 줄이게 되면 결국은 타인에 대한 노출을 줄이게 된다.

우리가 이 불편한 진실을 마주하면서 서로를 교육하고 돕기 위해서, 부모들과 젊은이들도 함께해야 한다.

나는 지금의 현실을 생각할 때마다 우리의 삶 자체에 감사하다고 말한다. 그리고 그 감사는 모든 유틸리티회사와 통신회사가 합한 것보다도 더욱 강렬한 힘으로 말한다.

주석 및 참고문헌

1. WiMAX: Worldwide Interoperability for Microwave Access (http://wimaxforum.org/)
2. P. Levallois et al, "Study of self-reported hypersensitivity to electromagnetic fields in California,"Environmental Health Perspectives, vol. 110, suppl 4 (2002): 619–23; L. Hillert et al, "Prevalence of self-reported hypersensitivity to electric or magnetic fields in a population-based questionnaire survey,"Scandinavian Journal of Work, Environment, and Health, vol. 28, no. 1 (2002): 33–41; N. Schreier et al, "The Prevalence of symptoms attributed to electromagnetic field exposure: A cross-sectional representative survey in Switzerland,"Soz Praventivmed, vol. 51, no. 4 (2006): 202–9.
3. J. Juutilainen et al, , "Do extremely low frequency magnetic fields enhance the effects of environmental carcinogens? A meta-analysis of experimental studies,"International Journal of Radiation Biology, vol. 82, no. 1(2006): 1–12.

제11장
해결책

이 장은 전기, 전자제품, 무선기기 등으로부터 인체 건강과 환경을 보호할 수 있는 해결책을 제안하고 있다. 개인, 단체, 입법기관, 규제기관, 제조업체, 학교, 의료서비스 기관 등 여러 관련 분야에서 취할 수 있는 전기, 자기장, 무선주파수 방사선에 관한 해결책을 단계별로 제시하고 있다.

나는 캐나다와 미국 중부지역에서 마이크로소프트사의 영업과 판매를 담당하면서 기술이 인간의 삶에 주는 긍정적인 영향을 오랫동안 보았으며 지금도 여전히 실감하고 있다. 하지만 지금까지 많은 사람들은 기술이 주는 유해한 영향에 관해서는 파악할 기회조차 갖지 못하고 있다. 우리는 전자제품과 무선기기에서 방출되는 전자파 방사선이 자폐증, 알츠하이머, 암, 기억력 감퇴, 사고력 방해 그리고 그 외 여러 가지 문제를 야기할 수 있고 실제로 일으키고 있음을 보여주는 과학적인 증거를 확인할 필요가 있다. 임산부와 아이들은 이러한 환경에 특별히 취약하다. 우리는 전기 과민증을 인정하고 무선주파수가 없는 지역을 설정하여 전자파 방사선에 자신도 모르게 노출되는 것을 피하려는 사람들을 보호할 필요가 있다. 우리 단체는 기술의 생물학적 영향을 일반 대중에게 알리고 전자제품과 무선기기에 대한 안전기준을 모두가 호응할 수 있는 수준으로 개정하는 일을 지원하고 있다. 우리는 기술을 반대하는 것이 아니라 안전한 기술을 지향하는 캐나다인이다.

- 프랭크 크레그(Frank Clegg), 전 마이크로소프트 캐나다 회장 및 c4st.org 설립자

이 책을 통하여 급속하게 영역을 넓혀가고 있는 전자혁명이 우리에게 주는 혜택과 함께, 지금까지 예상하지 못했고 대부분 무시되어 온 건강과 환경에 미치는 영향에 관해 논의하고자 한다. 아래에 서술된 해결 방안들은 국내외 자료집에서 발췌한 것들이다. 이러한 해결 방안들은 우리로 하여금 보다 안전한 송전망, 전자기기, 통신체계 등을 만들어 건강한 세상으로 갈 수 있도록 할 것이다.

개인과 사회가 명심할 일

1. 전기와 전자 및 무선기기는 인류에게 엄청난 혜택을 가져다 주었다는 것을 인정해야 한다. 동시에 전기와 전자기파 방사선은 사람의 건강과 환경에 해를 줄 수 있다는 사실도 인정해야 한다.[1]
2. 전자기기의 혁신과 발명은 그것이 인체 건강에 미치는 영향에 관한 실험, 모니터링과 규제보다 한참 앞서 있다는 사실을 알아야 한다. 어린이, 임산부, 의료기 체내 이식 수술자, 또는 기타 건강 취약 계층에 관한 안전기준이 없다는 점에 주목해야 한다. 또한 지금의 안전기준은 전자파 방사선에 대한 간접 노출, 다중 주파수 또는 다중 송신기 노출 등은 고려하지 않았다는 사실도 인정해야 한다(FCC

조사 공지 13 - 39).

3. 사전예방원칙을 스스로 준수하고 유해 발생을 사전에 막는데 최선을 다해야 한다. 새로운 기술이 나왔을 때 제3의 독립된 기관이 검사하여 생물학적 유해를 가하지 않는다는 사실을 증명할 때까지 그 기술을 시장에 내놓거나 구입하지 말아야 한다. (용어 해설에서 "사전예방원칙" 에 대한 정의 참고).

입법기관이 할 일

1. 전자파 방사선에 노출되어 상해를 입은 시민들이 법정에서 손해배상을 확실히 받을 수 있도록 하는 명문의 연방법을 제정해야 한다(EMRpolicy.org). 지금은 연방통신위원회(FCC)의 규정은 통신이 시민들의 상해보다 우선하기 때문에 손해 배상이 허용되지 않고 있다.
2. 통신장비 설치에 대해 지방정부가 스스로 공사를 지연시킬 수 있는 결정을 할 수 있도록 하는 통신법 제704조에 대한 휘트니 노스 세이무어 주니어(Whitney North Seymour Jr.) 개정안을 승인해야 한다(EMRpolicy.org).
3. 의회(하원)는 휴대폰 알권리 법(HR 6358 2012)을 재도입하고 시행해야 한다. 이 법은 의학자들이 건강에 주는 영향 연구를 위해 휴대폰의 사용 내역에 접근할 수 있도록 통신회사가 허용하는 것을 요구한다. 또한 이 법은 연방환경보호청(EPA)이 휴대폰에 대한 생물안전기준을 결정할 수 있도록 하고 휴대폰에 SAR 라벨 부착을 요

구할 수 있는 권한을 가질 수 있도록 하고 있다. 전자파 방사선을 방출하는 모든 기기들은 이 법을 따르도록 해야 한다.

4. 모든 전자기기에 대하여 독립적인 제3 기관의 검사를 의무화하고 다음과 같은 내용이 들어있는 경고 라벨을 부착하도록 한다: 1) 전자기기를 가까이 사용할 때 방사선이 얼마나 머리 깊이 투과하는지를 보여주는 그림, 2) "이 전자기기는 전자기 방사선을 방출하며 여기에 노출되면 뇌종양을 유발할 수 있다. 특히 어린이와 임산부는 머리와 신체로부터 이 기기를 멀리 떨어져 있게 해야 한다."라는 경고문.[2]
5. 학교 또는 생태적으로 민감한 서식지 주변에 새로운 기술이 적용될 경우 국가환경정책법(NEPA)에 근거하여 환경영향평가를 실시할 것을 요구한다(epa.gov).
6. 연방통신위원회(FCC)가 지난 2013년 무선주파수 노출 한계 및 정책 재평가[3]에서 귓바퀴를 신체 말단으로 재분류한 것을 폐지하도록 한다.
7. 1991년 미국 장애인 법(Americans with Disabilities Act)이 지정하는 공공장소에서는 의료기 체내 이식 수술자와 전기 과민증 환자들에게 합당한 편의 제공을 허가한다(예를 들어, 무선기기 및 서비스, 금속 탐지기, 재고 관리 및 RFID 시스템 등을 차단).
8. 전자파 피해로부터 즉시 구제하기 위해 모든 주에서 공공 서비스 요금납부자는 누구라도 원할 경우 자신들의 미터를 아날로그 기계식으로 선택할 수 있도록 허가해야 한다.

규제기관이 할 일

1. 현재 임의적으로 시행하는 국가화재예방협회(NFPA)의 국가전기 규정(National Electrical Code) 대신 전국표준규제 전기코드를 의무화한다. 전자파 간섭현상은 전기장치에 해를 가할 수 있고 인체 건강과 환경에 유해한 가열 및 비가열 효과를 유발할 수 있다는 사실을 인정해야 한다. 직업안전건강관리청(OSHA)[4]은 근로자의 안전을 위해 이 규정을 적용해야 한다. 식품의약품안전청(FDA)은 의료 기기 및 장비를 비롯한 공공보건에 영향을 미치는 배전망을 규제해야 하며 연방환경보호청(EPA)은 배전망의 환경영향을 규제해야 한다. 이 규정은 스마트 그리드, 스마트 가전기기, 그리고 모든 종류의 전기 공급원에 적용되어야 한다(BioIniative.org; HR 6358 2012).
2. 거주가능 지역의 자기장이 1.0mG(0.1microtesla) 이상이 되지 않도록 국가전기안전규정(NESC: National Electrical Safety Code)을 개정해야 한다(BioInitiative 2012, p. 37).
3. 국가전기안전규정(NESC)은 귀환 전류가 지면, 금속성 물, 가스 배관, 건물 철강, 기타 전도성 물질 위로 흐르는 것을 방지하고, 샤워 시설이나 수영장에서 사람이 전기 쇼크를 당하거나 감전사하는 것을 방지하기 위해 전기 시설에 중성선 및 접지를 정확하게 분리할 것을 요구해야 한다.[5]
4. 중성선이 공유되지 않고 접지 전류와 자기장이 현저히 감소하도록 모든 변압기에서 단일 지점 접지선 분리를 의무화해야 한다.[6]

5. 생물 피해를 유발하는 전자파 방사선 수준을 정량화해야 한다. 환경과 건강 취약 계층을 포함하는 모든 사람들에게 안전한 수준이 될 수 있는 기준을 정해야 한다.[7]
6. 전기와 전자파 방사선을 인간의 건강과 환경을 보호하는 수준으로 제한하는 규제를 시행하도록 한다(BioInitiative.org; HR 6358 2012).
7. 현재 대기환경기준 적용을 위해 측정하는 것처럼 전자파 방사선도 유해수준 여부를 판단하기 위해 제3 독립기관에서 정기적으로 측정하는 것을 요구해야 한다. 재검사 과정을 거쳐서 유해수준 도달이 확인되면 완화조치를 취할 것을 의무화한다. (EMRpolicy .org).
8. 연방통신위원회(FCC)는 중계기가 설치된 모든 건물과 타워에 센서 부착을 의무화해야 한다. 방사선 수준은 정기적이고 지속적인 기록이 이루어져야 하며 유선전화 또는 광섬유 회선을 통해 컴퓨터 인터페이스로 보내져야 한다. 관측 수치는 항상 감시하고 일반인들이 접근할 수 있도록 웹 사이트에 게시해야 한다. 높은 수준은 신속한 완화 조치가 이루어지도록 한다.[8]
9. 연방통신위원회(FCC)는 주택, 공공기관, 지방자치단체에서 유선 인터넷을 사용하도록 장려해야 한다. 광섬유는 유선(무선이 아닌) 서비스용(인터넷, TV, 전화 등 포함)으로 설치되어야 한다(EMRpolicy.org).
10. 의회(하원)는 무선주파수 신호와 방출이 의료기기와 장비에 의존하여 생활하는 사람들에게 미치는 영향을 규제할 수 있도록 식품

의약품안전청(FDA)에 예산을 배정해야 한다.[9]

11. 평생교육을 통해 잘못된 배선을 정기적으로 찾고 제거할 수 있는 능력을 갖춘 전기 기술자들을 양성한다. 잘못된 배선은 공공 및 개인 건물에서 자기장과 지면전류를 발생시켜 생물학적인 피해를 유발할 수도 있다.[10]

12. 간병인, 교육자, 전기기사, 도시계획가, 건축가, 전자제품 디자이너, 태양광 및 풍력 제조업체, 그리고 기타 관련자들은 매년 평생교육을 통해 전자기기, 무선기기, 송신기가 어린이, 임산부, 의료기 체내 의식 수술자, 긴급 병원서비스가 필요한 사람, 그리고 환경에 어떻게 유해를 야기할 수 있는지 실무훈련을 받도록 한다. 이것은 OSHA와 EPA가 유해물질 취급에 대한 정기의무훈련을 요구하는 것과 유사하다.[11]

공공서비스(유틸리티) 회사와 통신회사가 해야 할 일

1. 모든 디지털 무선 전송 유틸리티 미터를 아날로그 기계 장치로 교체한다(BioInitiative.org).
2. TV와 라디오 방송 시설을 인구 밀집 지역과 멀리 떨어져 설치하도록 한다. 그러한 시설에 대해 법과 규제로부터 특혜를 주지 말아야 한다(EMRpolicy. org).
3. 유선전화가 안전한 기술로 알려질 수 있도록 한다(BioInitiative.org).

알렉스 리처드(Alex Richards), 기술 경영간부 및 사업가

아마 유틸리티 기업은 소비자가 언제 컴퓨터, 배터리 충전기, 목욕탕 등을 사용하는지 파악하고, 사용 시간을 변경하여 비용을 절약할 수 있는 방법을 제시하고자 스마트 미터를 설치했을 것이다. 만약 유틸리티 회사가 고객들에게 다음과 같은 서비스를 제공한다면 어떨까? 끊임없이 펄스전기와 전자파를 방출하는 기기 대신에 아날로그 미터로 매월 1분간의 사용기록을 보내면 어떨까? 아니면 고객들이 인터넷, 전화 또는 우편으로 매월 사용량을 보고하도록 하면 어떨까?

제조업체가 해야 할 일

1. 선형 및 스위치 모드 전원공급(SMPS) 장치로부터 생성되는 높은 주파수는 전자기기를 방해하고 생물피해를 초래할 수 있는 구형파 및 고조파를 생성함을 인식한다. 전자 안정기(일명 SMPS)를 사용하는 형광등(소형 형광등 포함) 생산을 중단한다. 형광등은 수은을 함유하고 있고 높은 주파수 고조파를 생성한다. 구형파와 고조파를 생성하지 않고 동시에 에너지도 절약할 수 있는 LED 같은 전구로 형광등을 교체한다. 구형파와 고조파를 생성하는 조광 스위치 생산을 중단한다. 대신에 구형파와 고조파를 생성하지 않는 조광 스위치와 표준 스위치를 사용한다. 전자 및 가전제품의 전원 공급 장치도 지금은 보트, 레저용 차량, 그리고 태양광 집에서 사용하는 12볼트 직류 전기를 사용하는 형태로 돌아가야 한다(BioInitiative.org).

2. 고주파수 영역을 만들어내지 않는 태양광 시스템을 설계하고 직류 교류(DC-AC) 인버터를 제거한다. 태양광 주택과 건물에도 가능하면 프로판 가스나 DC 전원을 사용하는 가전 및 전자 제품을 사용하도록 한다.
3. 더욱 안전한 전기차와 하이브리드 차를 만들어야 한다. 지금의 차량은 컴퓨터 시스템(충전, LCD 디스플레이, 창문 등)이 운전자와 승객을 전자기장이 채워진 금속 박스에 가두어둔 상태다.
4. 유해 과부하 차단기를 설치하여 보다 안전한 체내 이식 수술용 의료기를 만들어야 한다. 이것은 주택 전기 배선에 누전 차단기를 설치하는 것과 유사한 원리다.
5. 프랑스처럼 어린이를 대상으로 하는 무선기기는 광고를 줄이거나 없애도록 한다. 영화나 비디오에서 물질 남용이나 폭력적인 내용을 줄이거나 없애고 보다 사회 친화적인 프로그램을 제작하도록 한다.[12]

의료서비스 제공자가 해야 할 일

1. 의사, 응급 구조원, 공중 보건원, 기타 의료서비스 제공자 등이 평생교육을 통하여 임산부, 어린이, 의료기 체내 이식 수술자, 전기 과민증 환자 등에게 전기로부터 안전하게 생활하고 공부하며 일할 수 있는 환경을 제공할 수 있도록 훈련받도록 한다. 의사들은 전기 과민증을 진단하고, 어린이들에게 안전한 전기 환경을 조성하도록 부모들을 교육시키고, 의료기 체내 이식 수술자에게 안전하게 일

반적 치료(예, 치과 시술, 탈장 수술 등)를 할 수 있도록 훈련받아야 한다.[13]

2. 미국 소아과의학회는 소아과의사들이 모든 정상적인 어린이들과 청소년들에게 하루에 얼마나 많은 시간 동안 오락용 프로를 보는지?, 어린이 침실에 TV 또는 인터넷과 연결된 기기들이 있는지? 물어보도록 권장하고 있다. 의사들은 부모들에게 모든 가정에 계획적인 미디어 사용을 권장해야 한다.[14]
3. 도박, 음주, 마약 중독 센터처럼 어린이와 성인을 위한 휴대용 기기 사용에 대한 중독 치료 센터를 만들어야 한다.
4. 모든 병원은 의료 장비, 환자, 종사자 등 관련 인적 물적 요소들 간에 발생할 수 있는 유해한 간섭을 모니터하는 전기 전자파 전문가를 고용해야 한다(현재 많은 병원에서 시행하고 있음). 의료 서비스 제공자들은 전자파가 야기하는 건강 위험에 대해 사전 예방적 행동을 스스로 공부하고 고객들도 교육시켜야 한다.

학교(직업학교 포함)와 도서관이 해야 할 일

1. 학교와 도서관에서 와이파이와 무선기기를 제거하고 학생과 교사를 위해 유선을 이용하는 학습 환경을 제공한다.[15]
2. 학교 및 도서관에서 디지털 무선 전송 유틸리티 미터를 제거하고 아날로그 기계식 미터로 대체한다.
3. 교사들로 하여금 아이들의 전기 과민증과 전자기기 및 인터넷 사용 중독성을 인식하고 지도 하도록 한다. 이것은 질병관리본부(CDC)

가 교사들이 식품 알레르기가 있는 아이들을 찾아내고 노출을 방지하고 반응을 관리하도록 지도하는 것과 유사하다.[16] 또한 학생들이 전자기기를 사용하지 않고 직접 얼굴을 마주 보고 의사소통하는 능력을 기르도록 지도한다.[17]

4. 형광등을 없애고 대신 백열전구나 CLED등을 사용하도록 한다.
5. 직업학교에서 전기 및 배관 숙련공은 견습생들이 자신들의 집에서 자기장을 찾고 제거하는 훈련을 받은 후 면허증을 부여하도록 한다.
6. 초저주파(ELF), 무선주파수(RF) 영역, 그리고 전자파 인체 흡수율(SAR)을 측정하는 방법, 전기가 안전하게 설치되었는지 확인하는 방법, 어떤 지역에서 전자기장 수준의 안전 여부를 확인하고 위험한 수준을 완화하는 방법, (주요 사회기반시설의 변경 없이 환경을 완화 시킬 수 없는 시기를 찾는 방법) 그리고 적은 수의 전자 제품으로 살아가는 방법 등을 사람들에게 가르치는 교육기관을 만든다.

환경, 시민, 종교, 그리고 전문가 그룹이 해야 할 일

1. 학교, 개인 병원, 도서관, 예배장소, 식당, 기타 공공시설, 그리고 개인 사업장 등은 디지털 무선 유틸리티 미터를 비롯한 모든 무선 서비스를 해체하도록 장려한다.
2. 전기에 민감한 신자들의 편의를 제공하기 위해 교회 집회에서는 시급히 무선 서비스(무선통신 시스템)를 해체하고 신자들이 주별 또는 월별 모임에 올 때는 무선기기를 집에 두고 오라는 요청을 한다.

3. 자기장과 무선주파수(RF) 영역에 관한 조사에 협조하기 위해 도서관, 학교, 기업체, 그리고 시민단체는 대출 또는 임대하는 방식으로 자기장 측정기계 및 RF 미터를 구입할 수 있도록 한다.
4. 우리 사회를 좀 더 안전하고 건강하게 만들 수 있는 지역과 연방차원의 입법 및 행정 기관에 해결책 추진을 요구한다(BioInitiative.org).

조지 타보르(George Tabor), 66세, 은퇴 해군 원자력 구조 검사관

나는 해군에서 핵잠수함 구조 결함을 조사하는 직무를 20년 넘게 해왔다. 해군에서는 근로자가 분기별, 연도별로 노출될 수 있는 방사선의 양을 제한하는 해군해상명령체계(NAVSEA)[18] 지침에 따랐다.

나는 NAVSEA 허용치보다 더 많은 방사선에 노출되지 않았음을 확인하기 위해 매일 신체검사를 받았다. 수년에 걸쳐 기준이 강화되면서 우리 근로자들은 더 적은 방사선에 노출되게 되었다. 해군에서 일하기 전에, 나는 전이성 방사선에 노출될 것이며, 이것은 건강에 해를 줄 수 있다는 것을 이해했다고 서명했다. 나는 1995년에 은퇴했다.

2007년경, 도시 전역에 와이파이가 설치되었다. 스마트 미터는 2010년에 설치되었다. 스마트 미터 설치 후에 나는 당뇨병 증상이 악화되었고 심장 부정맥, 수면 무호흡증, 신경과민증이 생겼다. 2013년 여름에 우리 집 근처 전신주에 새로운 기기가 설치되었다.

나는 새로운 기기가 와이파이, 스마트 그리드, 비상통신 설비를 연결한다고 들었다. 나는 이것이 사실인지? 또 안전한지? 모른다. 하지만 내가 현관 앞에 서있을 때면 누군가가 내 무릎을 걷어찬 것 마냥 어지럽게 느껴진다. 나는 두통과 잦은 악몽에 시달린다. 나는 기운이 떨어졌고 쉽게 짜증을 낸다.

집에서 모든 무선기기와 무선 서비스를 제거했지만 여전히 예전처럼 건강한 느낌이 들질 않는다. 나는 좀 떨어진 마을에 있는 친구 집의 소파에서 몇 번 자기도 했다. 나는 혈중 산소를 측정하는 산소 측정기를 샀다. 의사의 말에 따르면, 혈중 97퍼센트 이상의 수치는 내게 필요한 산소를 공급받는 것이다. 시내에서 약 27킬로미터 밖으로 나가면 건강하다는 99퍼센트가 측정되지만 도심에서는 보통 88퍼센트에서 95퍼센트까지 측정된다. 한 번은 도심에서 83퍼센트가 측정된 적도 있다.

내 집 주위와 도시 내의 초저주파수(ELF)와 무선주파수(RF)의 민감지역을 측정하기 위해 lessemfs.com에서 음향측정기(Acoustimeter)를 구입했다. 현관에서는 보통 0.07~1.0 v/m(Volts/Meter) 전기장이 측정되었다. 시내에서는 보통 3.0, 4.0, 많게는 5.0v/m까지 측정 되었다. 이것은 안전한 수치가 아니다. 특히 하루 24시간 일주일 내내 노출된다면 결코 안전할 수 없다. 이러한 수치는 와이파이와 휴대폰 신호에서 나왔거나, 또는 TV나 택시 호출 신호일 수도 있다.

BioInitiative 2012 보고서는 전기장 노출을 0.03v/m로 제한할 것을 권고하고 있다. 연방환경보호청(EPA)은 노출을 0.13v/m 미만으로, 연방통신위원회(FCC)는 2.0v/m 미만으로 유지하라고 한다.

분명한 것은 지금이 정부가 초저주파수(ELF)와 무선주파수(RF)의 안전기준을 정하고 모니터링하며 강력히 규제해야 할 중요한 시간이라는

사실이다. 이것은 마치 해군이 핵잠수함 근로자들에게 전이성 방사선 노출을 관리하는 것과 같다.

- **대통령 암 위원회에 제안한 BioInitiative 전자파 기준[19]**

BioInitiative 보고서는 인체 건강에 대한 역학적 조사 자료를 근거로 전자파 기준을 제안한다.

초저주파(ELF)의 경우, BioInitiative가 제안한 기준치는 1mG(0.1 μT)로 국제비전이성 방사선보호위원회(ICNRP)의 현재 기준치 1,000mG(100 μT)와 비교하면 1,000분의 1에 해당한다. 무선주파수 방사선(RFR)의 경우, 제안한 기준치는 0.1 μW/cm^{2}로 미국 FCC 휴대폰 기준 583 μW/cm^2(주파수 875MHz) 및 1,000 μW/cm^2(주파수 1,800~1,950MHz)와 비교하면 극히 낮은 수치다.

이러한 수치의 차이가 문제의 심각성을 보여주고 있다. 지금의 기준과 큰 차이를 보이는 기준을 갑자기 적용하는 것은 커다란 어려움을 야기한다는 것은 의문의 여지가 없다. 인간을 대상으로 한 연구에 따르면 지금의 기준이 인체 건강을 보호할 수 없다는 것도 의문의 여지가 없다.

전기와 무선통신이 우리 사회에 제공하는 혜택은 실로 어마어마할 뿐만 아니라 아무도 전기 없는 시대로 다시 돌아가려고 하지 않을 것이다. 하지만 적어도 우리 사회는 현재 적용되는 기준과 암 발생 위험에 대한 증거와 차이를 인정해야 하는 것이 반드시 필요하다.

우리가 제안하는 엄격한 기준을 갑자기 실행한다는 것은 비현실적이다. 하지만 이러한 수준은 새로운 기술 발전에 행동의 변화를 결합함으

로써 최소한으로 접근할 수 있는 적절한 목표다.[20]

생물학적 유해 간섭의 정의[21]

유해 간섭이란 무선주파수 신호와 방출에 급성, 만성, 또는 장기적으로 노출되어 사람과 동식물, 생태계의 생물학적 기능을, 위험에 빠뜨리거나, 저하시키거나, 중단 또는 반복적으로 방해하여, 결과적으로 건강에 나쁜 영향을 주고 의료기기나 장비의 오작동을 유발하는 경우를 의미한다.

생물학적 유해 간섭이란 생물학적, 생리학적 또는 생태학적으로 측정 가능한 변수의 부정적 변화(다른 외부 영향에 노출되지 않는 정상적인 상황에서도 통제 범위를 벗어난 경우)로 정의될 수 있다. 자기장이나 무선주파수 영역에 노출됨으로 나타나는 생물학적 영향을 보여주는 측정 가능한 변수의 예는 다음과 같다.

- 수면 중 뇌전도도(EEG) 스핀들 주파수(같은 사람의 경우 재현 가능해야 하지만 모든 사람에서 반드시 재현 가능할 필요는 없음);
- 뇌의 포도당 신진대사 스캔에 기초한 뇌의 신진 대사율;
- 건강한 세포에서의 DNA 파손율;
- 칼슘 세포막 방출 속도의 붕괴;
- 멜라토닌 생성 및 대사;
- 인슐린 생성 및 대사;
- 심장박동 수 및 혈압 변화;

- 체온(건강한 신체는 보통 - 17.7℃ 보다 작은 범위 내에서 온도가 조절되기 때문에 0.2°F 정도의 일시적 체온 변화는 생물학적 영향으로 간주됨에 주목).
- 동식물의 사망률;
- 동식물의 기형 출산율 또는 발아율;
- 동식물의 변형된 성장 또는 형태;
- 행동 변화(둥지 짓기, 벌의 신호전달 증가 또는 기타 동물에 나타나는 먹이습관 변화).

개인이 해야 할 일

환경독성물질 노출을 연구하는 학자들에 따르면 첫 번째 처방은 유해한 요인으로부터 벗어나는 일이다. 이는 특히 임산부, 아기, 어린이, 허약자들에게 우선적으로 해당되는 대책이다.

우리는 대부분 낮은 수준의 만성적 노출 환경에서 살고 일하고 공부하기 때문에 무선주파수 방사선에 대한 노출을 줄인다는 것은 아주 최소한의 일일 수도 있다. 하지만 각자 무선기기의 개인적 사용은 줄일 수 있다.

집에 무선기기(예, 휴대폰, 무선전화, 와이파이 등)가 없는 사람들은 무선기기가 있는 사람들보다 스트레스 호르몬이 활성화되지 않는다는 것을 보여주는 연구 결과도 있다. 두 그룹 모두 중계기 안테나 타워에서 나오는 무선주파수 영역에는 노출된 경우에도 같은 결과가 나타났다.[22]

달리 말하면, 이 연구는 우리가 제어할 수 없는 기기에서 나오는 무선주파수 방사선에 노출된 경우라도 우리 자신의 무선기기 사용을 줄이면 스트레스 레벨을 떨어뜨릴 수 있는 것을 말해준다.

(1) 집의 배선은 적절한지, 또 자기장이 나타나지 않는지 확인한다.

가정이나 직장이 전자기장(EMF)에 노출되어 있는지 점검하도록 한다. 가우스 미터 대신 휴대용 AM라디오를 사용하거나 자기 측정기를 대여할 수도 있다.

건물의 전기 배선과 접지로 인해 발생하는 전자기장(EMF) 관련 도서[23]를 읽어보도록 하라. 필요하면 집 안팎에서 발생하는 자기장을 감소시키는 방법을 아는 전기 기술자를 찾아서 도움을 받기 바란다. 보통 주택은 새로 지었던, 오래된 것이던, 리모델했던 상관없이 전기 배선에 여러 가지 문제가 있다는 사실에 주목할 필요가 있다. 자기장과 무선주파수 노출에 관한 많은 의문 사항에도 불구하고 여전히 적절한 답은 없으며 어떻게 전자기장을 감소시키는지 아는 사람(전기 기술자를 포함하여)도 거의 없다.

만일 자기 집 주변에서 자기장을 발생시키는 전선을 찾았다면 전기회사에 연락해서 자기장을 줄이도록 한다. 교류 전기 핸드북[24]이 좋은 참고도서가 될 것이다.

새 전구를 끼운 후에도 불이 깜빡거리면 전기 기술자를 불러 스위치를 교체하고 느슨한 전선 연결이 있는지 확인하도록 한다.

디지털 디스플레이가 있는 가전제품은 자기장을 발생시키기 때문에 가능하면 피하도록 한다. 부엌에 있는 오븐에 디지털 디스플레이가 있다면 전선과 연결시키도록 한다. 오븐은 사용할 때를 제외하고는 디지털 디스플레이 기능을 꺼두도록 한다. 버너에 불을 붙일 때에는 스트라이커(점화기)를 사용하도록 한다.

나무가 전선과 접촉할 때 아크를 발생시킬 수 있으므로 주택 가까이 있는 나무는 항상 가지치기를 해주도록 한다. 새집을 지을 때 이러한 문제를 피하기 위해서는 전선 가까이에는 덤불이나 작은 나무를 심도록 한다.

정기적으로 전기 기술자를 불러서 회로 차단기 패널의 연결선과 외부 출력선을 조인다(차단기에 가까운 쪽부터). 연결이 느슨하면 작은 아크 현상이 일어날 수 있기 때문이다.

(2) 수면 중 발생하는 전자파 방사선의 방출과 노출을 줄인다.

회로 차단기 패널에서 최소 1~2미터 떨어진 곳에서 잠을 자도록 한다. 패널은 전원이 꺼져 있건 켜져 있건 간에 이웃집의 변압기 전기가 있고 벽을 통해 들어오는 전자기장이 있다.

회로 차단기 패널이나 유틸리티 송전 미터가 설치되어 있거나 반대쪽에 냉장고가 있는 벽 가까이에서는 잠을 자지 않도록 한다.

수면 중에는 침실 안이나 가까운 곳에 있는 전자기기의 코드를 뽑도록 한다. TV, 컴퓨터, 알람시계는 단순히 스위치만 끄지 말고 플러그를 뽑도록 한다. 침대 근처나 침대 뒷벽에 있는 모든 전자기기의 코드를 뽑아 두도록 한다. 알람시계는 꼭 있어야 한다면 배터리로 작동하는 것을 사용하도록 한다.

휴대폰이나 무선전화기 또는 충전기 가까이에서는 절대로 잠을 자지 않도록 한다. 무선주파수 영역에 노출되면 숙면 유도와 암 예방에 필요한 멜라토닌 호르몬의 분비와 효과를 감소시킨다.

마이크로파를 일상적으로 발생시키는 베이비 모니터를 제거하도록 한다.

와이파이는 사용하지 않을 때, 특히 밤에는 끄도록 한다. 와이파이를 끄는 방법을 잘 모르겠으면 컴퓨터, 프린터 및 모뎀의 전원 플러그를 뽑도록 한다.

전기담요, 전기요, 물침대에서 잠을 자지 않는다.

땅이 주는 다양한 수면 효과에 관한 책을 참고한다.[25] 참고: 침실에 자기장 또는 전기장이 누출되고 있는 경우 전기 소켓에 연결된 전도성 시트에서 잠을 자게 되면 자기장이나 전기장 영역의 노출이 증가할 수도 있다.[26] 만약 집에서 전기장을 제거할 수 없다면, 자는 동안 침실에 있는 모든 전자제품의 플러그를 뽑는 것이 가장 좋은 방법이다.

(3) **전자파 방출 및 노출을 계속 줄여나간다.**

가정, 학교 또는 사무실에 스마트 미터를 설치하지 못하도록 한다. 이미 설치했으면 스마트 미터를 제거하도록 한다.

이웃 주민들에게 스마트 미터의 위험성을 알리고 기존의 아날로그 방식의 계량기를 사용하도록 계몽한다.

형광등을 사용하지 않는다.[27] 형광등은 에너지를 절약하지만 구형파와 고조파를 발생시키는 안정기가 필요하기 때문에 사용하지 않는 것이 좋다. 형광등의 깜빡거림 현상은 신경계를 교란시킬 수 있다. 또한 형광등 안에는 매우 유독한 수은이 들어있기 때문에 깨어지면 유해하다(폐기 시 특수 재활용 시설을 이용하도록 한다). LED등도 사용 수명이 길고 최소한의 에너지를 사용하지만 대부분의 경우 고주파수를 발생시킬 수 있다. DC에서 AC로 변환할 필요가 없는 CLED를 사용하도록 한다. 백열전구의 생산이 점차 감소하고 있으므로 백열전구를 충분히 준비해 놓는 것이 좋다. 대형 상가나 체육관 같은 곳들은 SMPS를 사용하는 할로겐 대신 12볼트 DC LED의 사용을 고려할 필요가 있다. 깜박거림 민감증에 관한 내용은 conradbiologic.com를 참고하면 된다.

크리스마스 시즌에는 전기를 사용하지 않고 장식하는 방법을 찾도록 한다.

SMPS가 필요한 조광 스위치를 제거하고 ON/OFF 기능의 일반 스위치로 교체한다. 분위기가 있는 조명이 필요한 경우에는 세 단계(강, 중, 약) 조명등을 사용한다.

전기 기술자로 하여금 다중 스위치로 조절되는 전등의 선을 수리하여 스위치 하나만 두고 모두 제거한다(스위치들이 제대로 설치되지 않으면 자기장을 발생시킬 수 있다).

대형 스크린 TV는 공간이 넓은 방에서도 높은 주파수 영역을 발생시킬 수 있다는 점에 유의해야 한다.

가정이나 사무실에서도 무선전화기는 사용하지 말고 반드시 유선전화기를 사용해야 한다. 무선전화기는 본체에서 무선주파수 신호가 방출된다. 중고가게나 사무집기 상점에서 전자방식이 아닌 유선전화기를 구입하도록 한다. 스피커폰이 필요하면 전기 콘센트에 꽂을 필요가 없는 것을 사용하라.

유선 인터넷을 사용한다. 건물에 있는 케이블 박스는 무선송신기가 꺼져있는지 반드시 확인한다.

가능하면 단독주택에 거주하도록 한다. 이웃과 벽을 공유하게 되면 자기장과 무선주파수 영역에 노출될 확률이 높아진다. 외벽에 스마트 미터가 설치되어 있는 아파트 거주자들은 특히 취약하다.

창문을 특히 유의하도록 한다. 회를 칠하거나 벽돌이나 콘크리트로 지어진 주택 같은 경우 창문은 무선주파수의 주요 진입구가 될 수 있다. 열전도율이 낮은 창문, 알루미늄 벽재, 금속 지붕 또는 금속 창문 스크린 등이 있는 집에서 무선기기를 사용하게 되면 전자파 방사선의 노출을 더욱 심화시킬 수 있다. 무선주파수 신호는 새롭게 생산되는 열전도율이 낮은 창문을 통과할 수 있다. 알루미늄 스크린과 구형 창문(열전도율이 낮은 경우도 포함)은 무선주파수 신호를 상당히 차단시킬 수는 있지만 완전히 차단하지는 못한다. 자기장 및 무선주파수 영역을 정기적으로 점검하도록 한다.

합성섬유로 만들어진 가구나 카펫을 제거하고 정전기를 발생시키지 않는 재질들로 교체하도록 한다.

방에 들어오는 전자파를 차단시키기 위해서는 창문에 열 조절 필름을 부착하거나, 벽에 차폐 페인트를 칠하거나 차폐 직물을 붙일 수 있다. 일부 마이크로파는 금속(휴대폰의 신호는 차안으로 통과할 수 있다.)을 통과할 수 있고, 한쪽 방향에서 들어오는 마이크로파를 차단하는 것은 반대 방향에서 들어오는 파를 강하게 할 수 있기 때문에 전자파를 차단하는 일은 매우 까다로운 일이다. 자신도 모르는 사이에 새로운 장비가 근처에 설치될 수 있으므로 계측기를 이용하여 자주 모니터링 하도록 한다. 유의할 것은 마이크로파를 차단한다고 해서 전자기장으로부터 보호받을 수 있는 것은 아니라는 점이다.

댄 스티(Dan Stih), 항공우주엔지니어, "건강한 생활공간"[28] 저자

집에 있을 때 몸에 이상을 느끼거나 전기 배선에 문제가 있다고 의심이 가는 경우 빌딩생물학자들에게 자문을 구하라. 그들은 무엇이 잘못되었는지 찾아내고 전기기사들이 이해하고 공감할 수 있도록 설명해줄 수 있을 것이다.

아파트 단지나 안테나 가까이 거주한다면 차폐 페인트나 커튼을 사용하는 것이 좋다. 빌딩생물학자들로부터 비교적 빠른 시일 내에 차폐 페인트나 커튼을 실생활에 적절히 활용하는 방법을 배울 수 있을 것이다. 그리고 무선기기의 사용 자제를 신중히 고려할 것을 모든 사람에게 권하는 바이다.

개리 올레프트(Gary Olhoeft, Ph.D.), 지구물리학자 및 전기공학자

우리 집에서 발생하는 위험한 수준의 전자기장을 정기적으로 점검하기 위해 스펙트럼 분석기를 구입했다. 그래서 우리 집에서 에너지가 집중적으로 몰려있는 곳을 알게 되었고 피할 수 있게 되었다. 현재 나의 침실에서는 전자기장이 발생하지 않는다.

요즘은 대부분의 학교, 도서관, 쇼핑몰, 레스토랑, 법원, 병원 및 기타 공공장소들도 와이파이가 있다. 이러한 건물들 대다수도 역시 나쁜 지점들이 있다.

요즘 최신 자동차의 대부분은 컴퓨터화되고, 무선주파수 신호를 발생시키는 시동 방식은 말할 것도 없이 휴대폰, 블루투스, 와이파이가 내장되어 출고된다. 일부 전기차와 하이브리드차의 충전방식은 유해 전기를 발생시킬 수 있다.

FCC는 전자기기의 스펙트럼 대역을 보호하지만 형광등이나 TV 같은 것은 아예 검사도 하지 않고 규제나 경고도 하지 않는다.

FCC는 한 공간이나 건물에서 한 대 이상의 기기들이 작동할 경우 일어나는 상황에 대하여 일반 대중들에게 경고해야 할 필요가 있다. 또한 모든 전자기기의 전자파 방출을 검사하고 결과 공개를 요구하는 정부기관이 있어야 한다.

(4) 임산부, 유아, 어린이들은 무선기기를 사용해서는 안 된다.

태아의 두뇌 발달은 특히 방사선에 취약하다. 임산부가 하루에 한번 휴대폰을 사용한다고 하면, 다른 요인의 영향을 무시한다 하더라도 태아의 발달 행동 장애가 일어날 확률은 거의 2배에 이르게 된다.[29]

임산부가 위급한 상황에서 꼭 휴대폰을 사용해야 한다면 복부에서 멀리 떨어지게 해야 한다. 태아 머리 가까이 휴대폰을 들고 통화하거나 문자를 보내서는 안 된다.

임신을 원하면 먼저 주변에 있는 모든 무선기기를 제거할 것을 권한다.

아버지가 되고자 하는 남성들은 휴대폰을 주머니에 넣거나 벨트에 차고 다녀서는 안 된다. 휴대폰을 사용하게 되면 정자의 상태에 부정적인 영향을 주기 때문에 주머니나 벨트에 둘 때는 휴대폰은 꺼두는 것이 좋다.[30] 휴대폰을 소지하는 것이 여성의 생식기능에 주는 연구는 아직 없지만 사전예방원칙을 고려하여 피하는 것이 좋다.

자녀들에게 위급한 상황을 제외하고는 휴대폰을 사용해서는 안 된다고 교육시킬 필요가 있다. 휴대폰이 방출하는 무선주파수 신호에 노출됨으로 발생하는 위험은 어른보다 어린이들이 훨씬 크기 때문이다.

학교는 유선 인터넷을 사용하길 원하는 학생과 교사를 위해 별도의 공간을 마련해두어야 한다.

교사는 학생들에게 자신들의 휴대폰에 대해, 떨어진 거리 또는 블루투스 작동 유무 등 상황에 따른 SAR 수준을 지도하는 것이 좋다. 학생들로 하여금 휴대폰 사용에 대한 각자의 안전기준을 설정해 보도록 한 후 FCC, BioInitiative 보고서, 셀레툰 성명서 등에서 결정한 기준과 비교해 보도록 한다.

리즈 베이트만(Liz Bateman), 27세, 남동부

최근에 나는 하루 종일 기차를 타야했다. 그런데 기차를 타고 있는 동안 계속 속이 메스꺼웠다. 나는 그 이전에도 기차를 탔었지만 한 번도 문제가 있었던 적이 없다. 내 친구는 이 기차에 와이파이가 새로 설치되었다면 내게 영향을 줄 수도 있을 것이라고 했다.

나는 와이파이가 해로울 수 있다는 것을 전혀 몰랐다. 생각해 보니 내

우울증과 비염도 남편과 내가 휴대폰과 와이파이를 사용할 무렵부터 시작되었다는 것을 알게 되었다. 나는 휴대폰에 관해 좀 더 공부하면서 안전하지 않다는 것을 알게 되었다.

남편과 나는 아이를 갖길 원했고 아이들이 건강하게 태어나길 바랐다. 그래서 우리는 유선전화기를 사용하고 유선 인터넷에 접속하기로 했다. 이렇게 까지 하는데 통신사와 무려 5시간 동안 통화를 하고 일주일간 전화 없이 지낸 것을 포함하여 거의 2개월이나 걸렸다. 휴대폰은 비상사태에 대비하여 그냥 유지하기로 했다.

놀랍게도 남편과 나는 요즘 불안함을 덜 느낀다. 이제는 예전처럼 언제든지 휴대폰으로 통화하는 것이 아니기 때문에 우리는 실제로 더욱 내용이 분명한 대화를 하게 되었다.

(5) 당신이 휴대폰이나 기타 모바일 기기를 사용한다면 이렇게 하라.

우선 기기를 멀리해라. 휴대폰은 문자나 통화를 주고받을 때마다 마이크로파 방사선 펄스를 정기적으로 안테나에 보낸다. 그러므로 비행모드를 켜두거나 휴대폰의 배터리를 분리해 둬라. 배터리는 휴대폰을 사용할 때만 장착하는 것이 좋다.

엘리베이터, 비행기, 버스, 기차, 지하철 등에서는 휴대폰이 당신과 당신 주변에 있는 사람에게 전자파를 방출하기 때문에 사용을 자제한다.[31]

일주일에 하루는 휴대폰이나 모바일 기기를 사용하지 않는 전자기기 휴일을 시작해 보고 건강 상태나 수면의 질이 어떻게 달라지는지 관찰하도록 한다.

심리학자인 세리 털크(Sherry Turkle, "Alone Together" 저자)가 제안하는 것처럼 부엌, 식당, 자동차에 무선기기가 없는 공간을 설정하도록 한다. 미국 소아과의학회의 가이드라인[32]에 따라 2세 이하의 유아들에게는 어떤 형태의 미디어에도 노출되지 않도록 하고 스크린이 있는 기기들은 어린이 침실에 놓지 않도록 한다.

사진이나 동영상을 송수신하는데 휴대폰이나 태블릿을 사용하지 않도록 한다. 이것은 더욱 넓은 대역폭을 필요로 한다. 사진이나 동영상을 송수신할 때는 반드시 유선 컴퓨터를 이용하도록 한다.

진저 파버(Ginger Farver)

휴대폰 사용자들이 전자파 방사선 노출로부터 어떻게 자신들을 보호할 수 있는지 묻는다면 나는 일단 그들의 휴대폰 사용자 지침서를 준수할 것을 제안한다. 많은 휴대폰 제조사들은 적어도 신체에서 2.3센티미터 정도 떨어져 소지해야 하며, 임산부와 청소년들은 하복부에서 멀리 두어야 한다고 권하고 있다.

휴대폰의 사용은 응급 시에만 사용하는 것으로 하고 그것도 짧게 사용하도록 한다. 지금까지 연구에 따르면 하루 30분가량 휴대폰을 사용하는 것은 과다한 것으로 나타났으며, 이는 뇌종양 발생 위험을 현저하게 증가시킨다.[34]

랩톱이나 태블릿은 무릎이나 복부장기 가까이에서 사용하지 않도록 한다.

주의할 점: 안테나 신호가 약할수록 가까운 안테나와 연결을 위해 휴대폰은 더욱 많은 방사선을 방출하기 때문에 사용자의 방사선 노출은 증가하게 된다. 스웨덴의 연구에 따르면 수신 상태가 좋지 않은 농촌지역의 휴대폰 사용자들이 건강에 더욱 나쁜 영향을 받는 것으로 나타났다.

귀가 따뜻하다고 느껴지면 통화를 즉시 종료해야 한다.

유선 마이크와 이어폰을 사용하고 휴대폰을 신체에서 멀리하도록 한다. 무선 이어폰(블루투스)은 머리 가까이 두면 안 되는 또 다른 방사선 배출원이기 때문에 사용하지 않는 것이 좋다. 대신에 스피커폰을 사용하거나 문자를 보내는 것이 좋다.

금속으로 된 공간 내에서는 휴대폰의 방사선 방출이 증가하게 되므로 엘리베이터, 자동차, 버스 또는 기차 같은 장소에서는 문자나 전화를 하지 않도록 한다. 철재 공간 안에 있는 사람들은 증가된 방사선의 방출로 인하여 영향을 입게 되고 특히 아이들과 의료기기를 이식한 사람들은 더욱 심각한 영향을 받을 수 있다.

운전 중에는 문자 메시지를 보내거나 통화하지 말아야 한다. 운전 중 휴대폰으로 문자나 통화하는 것은 많은 주에서 불법이며 핸즈프리 기기를 사용하는 경우라도 음주 운전보다 더 위험하다. NorthSun.com에 게시된 범퍼 스티커를 인용해 보자면: 당신이 신을 만나고 싶다면, 운전 중 문자를 계속하라!

필터

적절히 설계된 필터는 자기장, 고주파수의 진폭, 무선주파수 방사선 등을 줄일 수 있다. 하지만 어떤 필터도 유해 전력 발생원을 제거할 수는 없다.

전기 문제 종류에 따라 필요한 필터 종류도 달라진다(예, 페라이트 인덕터와 파이 필터). 어떤 문제는 필터가 소용이 없을 수도 있다. 효과적인 필터는 보통 $1/w(1와트 전기당 1달러)정도 비용이 든다.

어떤 필터들은 전선에서 발생하는 일부 고주파수 진폭을 줄여주는 커패시터가 있다. 커패시터가 달린 필터들은 전력 소비가 있다는 것을 알아야 한다. 한편 필터가 침대 뒤쪽에 꽂혀 있다면 침대의 자기장은 실제로 증가할 수도 있다. 어떤 회사는 의료용 필터(뇌파 기계 보호용)나 군사용 필터를 제조하기도 한다.

게리 올레프트(Gary Olhoeft, Ph.D.), 지구 물리학자 및 전기 공학자

나는 지구물리학자로서 살충제와 기타 화학물질이 토양에 주는 영향을 검사하는 실험실이 있다. 우리 건물 내의 엘리베이터와 근처에 있는 기계 공작소에서 방출하는 신호들은 실험실의 초민감 측정기를 방해한다.

나는 작업을 위해 막대한 비용을 들여 활성 증폭 필터(active operational amplifier filters)를 실험실에 설치했다.

필터는 건물로 들어오는 전선에서 발생하는 모든 전자파들을 1MHz 이하로 감소시킬 수 있었다. 와이파이와 다른 신호들로 인해 무선주파수는 더욱 여러 곳에서 발생하기 때문에 추가로 막대한 비용을 들여 알루미늄과 퍼멀로이(니켈과 철 합금)로 벽도 차폐시켰다. Stetzer 필터는 2000년대 초반에 60Hz 전선에서 나오는 고주파수 영역을 줄이기 위해 만들어진 것이다. 이것은 유해 전력에서 나오는 방사선을 줄이기 위해 만들어진 것은 아니다. 그래서 Stetzer 필터가 효과적이라는 사람들도 있었지만 오히려 문제를 더욱 악화시킨다는 사람들도 있었다. 유해 전력에 대한 해결 방안을 찾는 사람들 중에는 Stezer 필터는 여전히 논쟁의 여지가 될 수 있다.[33]

((🌐))

제시 그랜트(Jessie Grant), 38세, 북서부 지역

나는 Stetzer 필터를 설치하고 나서 전기 과민증이 완화됐다는 친구들이 여러 명이나 있다. 나도 Stetzer 필터와 Green Wave 필터를 두 집에 다 설치했다. 그런데 필터의 플러그를 끼울 때마다 나는 누군가 내 척추를 따라 파편을 심는 것 같은 느낌을 받았다.

((🌐))

마이클 스와베(Michael Schwaebe), 기계공학자 및 건축생물 환경컨설턴트, 캘리포니아 주

Stetzer 필터가 배선 오류가 중복된 주택이나 건물(예, 귀환 전류가 여러 경로인 경우)에 설치되었을 경우 자기장은 가중된다.

필터는 순간적 전기 현상인 잡음을 전류로(예: 볼트를 암페어로) 변환시키고, 각 필터는 해당 회로의 전류 흐름에 약 1암페어 정도를 추가하게 된다. 여러 경로의 귀환 전류가 있는 경우는 전류 흐름이 동일하지 않고 송전망 모든 곳에 반대 방향의 전류가 발생한다.

이로 인해 자기장이 상승하게 된다. 전기장에 민감한 사람들에게는 증상이 감소될 수 있다. 약한 자기장에도 민감한 사람들에게는 배선이 올바르게 된 경우에도 증상이 악화될 수 있다.

작은 장비들도 유의해야 한다. 목이나 휴대폰에 있는 장치들도 마이크로파를 차단하지 못한다. 공기관 헤드셋(Air Tube Headset)은 좀 더 안전하지만 사용 중에는 가급적 휴대폰은 거리를 두는 것이 좋다. 응급 상황에 꼭 휴대폰을 사용해야 한다면 스피커 폰 모드로 사용하도록 한다.

손님이 방문할 경우 휴대폰을 자동차 안에 두거나 밀폐된 금속용기 안에 넣어 두도록 정중하게 부탁한다. 밀폐된 금속 용기 안에서는 휴대폰은 신호를 보내거나 받을 수가 없다.

자기장, 휴대폰, 와이파이, 스마트 미터에 복합적으로 노출된 것의 영향과 백혈병, 림프종, 피부암, 췌장암 등과 같은 목 아래 부분의 암 발생 위험에 관한 연구는 아직 이루어지지 않았음을 주목할 필요가 있다.

천천히 행동에 옮기도록 한다. 이는 일주일 정도 단기간에 하는 것이 아닌 장기간에 걸쳐 습관을 바꾸고 신체를 회복시키는 것을 의미한다.

(6) 이웃을 교육시키고 정치적 행동을 취한다.

내가 만약 모바일 기기, 와이파이, 안테나, 스마트 미터 등이 건강이나 환경에 영향을 주는 것에 대해 얘기할 때 조금이라도 화를 내거나 흥분한다면, 나의 노력은 비효율적이고 오히려 해로울 수도 있다는 것을 알게 되었다.

사실 이러한 기기들에 대한 정보를 공유한다는 것은 힘든 일이다. 많은 사람들은 휴대폰이나 와이파이가 자신들에게도 해를 입힐 수 있고 타인들에게는 터무니없고 공격적인 피해를 줄 수 있다는 것을 알고 있다. 대화를 할 때 상대방의 생각과 감정을 고려하는 중립적인 상태로 말하기 위해서는 일종의 성인군자 같은 마음이 필요하다. 하지만 솔직히 말해서 나는 지구 전체가 위험에 처해 있다는 생각을 할 때는 그런 마음을 가지지 못할 경우가 많다.

연구에 의하면 사람들은 어떤 개념(예를 들어 휴대폰은 안전하다)을 믿고 있다가 그와 반대되는 말(휴대폰은 안전하지 않다)을 듣게 되면, 대개는 그전보다도 더 첫 번째 개념에 집착한다고 한다.

만약 내가 다른 사람들이 무슨 일을 할 필요가 있다는 생각을 머릿속에 하게 되는 상황이 되면, 내가 그들을 불쾌하게 할 수도 있다.

한번은 내가 타운하우스에 살고 있을 때 의사가 나의 건강 상태로 인해 전자기파 방사선의 노출을 줄이는 것이 좋겠다고 말했다는 사실을 설명하는 편지를 이웃들에게 보냈다. 나는 이웃 사람들이 나의 편지로 밤에 와이파이와 휴대폰을 꺼줄 수 있을지 궁금했다. 그런데 그들은 나의 편지를 너무 불쾌하게 생각해서 결국은 나의 요청을 주민 모임에 신고했다. 그들은 와이파이를 서로 경쟁이라도 하듯 틀어놓고 휴대폰도 하루 24시간 일주일 내내 사용하는 식이었다. 와이파이나 휴대폰은 모두 FCC 승인 받았는데 무슨 문제냐는 식이었다.

세상에! 내 눈에는 정중하고 논리적이었던 나의 편지는 결국 이웃 주민들과 멀어지게 만들고 말았다.

한쪽에서는 무선기기 없이는 살 수 없다고 생각하고 다른 한쪽에서는 무선기기가 우리 생태계 전체를 위협한다고 생각하는 사람들 사이에서 어떻게 모두를 만족시킬 수 있는 해결책을 만들어 낼 수 있을까? 어린이까지 관련되어 있는데 내가 어떻게 모바일 기기들을 너무 좋아하는 사람들을 존경할 수 있을까?

일을 효과적으로 하는 활동가들이 내게 말하기를 성공적인 프로젝트는 사람들을 모으고 서로가 동의하는 것을 찾아 목록을 만들어가는 과정에서 시작된다고 했다.

전단지(예를 들어 스마트 미터 또는 설치 예정인 안테나의 위험에 관하여)는 최소한의 정보만 있을 때 가장 효과적이다. 전단지에는 단어가 적을수록 사람들이 읽을 확률이 커진다.

무선기기에 관해 강의를 요청받으면 새로운 내용을 준비할 필요 없이 이 책 부록 관련 자료 부분에 수록되어 있는 DVD 중 하나를 보여주면 된다. 그리고 그 동영상에 나오는 질의응답을 그대로 하면 된다.

질문에 답하는 사람은 지역 상황을 잘 알고 복잡한 것(통신법 및 무선주파수 신호의 비가열 효과 등)을 간단하게 설명할 수 있다면 아주 이상적이다.

함께 공부하고 이웃들에게 알리자

첫 번째 단계: 질문하고 듣기. 사는 동네에 스마트 미터와 중계기 안테나가 새로 설치되었거나 업그레이드 된 이후 수면, 불안감, 피부, 기억

력, 두통 등에 변화가 있거나 다른 증상을 느꼈는지 이웃들에게 물어본다. 이웃들의 말에 귀를 기울이도록 한다. 주민들을 대상으로 연구행동 그룹을 만든다. 또 다른 시작 단계로, antennasearch.com에서 집, 학교, 근무처로부터 반경 7킬로미터 이내에 얼마나 많은 안테나가 설치되어 있는지 조사한다.

통신회사와 중계기 안테나 설치 계약을 할 경우 계약 체결 전에 중계기 안테나가 부동산 가격에 부정적인 영향을 준다는 사실을 부동산 소유주에게 알린다.

거주지역의 통신법령에 대해 공부한다. 많은 법령이 통신회사로 하여금 예고나 허락 없이도 사유지에 대한 지역권을 행사하여 안테나를 설치할 수 있도록 하고 있다. 더 자세한 내용은 문헌[35]이나 기타 자료[36]를 참고하고 공부한다.

신문사로 보낼 편지를 쓸 경우에는 적어도 세 사람이 함께하여 내용의 강도(무선통신 서비스 계약자도 존경을 표할 수 있는 수준), 정확성(전기와 무선주파수 영역, 연구 자료, 통신법 등에 관하여), 그리고 좋은 문법을 고려하여 작성 문서를 다듬어야 한다.

친구나 이웃 주민들에게 통신회사의 기업 영향력을 조심스럽게 알린다. 기업 영향력이란 통신회사가 석유나 건강보험 업계보다 더욱 많은 로비스트를 고용하고 있다는 사실이다. 이러한 문제는 어떻게 대처해야 할까? 통신회사의 자금은 그들이 제공하는 통신 서비스에 가입한 고객들로부터 오고 있다.

만일 통신회사의 주식을 보유하고 있거나 무선통신 서비스에 가입한 경우라면 탈퇴하기를 권하는 바이다.

다음과 같은 법안을 지지할 것을 연방의원에게 요구하자

휴대폰 알권리 법(2012년 HR6358): 주 내용은 통신회사는 건강에 관한 연구를 위해서 통신기록 공개를 허용하고, 연방환경보호청(EPA)은 2년마다 무선기기의 안전기준을 갱신하고 휴대폰에 전자파 인체 흡수율(SAR)를 부착하도록 하는 것이다. Electricalpollution.com에 가면 입법을 위해 의원들에게 보내는 샘플 편지가 있다.

1996년에 제정된 통신법 제704조에 대한 위트니 세이무어 주니어 개정안: 제704조는 주정부나 지방정부가 무선주파수 방출로 인한 환경영향에 근거하여 통신장비의 설치, 건설 또는 개조를 규제하지 못하게 막고 있다. 세이무어 개정안은 지역주민 삶의 질을 보호하기 위해 지방자치단체의 구역 결정권을 회복시킬 것이다. 지역 국회의원이 개정안을 지지하길 원하면 emrpolicy.org에 접속하여 "Amend 704" 적어라.

학교 이사회와 행정직원에 다음 사항을 요구하자

지역의 공립 및 사립학교에서 와이파이 사용을 금지하도록 한다.[37] 우선 전자파와 자폐증의 병리학적 관련성[38]을 참고하라.

통신회사가 학교 운동장에 안테나를 세우는 조건으로 임대료를 지급하겠다고 하면, 재정이 빈약한 학교 당국과 학부모들은 안테나의 위험성에 관해 전혀 모르고 있는 경우가 자주 있다.[39]

안전기술 시민연합은 학부모들에게 와이파이 사용에 동의하지 않는 문서 형식을 제공하고 있다. 이러한 활동을 통해 와이파이와 어린이 건강에 관해서 교사와 학부모를 교육시킨다.[40]

학교 부근에 중계기 안테나가 얼마나 많이 있는지를 고려하여 만든 학교 순위(Dr. Magda Havas' s Antenna Ranking of Schools)는 학부모들에게 자녀들의 학교에 대해 관련 사항을 알려준다.[41]

데니스 베이커(Denise Barker), 32세

우리 아이들이 다니는 초등학교에 와이파이를 설치할 계획이라는 소식을 접했을 때 나는 학부모와 교사들에게 무선기기의 위험성을 가르치기 위한 여러 강의를 준비했다. 나는 마사 허버트 박사(Dr. Martha Herbert)와 미국 소아과의학회가 다룬 동일 주제의 자료를 사람들에게 나누어 주었다. 내가 참고한 wifiinschools.org.uk에는 사라 스타스키 박사(Dr. Sarah Starkey)가 무선주파수 방사선의 노출로 인하여 DNA, 수면, 생식, 행동, 멜라토닌 등 그 외 여러 분야에 영향을 주고 있음을 나타내는 과학적 연구 사례들을 올려놓았다.

여러 학부모와 교사들이 자신들은 이러한 연구에 의문이 많다고 했다. 그들은 와이파이가 있음으로 해서 많은 아이들이 학교 생활을 훨씬 즐거워하는 것을 보아왔던 것이다. 나는 너무나 낙심해서 강의를 거의 다 취소하려고 할 판이었다. 그 순간 나는 우리 학교 내에 와이파이 설치를 원치 않는 사람들을 만나야 할 필요가 있다는 것을 깨달았다. 내가 겨우 다른 한 사람과 연결된다 할지라도 나는 만나야 했다.

문제를 신고하라

무선기기 사용으로 병이 들었다면 식품의약품안전청(FDA's Medwatch Program)에 보고하라.[42] 그리고 소비자제품 안전위원회(Consumer Product Safety Commission)에도 신고하라.[43] 여기서는 위험한 제품을 시장에서 판매하는 것을 금지하는 일을 한다.

무선기기로 인해 작업능력이 떨어지고 공공장소로 나가면 건강한 생활공간을 찾기 어렵다는 것이 자주 느껴지면 불만을 적어서 미국 법무성 인권담당 장애인법(ADA: American Disabilities Act)에 호소하라. 그리고 그 호소문 사본을 "방사선 방출 제품 불편사항(Radiation Emitting Product Complaint)" 이라는 제목으로 info@emrpolicy.org와 소비자보고(Consumer Reports)에 보내도록 한다.

주 의회 의원에게 요구하라

당신이 거주하는 주가 에너지 효율적이고, 에너지와 화학물질로부터 안전하며, 무선주파수가 없는 지역으로 지정되도록 한다. 그런 지역은 스마트 미터, 와이파이, 휴대폰, 중계기 안테나, 무선전화기 등이 없고 인터넷 연결은 유선으로 하는 곳이다. 또 살충제나 기타 유해한 화학물질들이 허용되지 않아야 한다.

조디 맥라우린(Jody McLaughlin), 57세, 워싱턴 주

내가 무선주파수 방사선이 가장 적게 나오는 곳을 찾으면서 사람들에게는 나는 죽은 지역(Dead Zone)을 찾는다고 말하는 것은 정말 아이러니하다.

자신을 부드럽게 대하고 힘들지 않게 하라. 이 말은 많은 의미를 가지고 있다. 우리는 한낱 인간일 뿐이다. 항상 작은 발걸음이 축적되어 커다란 변화를 일으킨다는 것을 명심해야 한다. 우리가 전기와 무선기기의 사용과 규제에 실수를 범했다는 것을 인식한다는 것 자체가 커다란 발걸음을 내딛은 것이다. 그렇다면 앞으로 더욱 많은 기술을 수용할 것인가 아니면 나의 생물학적 한계 내에서 머물 것인가? 라는 질문을 던져본다. 나는 어떻게 해야 하나?

주석 및 참고문헌

1. BioInitiative Report 2012; The Seletun Scientific Statement 2009; and EMR Policy Institute— see EMR Policy's proposed definition of biological harmful interference on page 188.
2. Maine Children's Wireless Protection Act, proposed by legislator Andrea Boland; American Academy of Pediatrics; electromagnetichealth.org.
3. Radio Frequency Interagency Work Group, 2003 letter to FCC.
4. Occupational Safety and Health Administration, https://www.osha.gov.
5. Donald Zipse, "Are the National Electrical Code and the National Electrical Safety Code Hazardous to Your Health?", Industrial Commercial Power Systems Technical Conference, 1999.
6. Practical Grounding, Bonding, Shielding and Surge Protection, by G. Vijayaraghavan, M. Brown and M. Barnes, Newnes/Elsevier, 2004, p. 237.
7. BioInitiative.org; note: in 1971, OSHA issued a protection guide for workers'exposure to RF radiation [29 CFR 1910.97]. This guide. was later ruled to be advisory, not mandatory. osha.gov/SLTC/radio frequencyradiation/.
8. EMRpolicy.org, Americans Beware.
9. Center for Devices and Radiological Health and Electronic Product Radiation Control Program at FDA.
10. Soares Book on Grounding and Bonding, 10th ed. International Association of Electrical Inspectors, 2008, p.429.
11. OSHA.gov, EPA. gov and, for example, 29 Code Federal Regulation.

12. American Academy of Pediatrics, Kaiser Permanente.
13. Austrian Medical Association Guidelines, aerztekammer.at/documents/10618/976981/EMF-Guideline.pdf.
14. Pediatrics 2013, 132958-961.
15. Dr. Martha Herbert and Cindy Sage, MA, "Autism and EMF? Plausibility of a pathophysiological link; parts 1 and 2,"Pathophysiology 2013.
16. cdc.gov/healthyyouth/foodallergies/.
17. Alone Together, by Sherry Turkle; see also "Children, Adolescents and the Media,"a 10.28.13 Policy Statement from the AAP.
18. Naval Sea Systems Command(www.navsea.navy.mil).
19. David Carpenter, MD, Professor of Environmental Medicine at SUNY/Albany and coeditor of The BioInitiative Report, January 27, 2009.
20. D. O. Carpenter, "Electromagnetic fields and cancer: The cost of doing nothing,"Reviews on Environmental Health, vol. 25, no. 1, (2010): 75–80.
21. Proposed by the EMR Policy Institute in its September 2013 comment to the FCC.
22. K. Buchner and H. Eger, "Changes of clinically important neurotransmitters under the influence of modulated RF fields: A long-term study under real-life conditions,"Umwelt-MedizinGesellschaft, vol. 24, no. 1 (2011): 44–57.
23. Study Karl Riley's book, Tracing EMFs in Building Wiring and Grounding.
24. Marv Loftness'book, AC Powerline Interference Handbook.
25. Clint Ober, Earthing, https://www.groundology.co.uk/about-grounding.
26. M. Virnich and M. Schauer, "Caution, Ground Pads and Sheets: Being Grounded is Not Equal to Zero-Field Exposure,"de–Der Elektro- und Gebäudetechniker (11-2005) transl. by Katharina Gustavs, 2009.
27. M. Havas, "Health concerns associated with energy efficient lighting and their electromagnetic emissions,"Scientific Committee on Emerging and Newly Identified Health Risks, 2008.
28. Dan Stih, "Healthy Living Spaces: The Top Ten Hazards Affecting Your. Health", Healthy Living Spaces, 2007.
29. Divan et al, "Prenatal and postnatal exposure to cell phone use and behavioral problems in children,"Epidemiology, vol. 19, no. 4 (2008) 523–529.
30. G. N. De Iuliis et al, "Mobile phone radiation induces reactive oxygen species production and DNA damage in human spermatozoa in vitro,"PLoS One, vol. 4, no. 7 (2009): e6446.
31. R. Herberman, "Practical Advice to Limit Exposure to Electromagnetic Radiation

Emitted from Cell Phones"; environmentaloncology.org /node/202 (7-2008).
32. American Academy of Pediatrics, "Children, Adolescents and the Media,"issued on 12.28.13.
33. Electricalpollution.com endorses Stetzer filters; emfrelief .com/capacitive -filters. html and conradbiologic.com/articles /emfscams.html post info about why Stetzer filters (different from the operational amplitude filters that Gary Olhoeft describes) may aggravate symptoms.
34. E. Cardis et al, "Brain tumor risk in relation to mobile telephone use: Results of the INTERPHONE international case controlled study,"International Journal of Epidemiology, vol 39, no. 3 (2010): 675–694.
35. Cell Towers: State of the Science/State of the Law, edited by B. Blake Levitt.
36. Coalition for Local Oversight of Utility Technologies; www.CLOUTnow.org.
37. safeschool.ca; Wi-Fiinschools.org.uk; or wiredchild.org.
38. Dr. Martha Herbert (pediatric neurologist at Harvard Medical School) and Cindy Sage (coeditor of the BioInitiative Reports), "Autism and EMF? Plausibility of a pathophysiological link—parts 1 and 2"in Pathophysiology 2013.9.
39. www.centerforsaferwireless.org/Cell-Phone-Towers-and–Antennas-on-School-Property .php.
40. http://citizensforsafetechnology.org/WiFi-NonConsent-Form-for-Use-in-Schools ,72,44).
41. magdahavas.com/wordpress/wp –content/uploads/2010/04/BRAG_How-to. pdf.
42. www.accessdata.fda.gov/scripts/medwatch/medwatch-online.htm or 800. FDA.1088.
43. cpsc.gov/cgibin/incident.aspx or 800.638.2772.

책을 마치면서

오늘날 우리가 의존하고 있는 전자기술은 우리의 삶을 아주 위험한 수준에 충분히 빠뜨릴 수 있다. 이러한 상황에서 레이첼 카슨은 어떤 제안을 할까? 카슨은 "침묵의 봄" 마지막 결론에서, 살충제를 제조하고 사용하는 자들은 "마음대로 휘두르는 거대한 힘에 도취되어 겸손함이란 없었다."는 점을 지적하고 있다.

우리 인류의 생존은 자신이 나약함을 인정하는 것에 달려있을까? 우리는 태어나서 의존하면서 살아온 것들에 대해 얼마나 모르고 있었는지; 우리가 전기, 가전, 전자, 통신 등을 얼마나 당연한 것들로 받아들였는지 인정할 수 있을까? 우리는 기술 발전이 우리의 건강과 야생생물에 나쁜 영향을 준다는 것을 인식할 수 있을까? 우리는 각자 자신들의 전자 발자국(Electronic Footprint)을 스스로 인정할 수 있을까?

개인, 가족, 사회, 또는 국가가 전자제품과 무선기기에서 방출되는 전자파 방사선의 위험을 무시하는 기간이 길어질수록 그 결과는 더욱 심각해질 것이다.

우리가 발전적인 토론을 이끌어 가기 위해서는 무엇이 필요할까? 전자파 방사선의 방출과 노출을 줄이기 위한 조치는 무엇이 있을까? 어떤 토론을 계속하면 다가오는 봄이 침묵하지 않을까?

역자 후기

유튜브 방송 "정규재TV 진짜 환경이야기"를 진행하면서 레이첼 카슨의 『침묵의 봄』(Silent Spring)을 정리해볼 기회를 가졌다. 관련 자료를 찾는 과정에서 우연히 이 책을 접하게 되었다. 「An Electronic Silent Spring」이라는 책의 제목에 매료되어 자세히 살펴보았더니 내용이 너무나 충격적이었다. 지금 이 시대를 살아가는 우리 국민들에게 반드시 알려야겠다는 생각에 번역을 결심하게 되었다.

번역을 끝내고 출간을 앞둔 시점(2018년 8월 26일)에 존 매케인(John McCain) 미국 상원의원이 뇌종양(Glioblastoma)으로 사망했다는 소식이 국내외 언론에 크게 보도되고 있다. 이 악성 뇌종양은 이 책의 제1장에 나오는 리치 파버의 사망 원인이기도 하다. 미국 주요 언론들은 지난 2009년 8월 25일 테드 케네디(Ted Kennedy) 상원의원도 같은 뇌종양으로 사망했다는 설명과 함께 휴대폰 사용으로 인한 전자파 방사선에 관해 언급하고 있다. 그리고 미국에서 무선통신기술로 인한 전자파 방사선의 유해성을 알리는 단체(WATE: We Are The Evidence, wearetheevidence.org)는 존 매케인 상원의원의 사망을 계기로 휴대폰과 중계기 안테나의 문제점을 또다시 사회 여론에 호소하기 시작했다.

지난 5월 20일 구본무 LG그룹 회장이 향년 73세로 별세했을 때 우리나라 언론은 단지 9년 전 미국 케네디 상원의원도 같은 뇌종양으로 투병하다 사망했다는 뉴스만 전한 것과는 너무나 대조적이다.

인류는 문명의 이기와 물질을 먼저 만들어 사용한 다음에 그것으로 인한 문제를 알게 되었고 필요한 대책을 세웠다. 자동차가 나오고 한참 뒤에야 교통법규가 만들어졌고 대기오염과 소음공해 등에 대한 환경규제도 이루어지게 되었다. 수많은 화학물질에서부터 토목사업에 이르기까지 모든 문명의 발전은 먼저 혜택을 누리고 문제가 발생하면 해결책을 찾고 규제하는 과정을 반복했다.

이러한 과정의 대표적 사례로 알려진 것이 살충제 사용과 『침묵의 봄』이다. 살충제는 수많은 생명을 전염병으로부터 구하고 식량 생산에 획기적인 기여를 했지만 자연생태계에 치명적인 피해를 가져왔다. 『침묵의 봄』이 출간되면서 선진산업국을 중심으로 실로 많은 것이 달라졌다. 인간이 만들어낸 화학물질 전반에 대한 환경영향 분석과 평가가 이루어졌고 규제를 위한 법과 제도가 만들어졌다.

미국에서는 1962년에 출간된 『침묵의 봄』이 촉매제가 되어 1970년에는 국가환경정책법(NEPA: National Environmental Policy Act)과 연방환경보호청(EPA)이 만들어졌다. 이와 함께 환경영향평가(EIA: Environmental Impact Assessment) 제도가 도입되었고, 1972년에는 유엔이 스톡홀름 인간환경회의를 개최하고 세계 곳곳에서 일어나고 있는 환경문제에 관여하기 시작했다. 이후 프레온 가스로 인한 오존층 파괴가 제기되면서 인간이 개발하여 자연계에 배출하는 새로운 화학물질에 대한 생태계 위해성 평가(Ecological Risk Assessment) 제도가 자리 잡게 되었다.

이러한 과정을 거치면서 인류 사회에 나타난 큰 변화 중 하나는 '먼저 혜택을 누리고 후에 환경과 안전을 위한 규제' 에서 '발생할 문제를 사전에 예측하여 방지하는 것' 으로 바뀐 것이다. 다시 말하면 사후 규제에서 사전 예방으로 전환된 것이다. 사후 규제는 너무나 큰 대가를 치러야 했기 때문에 전 세계적으로 자연스럽게 일어난 변화였다. 환경영향평가나 생태계 위해성 평가는 이렇게 해서 나온 제도다. 그 외에도 사전 환경성 검토, 전과정 평가 등 각종 제도가 사전예방을 위해 만들어졌다.

전자파의 유해성은 지금까지 만들어진 사전예방제도라는 그물망을 빠져나올 수 있었다. 이유는 무선통신기술에 사용되는 전자파는 눈으로 볼 수 없는 에너지에 불과하고 대부분 장기적이고 만성적인 생물학적 영향을 야기하기 때문이었다. 여기에 무선통신기술은 단 몇십 년 만에 급속히 발달했고, 통신과 유틸리티 산업의 거대한 힘이 사전예방으로 가는 법과 제도를 지연시켰다.

내가 이 책을 읽으면서 무척 놀랐던 것 중 하나는 우리의 현실과 너무나 흡사하다는 것이다. 우리나라는 현재 무선통신기술로 방출되는 전자파는 환경부가 아닌 방송통신위원회 전파법 고시로 관리되고 있다. 나는 지금까지 우리나라 전자파 관리 제도는 마치 공장 주인이 자신들이 배출하는 오염물질을 스스로 규제하는 것이나 다름없다고 비판해왔다. 미국 역시 무선통신기술로 방출되는 전자파는 연방환경보호청(EPA)이 아닌 연방통신위원회(FCC)에서 통신법으로 규제하고 있고, 저자는 책의 여러 곳에서 이를 비판하고 있다.

전자파의 유해성은 그동안 우리 사회에 언론을 통하여 '보이지 않는 살인자', '제4의 공해' 등으로 조금씩 소개되었다. 특히 지난 2016년에 시작된 고고도 미사일 방어체계(THAAD) 설치로 인해 전국적인 이슈가 되기도 했다. 하지만 대부분의 국민들에게는 생소한 측정 용어와 유해성 논란 등으로 문제의 중요성은 알 듯 모를 듯 기억 속에만 남아있게 되었다. 그리고 언론이 즐기는 환경 공포증에 둔감해진 일부 국민들은 무선통신기술로 인한 전자파도 또 다른 양치기 소년의 외침 정도로 흘려들었을 것이다. 그래서 이 책이 우리 국민들에게는 더욱 가치가 있을 것으로 생각된다.

내가 이 책에 남다른 관심을 갖는 이유 중 하나는 전자파로 인해 심각한 정신적 육체적 고통을 당하는 사람을 실제로 보았기 때문이다. 이 책의 제2장 「안테나 아래에서 망가진 인생」은 내가 실제로 듣고 보았던 이야기와 너무나 흡사했다. 처음 피해자로부터 전자파 이야기를 들었을 때 믿을 수 없었고 이해가 되질 않았다. 전자파 때문에 일상생활이 불가능하고 모든 것을 포기한 채 피난살이 하듯 지내는 것을 보면서 나도 나름대로 돕고 해결책을 찾아보려 했지만 방법이 없었다. 주변에서는 피해자를 마치 정신병에 시달리는 이상한 사람으로 보고 있었다. 나 역시 이 책을 읽기 전까지는 내가 본 미스터리한 사건 중 하나로 생각하고 있었다.

이 책이 높이 평가받는 이유 중 하나는 무선통신기술이 야기하는 전자파의 유해성을 일반인들에게 알리는 선구자적 저서라는 점이다. 지금까지 발생한 피해 사례와 전문가의 의견을 중심으로 과학적 이론, 법과 제도, 문제점 등을 정리하고 해결책을 제시하여 일반인들이 쉽게 이해하고 피해를 줄일 수 있게 한 것도 이 책의 장점이다. 주목해야 할 점은 이 책의 저술 의도다. 저자는 지금 인류가 누리고 있는 무선통신기술을 반대하려는 것이 아니다. 빠른 시일 내에 법과 제도를 정비하고 기술을 보완하여 보다 안전하고 건강한 사회로 가기 위함이다. 이를 향한 거대한 움직임이 이미 북미와 유럽을 중심으로 시작되고 있음을 독자는 책을 통해 감지할 수 있을 것이다.

이 책을 번역하는 동안 나는 묘한 추억에 잠겨 행복한 시간을 보냈다. 마치 오래전 대학에 막 입학했던 시절로 돌아간 듯했다. 대학 입학 후 나는 생물전기학(Bionics: Biology + Electronics)을 공부해서 노벨상을 타야겠다는 꿈 같은 꿈을 꾸고 학부 전공을 결정했다. 철새가 지구 자기장을 이용하여 이동 경로를 찾고, 박쥐와 돌고래가 초음파를 이용하여 어둠 속에서도 먹이를 구하며, 전기뱀장어의 발전 기능 등 지적 호기심을 자극하는 신기한 이야기로 세월을 보냈던 젊은 날의 시간을 추억하게 되었다. 당시 우리나라에서 이 분야의 권위자라는 국방과학연구소(ADD) 박사님을 대전까지 가서 만났던 일, 『바이오닉스』라는 소책자를 저술한 전파과학사 기자를 만났던 일, 또 물리학과 전공과목이었던 전자기학을 수강했던 것도 기억해 내고, 그 옛날 그 시절로 돌아가서 행복한 미소를 지으면서 번역을 즐겼다. 대학시절 나는 생물전기학을 계속 공부하길 원했지만 당시에는 어디서 무엇을 해야 할지 몰라서 결국 환경이라는 새로운 분야를 찾게 되었다. 먼 길을 돌아 이제 와서 이 책을 만난 것이 나에겐 더없이 큰 행운이자 운명이라는 생각을 하게 되었다.

끝으로 이 역서가 나오기까지 도움을 주신 분들께 감사의 뜻을 전한다. 먼저 이 시대 우리 모두가 알아야 할 중요한 지식을 책으로 정리한 저자, Katie Singer와 자신들의 체험과 지식을 제공해준 책의 등장인물들, 그리고 나의 제안을 흔쾌히 받아들여 판권 계약과 출판을 맡아주신 윤석전 사장님께 감사드린다. 또한 주석과 참고문헌 정리를 도와준 대학원생 우신영, 임정민, 그리고 책을 다듬어준 어문학사 편집부에 고마움을 전하며, 번역 기간 내내 함께 해준 나의 행복한 미소에 깊은 감사를 드린다. 아울러 이 책이 반세기 전에 나온 레이첼 카슨의『침묵의 봄』과 같은 역할을 다하여 우리 사회에 보다 안전하고 건강하며 친환경적인 무선통신기술이 정착되길 기대해본다.

2018년 8월 31일
신촌 이화동산 신공학관에서
박 석 순

부록

A. 전자기기 발전 연대기

(새로운 기술의 도입과 전자파 방사선의 증가)

전화기

1844 사무엘 모스(Samuel Morse, 미국)가 발명한 전신을 통해 최초의 뉴스 전파. 첫 번째 교신에서 모스는 "신께서 무엇을 만드셨습니까?" 라고 말함.

1876 알렉산더 그레이엄 벨(Alexander Graham Bell, 미국)이 발명한 전화로 최초의 완전한 문장 전송.

1879 미국에서 영국 런던으로 첫 번째 해외 전화 교신.

1883 두 도시(뉴욕과 보스턴) 사이 최초의 전화선(약 380킬로미터)을 연결하여 통신 서비스 시작.

전기

1878 조셉 스완(Joseph Swan, 영국)이 만든 최초 백열전구의 성공적인 시연.

1879 토머스 에디슨(Thomas Edison, 미국)이 최초의 상업적 백열전구 공개. 최초의 가로등 오하이오 주 클리블랜드에 설치.

1882 뉴욕시에 첫 번째 발전소 설립(토머스 에디슨이 설계)

1890 교류 전기 감전사의 위험에 대한 에디슨의 연구가 범죄자 사형을 위한 전기의자 발명으로 이어짐.

1901 캐나다와 미국 사이에 첫 번째 전선 개통.

1908 전기진공청소기(Walter Griffith, 영국)와 전기세탁기(Hurley Machine Company of Chicago, 미국)가 처음으로 시장에 출시.

방송

1896 니콜라 테슬라(Nikola Tesla, 미국)가 30km 이상의 거리에서 최초 무선 전송.

1900 레지날드 페센덴(Reginald Fessenden, 미국)이 첫 번째 라디오 소리 전송.

1902 굴리엘모 마르코니(Guglielmo Marconi, 이탈리아)가 최초의 대서양 횡단(영국과 아일랜드 사이) 라디오 전파 송신.

1906 레지날드 페센덴(Reginald Fesseden, 미국)이 진폭 변조 AM 라디오 발명.

1922 미국에서 방송 대중화.

1933 에드윈 하워드 암스트롱(Edwin Howard Armstrong, 미국)이 주파수 변조 FM 라디오 발명.

레이더

1904 크리스티안 휠스마이어(Christian Hülsmeyer, 독일)가 선박 탐지를 위해 원격물체 관찰 장치(Telemobiloskop)를 이용한 라디오파 에코 현상 최초 시연.

1937 영국에서 체인 홈(Chain Home)이라고 불리는 세계 최초의 레이더 네트워크 구축.

1945 퍼시 스펜서(Percy Spencer, 미국)가 전자레인지 발명.

1948 교통법 집행을 위해 레이더 도입(미국 코네티컷 주).

1967 최초의 가정용 전자레인지 판매(미국 Amana 회사).

텔레비전

1926 존 로지 베어드(John Logie Baird, 스코틀랜드)가 영국에서 최초의 텔레비전(흑백) 시연.

1927 미국에서 최초의 연설 영상 장거리 방송(워싱턴 DC에서 뉴욕으로).

1928 존 로지 베어드(John Logie Baird, 스코틀랜드)가 영국에서 최초의 컬러 텔레비전 시연.

1941 미국에서 상업용 텔레비전 서비스 시작.

1952 캐나다 최초의 텔레비전 방송.

컴퓨터

1941 콘라트 주세(Konrad Zuse, 독일)가 최초의 컴퓨터(Z 머신) 발명.

1951 최초로 상업적 컴퓨터 UNIVAC I(Universal Automatic Computer) 발명.

1953 첫 번째 대량 생산 전자컴퓨터 IBM701 출시(미국 IBM사).

1981 개인용 컴퓨터 (PC), IBM ㅉ5150 출시(미국 IBM사).

1982 미국 타임지가 개인용 컴퓨터를 "올해의 기계(Machine of the Year)" 로 명명.

1984 최초의 마우스 기반 컴퓨터 출시(미국 Apple Computer사).

1993 최초의 상업용, 휴대용 컴퓨터 ThinkPad 출시(미국 IBM사).

휴대폰

1956 스웨덴에서 최초로 무선 이동전화 시스템 설치(TeliaSonera와 Ericsson이라는 두 회사에 의해).

1971 0세대(0G) 등장: 핀란드에서 최초로 이동 공중전화 네트워크 구축.

1980 1세대(1G) 등장: 아날로그 휴대폰 네트워크(NMT, APS).

1983 미국 Ameritech(현재 AT&T) 회사가 최초로 휴대폰 상용화.

1984 유럽에서 최초의 무선전화기(CT1: Cordless Telephone Generation 1) 도입.

1990 2세대(2G) 등장: 디지털 이동 전화 네트워크(GSM, TDMA, CDMA).

1991 유럽에서 디지털 방식으로 개선된 무선전화기(DECT: Digital Enhanced Cordless Telecommunications) 출시.

2000 3세대(3G) 등장: 디지털 이동 전화 네트워크 설치(CDMA2000, WCDDMA, IMT-2000, HSPA, HSPA).

2010 4세대(4G) 등장: 디지털 이동 전화 네트워크 설치(LTE-Advanced, WirelessMAN-Advanced, pre4G, LTE, WiMax).

컴퓨터 네트워크

1965 최초로 두 대의 컴퓨터 상호 통신.

1969 패킷 교환 기술을 바탕으로, 두 글자 메시지가 UCLA의 컴퓨터에서 스탠포드대학의 다른 컴퓨터로 Arpanet을 통해 전송.

1970 최초의 무선 컴퓨터 통신 네트워크가 하와이 대학(Alohanet)에 설치.

1972 이메일 도입(미국 Ray Tomlinson 발명).

1973 캘리포니아 정보과학연구소에서 런던대학(UCL)까지 Arpanet를 통한 최초의 대서양 횡단 연결.

1973 유선 이더넷 네트워크로 최초의 레이저 프린터를 100여대 컴퓨터에 연결(미국 Xerox사).

1985 최초의 도메인 Symbolics.com 등록(미국 캘리포니아 주 회사에서 시작) .

1991 스위스에서 CERN(세계 최대 입자물리학 연구소)이 World Wide Web(www) 시작.

1993 CERN은 누구나 자유롭게 World Wide Web 사용 발표.

1999 무선 LAN또는 와이파이를 최초로 가정에서 사용 가능(AirPort).

2004 세계 최초 무료 와이파이 제공 도시 등장(이스라엘, 예루살렘).

통신 기기 융합

1992 스마트폰에는 최초로 달력, 주소록, 세계 시계, 계산기, 게임, 이메일, 팩스 기능 포함(미국 IBM사 설계).

1996 최초의 휴대폰용 웹 브라우저(Apple Newton) 도입.

1997 스마트폰으로 만들어진 사진들이 인터넷을 통해 즉시 공유 최초 성공.

2001 이탈리아에 최초의 스마트 전력망(Smart Electricity Grid) 설치.

2006 고객에게 클라우드 컴퓨팅 제공(Amazon Web Services).

2009 미국 GE(General Electric)에서 최초의 스마트 가전제품 출시(온수 탱크).

B. 용어 설명

4G(**4세대**): 스마트폰을 포함한 "4세대" 무선기기 서비스

alternating current(AC, **교류**): 특정 주파수에서 전기장을 생성하는 전류 및 전압과 함께 방향을 반대로 바꾸는 전기장. AC는 진동 주파수 또는 진동과 관련이 있다. 전력 회사들은 주로 50 또는 60 Hz의 AC 전기를 공급한다.

ampere(**암페어**): 전류 또는 전하 흐름의 측정 단위.

antenna(**안테나**): 전자기파를 송수신하는 전기 구조물. 안테나의 효율성은 전자파의 주파수와 분극화(방향)뿐만 아니라 안테나의 크기, 모양 및 기하학적 구조에 따른다. 입 안의 부식된 금속 이빨 재료는 비효율적인 안테나를 가진 완전한 무선 수신기 역할을 할 수 있다.

arcing(**아크**): 전기 도체 사이에 있는 절연체의 공기가 파괴될 때 발생하는 작은 번개와 같은 전기 스파크.

bandwidth(**대역폭**): 전선 또는 무선기기에 상관없이 데이터를 전송하는 데 사용되는 주파수 범위. 비디오는 음성보다 더 넓은 대역폭을 필요로 하고, 음성은 텍스트보다 더 넓은 대역폭을 필요로 한다.

battery(**배터리**): 화학 반응을 통해 전기 에너지를 저장하는 장치.

BioInitiative 2012 **보고서**: 전자기장과 무선기술이 인체 건강(DNA 손상, 뇌종양, 소아 암, 자가 면역 질환, 유방암, 알츠하이머 등)에 미치는 영향을 규명한 1800개의 연구를 정리한 보고서(www.bioinitiative.org).

broadband(**광대역**): 영화나 비디오 게임 등을 위한 대량의 데이터가 신

속하게 전송될 수 있도록 하는 높은 대역폭(광범위한 주파수)을 가진 인터넷 연결

broadband over power lines(BPL, **광대역 전력선 통신**): 전화선이나 이더넷 회선이 아닌 기존의 전력선에서 접속하는 고속 인터넷

capacitor(**캐패시터**): 절연체로 분리된 도체에 전하 분리로 에너지를 저장하는 장치, "콘덴서" 또는 "레이던 자(Leyden Jar)"라고도 불림.

carrier frequency(**반송파 주파수**): 교신하기 위해 송수신기가 모두 맞춰야 하는 송신기의 기본 주파수. 즉, TV, 라디오, 휴대폰 또는 무선 인터넷이 작동할 수 있도록 함

cellular phone(**휴대폰**): 셀(cell) 내에서 전선 없이 작동하는 전화. 셀은 기지국(무선 안테나)에 의해 생성된 약 1.3킬로미터 정도의 지역에 해당한다. 이동 중인 자동차에서, 휴대폰은 약 1.3킬로미터다 한 안테나에서 다음 안테나로 옮겨간다.

charge(**전하**): 전기장을 만드는 특정 입자들(전자와 양성자)의 기본적인 속성. 전자는 양성자보다 더 작고 더 빨리 움직일 수 있기 때문에 보통 전하에서는 더욱 중요하다.

conduction(**전도**): 물질 내 형성된 전기장에 대한 전자의 반응. 전류를 따라 이동하는 많은 전자는 충돌과 산란(운동량 전달)에 의해 열을 발생시킨다.

conductor(**도체**): 전자가 비교적 자유롭게 움직일 수 있는 물질.

corded landline phone(**유선전화**): 벽면 잭에 연결되는 전화. 송수화기는 전화선으로 본체에 연결된다.

cordless landline phone(**무선전화**): 벽면 잭에 연결되지만 송수화기와 본체 사이에 전선이 없는 전화. 본체와 송수화기 간의 통신

은 마이크로파 무선 신호에 의해 전화선이 없이 일어난다. 과거의 무선 전화는 쉽게 도청될 수 있는 간단한 무선 변조를 사용했다. 최신 모델은 보안을 향상시키기 위해 주파수 호핑(hopping)과 디지털 암호화를 사용한다.

current(전류): 암페어 단위로 측정된 전하의 이동 또는 흐름.

digital electronics(디지털 전자제품): 정보를 처리하고 저장하거나 두 위치 사이에서 정보를 빠르게 보내기 위해 켜고 꺼지는 전기 펄스를 이용하는 제품. 빠른 on-off는 고조파를 그리고 펄스는 변조를 만들어 낸다. 고조파와 펄스 모두 자연에는 존재하지 않는다.

direct current(DC, 직류): 배터리가 생성하는 전류와 같이 한 방향으로만 움직이는 전류.

dirty power(불량전력): 불량전기(dirty electricity)로도 불린다. 청정전기(clean electricity, 실제로는 존재하지 않는다고 알려져 있기도 한)가 60Hz에서 완벽하게 매끄러운 AC 파형이라면 불량전력은 전선의 높은 주파수 또는 펄스가 전류를 차단하고 전력 품질을 저하시킬 수 있다. 예를 들어, RF 펄스는 일반적인 고조파보다 훨씬 높은 주파수에서 작동한다. 엔지니어들은 오랫동안 불량전기가 전자기기를 손상시키고 에너지를 낭비할 수 있다는 사실을 알고 있었지만 인체 건강에 영향을 줄 것이라고 생각한 사람은 거의 없었다.

electrical field(전기장): 전하를 띤 입자(보통 전자를 의미함)의 기본 특성. 전기장은 다른 전하를 움직이게 하는 힘을 생성한다. 전하가 이동하는 것을 전류라 부른다. 전기장 내의 전하에 가해지는 힘의 강도 및 방향은 서로 떨어져있는 전하들 간의 전압에 의해 결정된다. 전기장은 v/m(volts per meter) 단위로 측정된다.

electric grid(**전기 그리드**): 발전소에서 전기를 변전소, 동네 변압기, 가정, 학교, 병원 및 사업체에서 다시 발전소로 되돌아오게 하는 인프라

electrical transient noise(**순간 전기 잡음**): 전기 회로에서 원래 정해진 신호를 방해하는 전압이나 전하의 순간적 방출. 이러한 방해는 라디오에서 윙윙, 쌕쌕, 딱딱 등과 같은 잡음으로 들릴 수 있다.

electrocution(**감전사**): 심장에 가하는 약 100 밀리암페어(milliamperes)의 전기 충격으로 죽음을 초래함. 높은 전류 또한 화상을 일으킬 수 있다.

electromagnetic compatibility(EMC, **전자기 적합성**): 서로 간섭을 일으키지 않고 제 기능을 수행할 수 있는 두 가지 전기 또는 전자기 장치의 능력을 의미한다.

electromagnetic field(**전자기장**): 전기장과 자기장 또는 두 가지 모두 포함된다. 전기장이 전하의 흐름을 생성할 경우 자기장을 동반한다. 하지만 전하의 흐름을 생성하지 않은 전기장은 자기장을 동반하지 않을 수 있다.

electromagnetic interference(EMI, **전자기 간섭**): 한 장치가 다른 장치를 올바르게 작동하지 못하게 할 때 발생하는 현상. EMI는 일반적으로 전도(직접적인 전기 접촉으로 발생), 유도(시간에 따라 변하는 자기장에 의해 발생), 전자기파 방사선, 또는 드물게 나타나는 용량 결합에 의해 발생한다.

electromagnetic radiation(EMR, **전자파 방사선**): 에너지원으로부터 빛의 속도로 에너지를 운반하는 전자파를 말한다. 전하 입자가 가속

또는 감속으로 속도가 변하면 발생한다.

electron(전자): 우주 현상을 설명하기 위해 물리학자가 사용하는 "표준 입자 모델(Standard Particle Model)"의 기본 입자. 전자는 우리가 일상생활에서 겪는 현상의 약 90퍼센트에 관여한다.

EMF: 전자기장(electromagnetic field) 또는 전자 기동력(electro-motive force)의 머리글자.

Environmental Protection Agency(EPA, 연방환경보호청): 자연 또는 인공원으로부터 발생하는 비가열 전이성 방사선에 대한 환경규제에 관계한다. 현재 무선주파수 안전과 건강에 관련된 EPA의 활동은 권고 사항이다(epa .gov/radtown/basic.html), NIOSH도 참고하라.

Federal Communications Commission(FCC, 연방통신위원회): 주정부나 지방자치단체 간에 발생할 수 있는 통신 방해를 방지하기 위해 무선주파수 송신기를 규제하는 연방기관. 연방정부의 송신자는 NTIA(National Telecommunications Information Administration)에서 조정한다(FCC.gov; NTIA.doc.gov).

Federal Drug Administration Center for Devices and Radiological Health(FDA, CDRH, 연방약품관리청, 의료기기 및 방사능 건강센터): 의료기기와 컬러 TV, 전자레인지, 휴대폰으로 인한 건강 영향에 관심을 보이고 있다. (www.cdrh.fda.gov; cdc.gov; osha.gov/SLTC/radiofrequencyradiation/index.html)

ferrite(페라이트): 변압기에 사용되며 전선을 따라 이동하는 무선주파수를 억제하는 자기 절연체.

fiber optics(광섬유): 빛을 파동으로 보내어 신호를 전달하는 매우 얇고 투명한 케이블. 광섬유 케이블은 현재 사용 가능한 기술 중 가장 빠른 연결, 가장 큰 용량, 가장 높은 보안 그리고 가장 최저의 전자파 방사선을 특징으로 한다. 신호를 전송하기 위해 안테나보다 훨씬 적은 전력을 필요로 한다.

filter(필터): 전자기 에너지의 일부 주파수 영역을 제거하는 장치.

frequency(주파수): 전기 또는 자기장이 완전한 사이클을 완성하는 초당 횟수(양의 꼭지 점에서 음의 꼭지 점으로 갔다가 다시 양의 꼭지 점으로 돌아옴). 초당 사이클 (CPS) 또는 헤르츠 단위로 표현됨.

gauss(가우스): 자기장의 단위. 표면을 통과하는 자기장의 밀도(강도 및 방향)로 표현한다. 참고: 표준화된 단위에서는 가우스가 "테슬라(tesla)"로 대체되었다. 1 테슬라 = 10,000 가우스. 10G = 1 milliT = 0.001 T. DC의 지구 자기장은 대략 50,000 나노 테슬라 또는 0.05 밀리 테슬라다.

gigahertz(GHz, 기가 헤르츠): 초당 10억 사이클.

ground(접지): 두 가지의 주요 접지가 있다. 지구 접지는 땅 속에 묻혀있는 막대와 연결되는 것이다. 주택의 회로 패널과 전신주 또는 변압기에서 발견되는 지구 접지 연결은 전도체의 전압을 거의 0으로 유지하기 위함이다. 모든 콘센트에는 안전 접지가 있으며, 단락 시 전류만 전달한다. 일반적으로 안전 접지는 전류를 전달하지 않는다(용량 커플링으로 인한 약한 전류는 제외). 지면 전류 차단기(GCFI)는 과도한 지면 전류를 감지하고 감전으로부터 사람과 동물을 보호하기 위해 전류를 차단하도록(회로 차단기처럼) 설계되어있다.

harmonics(고조파): 기본 주파수의 정수(1, 2, 3 ...) 배수. 예를 들어, 60Hz가 기본 주파수이면 고조파는 120Hz, 180Hz 등이 된다.

hertz(Hz, **헤르츠**): 파운드가 무게의 측정 단위이듯 주파수의 측정 단위. 헤르츠는 1초 당 사이클 수 또는 진동수다. 헤르츠는 시간에 따라 변화하는 것이라면 무엇이든(파도, 음파 또는 전자기장 등) 나타낼 수 있다. 주파수 참조.

induction(**유도**): 좋은 도체에 전류가 흐르도록 빠르게 변화하는 자기장을 사용하는 것(일부 오븐은 이러한 방식으로 금속 팬을 가열한다).

inductor(**유도체**): 전기 에너지를 자기장에 저장하는 장치.

insulator(**절연체**): 거의 모든 전자의 움직임을 방해하는 물질.

ionizing(**이온화**): 중성 원자로부터 이온을 생성하는 것(하나의 광자로 전자를 탈락시키기에 충분한 강도의 방사선에 노출시킨다). X선 기계와 원자력 발전소는 우라늄, 토륨, 라듐, 라돈과 같은 동위원소라 불리는 자연 물질과 마찬가지로 전이성 방사선을 방출한다. 탈락된 전자는 이온이라고 불린다.

kilohertz(kHz, **킬로헤르츠**): 초당 천 번의 진동.

magnetic field(**자기장**): 자기장은 움직이는 전하 입자 또는 전류에 의해 생성된다. 시간에 따라 변하는 자기장은 전하를 이동시킬 수 있는 힘을 발생시킨다. 가우스(G) 또는 테슬라(T) 단위로 측정되며 BioInitiative 보고서는 자기장을 1.0mG 또는 0.1mT로 제한할 것을 권장한다. OSHA는 근로자가 최대 1000mG까지만 노출되도록 한다. 어떤 기관도 일반인에 대한 노출을 규제하지는 않는다. 연구에 따르면 2.5mG 이상의 자기장에 노출되면 소아 백혈병이 증가한다고 한다. 일상생활 범위에 있는 일반 전자알람시계는 10~30mG를 생성한다.

megahertz(MHz, **메가헤르츠**): 초당 백만 번의 사이클.

microwave(마이크로파): 무선주파수 영역 중 하나. 300MHz~300GHz 사이의 주파수를 갖는 전자기장. 또한 2.4GHz의 급격히 변화하는 무선주파수 영역에 대한 반응으로 물 분자를 빠르게 회전시켜 음식물을 가열하는 전자레인지를 지칭하기도 한다.

milligauss(mG, 밀리 가우스): 1 가우스의 1000분의 1.

modulation(변조): 전송된 반송파 주파수에 정보를 부과하는 방법. 이를 위해 여러 가지 방법이 있다. 몇 가지 예는 다음과 같다: 진폭 변조(반송파 주파수 변경 없이 반송파의 진폭을 변화시키는 방법)는 AM 라디오에 사용된다. 주파수 변조는 FM 라디오에서 사용된다. OAM 케이블 TV에 사용된다.

non-ionizing radiation(비전이성 방사선): 제로 주파수(DC)에서 가시광선 주파수까지 확장되는 전자기파 스펙트럼의 일부. 인체 내 화학물질을 구성하는 원자를 이온화시키기에 충분한 내재 에너지를 가지고 있지 않다. 무선주파수 방사선은 하나의 광자를 사용하여 원자를 이온화할 수 없으며, 형광등 또는 번개처럼 필드가 매우 강할 때에만 여러 개의 광자를 이용하여 원자를 변화시킬 수 있기 때문에 비전이성 방사선이다.

Occupational Safety and Health Administration(OSHA, 직업안전 및 건강관리청): 근로자의 안전과 건강을 관리하는 연방기관.

phase(위상): 교류 전기는 가끔 위상을 변화시켜, 전선에 항상 동일한 귀환 전류가 흐르게 한다. 팔꿈치를 옆구리에 붙이고 양 손을 위로 올린 다음 함께 아래로 내리면 "동위상" 으로 움직이는 것이다(또는 0도 위상각). 오른손을 내리고 왼손을 들어 올린 다음 왼손을 낮추면서 오른손을 올리면 손이 "역위상" 이다(90도 위상 각). 좀 더 복잡한 동작을 할 수 있으며 특정 종류의 모터를 효율적으로 제어하는 데 사용된다. 위상은 귀에 도착하는 음향 신호의 도착 시간 차이 이기도해서 당신에게 말을 하는 상대의 위치를 파악할 수 있도록 한다.

Precautionary Principle(사전예방원칙): 히포크라테스 선서 "첫째, 아무런 해를 주지 마시오."와 유사하게 사전예방원칙은 안전성이 알려지지 않았고 대안이 있을 경우 기술이나 제품을 사용하지 말 것을 제안한다. 과학자, 농부, 유방암 예방 단체 등이 많은 소비자들이 살충제 같은 제품이 단지 시장에서 판매되기 때문에 안전하다고 생각하는 것을 본 후 1998년 사전예방원칙을 주장하기 시작했다. 이러한 제품들은 사실 반복적으로 또는 다른 위험한 제품과 함께 사용하면 건강에 해를 준다.

radiation(방사선): 우주 또는 물질을 통해 이동하는 에너지. 통신 분야에서 전자기파 방사선의 주파수는 부분적으로 데이터를 전달할 수 있는 정도를 결정하며 금속 지붕, 두꺼운 벽 및 인체를 관통할 수 있다. 전이성 및 비전이성 방사선 참조.

radio-frequency(RF, 무선주파수): 30kHz와 300GHz 사이의 주파수에서 발생하는 전자기파 방사선

satellite(위성): 우주에 설치되어있는 통신 위성은 마이크로파 방사선으로 지구에 정보를 전송한다. 이 기술은 데이터를 산이나 바다로 차단된 원거리까지도 전달되도록 한다. 전국적으로 분포하는 TV 네트워크, 전화 서비스, 군대, 신문 등에도 사용된다. 가정용 위성 TV에 사용되는 위성 접시는 활성 전자장치를 사용하여 신호를 낮은 주파수로 변환한 다음 표준 케이블(standard coax cables)을 사용하여 TV로 보낼 수 있다. 이러한 변환 장치는 방사선과 높은 주파수 순간적 과도현상의 또 다른 원인이다.

Specific Absorption Rate(SAR, 전자파 인체 흡수율): 전자파 방사선(EMR)에 대한 조직의 노출 정도는 SAR에 의해 측정된다. SAR은 주어진 시간 동안 100kHz를 초과하는 주어진 주파수에서 무게 대비 에너지(Watt/ Kilogram)의 비율이다. FCC는 휴대폰 규정에서 모든 1g 조직에 대해 평균 1.6W/kg의 SAR를 허용한다. 예외적으로 신체의 말단(손, 손목, 발, 발목, 귓바퀴)이 있는데, 공간 평균 SAR 최고치는 조직 10g에 대해 평균 4.0W/kg이다. 노출은 30분을 초과하지 않는 시간 동안 평균으로 계산한다. 참고: SAR는 EMR의 노출 측정 단위지만 FCC의 SAR 한도는 태아, 영아, 소아 및 성인이나 의료기 체내 이식 수술자들이 겪는 노출과 동시에 여러 대의 송신기에 노출되는 것에 대한 차이를 고려하지 않는다. 일부 체내 이식 의료기 제조업체는 15분 동안 0.25W/kg를 초과하지 않는 노출 제한을 권장하고 있다(www.MRIsafety.com).

second-hand SAR(간접 SAR): 간접 흡연과 유사함. 간접 SAR은 자신과 무관하게 EMR 발생원에 노출되어 일어난다. 간접 SAR은 휴대폰 또는 와이파이를 사용하는 다른 사람 가까이에서 발생한다. FCC는 간접 SAR에 대한 어떠한 규정도 없다.

switch-mode power supply(SMPS, 스위치 모드 전원 공급 장치): 변압기 정의를 참조.

tesla(테슬라): 자기장의 단위; 1테슬라 = 10,000가우스 (가우스 참조).

thermal effect(가열 효과): 생물체 조직을 유도 또는 방사로 가열시키는 효과(혈액 순환 또는 땀을 통해 몸을 스스로 식힐 수 있는 능력을 넘어서는 경우). 가열 효과로 생체조직의 손상과 치사를 유발할 수 있다.

transformer(변압기): 유도 및 자기장을 사용하여 전압 및 전류를 변경하는 장치. 또는 필터로 무신주파수 에너지를 감소시키는 장치. 변압기는 보도블록의 크기 또는 휴대폰 배터리 충전기 끝에 있는 모뎀 크기만큼 작을 수도 있다. 변압기는 가까운 범위에서 항상 자기장을 생성한다. 전자제품에 사용되는 최신 변압기(스위치 모드 전원 공급 장치)는 더 작고 더 에너지 효율이 높지만 수 MHz에 이르는 고조파를 가진 구형파를 생성한다. 가장 강한 전기장과 자기장은 가끔 이 장치에서 발생한다.

transient(순간적 과도현상): 반복 발생률에 비해 지속 시간이 짧은 현상이다. 화산폭발 현상은 번개 또는 지진과 마찬가지로 순간적 과도현상이라고 할 수 있다. 이 현상은 전등 스위치를 켜는 것으로도 발생할 수 있고, 열, 소리, 빛 또는 전자기장을 생성할 수도 있다.

voltage(전압): 두 지점 사이에서 전하 이동에 필요한 에너지양의 측정. 전압은 위치 에너지다. 전기장은 거리에 대한 전압(V/m)이다. 파이프에 수압이 가해지면 밸브가 열릴 때까지 물이 흐르지 않는다. 마찬가지로 전기 회로에서는 스위치를 켜서 회로가 완성될 때까지 전류(전하)가 흐르지 않는다.

wavelength(파장): 전자기파가 한 사이클로 이동하는 거리. 높은 주파수는 낮은 주파수보다 짧은 파장을 가진다. 낮은 주파수(더 긴 파장)의 전자파는 빛 주파수만큼 매체를 잘 통과한다. 낮은 주파수에서 통과하는 전자파가 전하 입자를 이동시키고 에너지를 흡수하는 능력은 침투 깊이를 결정하는 데 중요하다. 원자 간격에 비해 파장은 길다. X선 및 감마선 주파수에서는 파장이 원자 간격보다 훨씬 짧기 때문에 파보다 입자처럼 작용하며 흩어진 원자의 밀도는 전기 또는 자성 재료 특성보다 중요하다. 이는 물질 내에서 전하의 이동 능력을 설명해준다. 산란과 밀도는 당구공(원자)으로 빽빽하게 덮인 테이블을 가로 질러 구슬(x-ray)을 쏘는 것과 같다. 테이블 위에 공이 많을수록 구슬이 테이블을 가로 지르기 어려워진다.

Wi-Fi(와이파이): 휴대 기기를 사용하는 사람들이 인터넷에 무선으로 액세스할 수 있게 해준다. 와이파이는 FCC에서 규제하는 주파수인 2.4 GHz에서 작동한다. 참고로 FDA는 2.45GHz에서 작동하는 전자레인지를 규제한다.

WiMax(와이맥스): 마이크로파 접속을 위한 전 세계 상호 운용 능력. 안테나에서 최대 48킬로미터까지 광대역 신호를 전송하는 무선 시스템. WiMax는 와이파이보다 훨씬 강력한 무선 인터넷 접속 신호를 제공한다.

wireless devices(무선기기): 무선전화, 휴대폰, 아이패드, 스마트 미터, 디지털 카메라, 첨단자동차, 베이비 모니터, 초인종, 원격제어 장난감, GPS 네트워크, 경보 시스템, 무선 와이파이. 대부분의 TV 리모콘은 마이크로파 무선기기만큼 건강에 위협이 되지 않는 적외선을 사용하는데, 이는 적외선 파장이 피부보다 더 깊숙이 침투할 수 없기 때문이다.

x-ray(엑스선): 투과성 전자파 방사선. 예를 들어 피부를 통과하여 뼈 같은 부위를 사진 찍는 것과 같은 전자파 방사선. 일부 공항에서 사용하는 신체 스캐너는 펄스 마이크로파를 사용하고 일부는 X선을 사용한다. X선은 전기 전도성 물질로 인해 차단될 수 없을 만큼 높은 주파수를 사용한다. 납과 같은 무거운 핵을 가진 물질만이 차단할 수 있다(파장 참고).

C. 관련 자료

1. 법과 규제

Levitt, B. Blake, Ed., *Cell Towers, Wireless Convenience Or Environmental Hazard? Proceedings of the Cell Towers Forum: State of the Science, State of the Law,* Square One, 2001.

Steneck, N. H., ed., *Risk/Benefit Analysis: The Microwave Case*, San Francisco Press, 1982.

www.emrpolicy.org; 전자파와 건강에 관련된 논쟁과 과학적 공공정책 개발 자료 게시.

www.antennasearch.com; 주소를 입력하면 6.5킬로미터 이내에 설치된 안테나 검색 가능.

www.commlawblog.com/2013/04/articles/cellular/fcc-looks-athealth-effects-of-radio-waves/index.html.

www.bit.ly/1aGxQiq 휴대폰 전자파 규제 관련 2013년 6월 24일부터 11월 18일 사이에 연방통신위원회에 접수된 자료 게시.

www.international-emf-alliance.org; 무선기술에 대한 강력한 규제 또는 중단을 요구하는 단체 게시.

2. 과학적 연구

Bioelectromagnetism: Principles and Applications, 2nd edition, J. Malmivuo and Robert Plonsey, Oxford U. Press, 2013.

On the Nature of Electromagnetic Field Interactions with Biological Systems, Allan Frey, ed., Landes Co., 1994.

Pathophysiology, Aug. 2009 (edited by Martin Blank, PhD); 전자파 방사선과 건강에 관련된 자료 편집.

Physics Today, March 2013: 생체 조직의 형태와 구조를 조절하는 생물전기 신호와 같은 새로운 발견에 관련된 내용 포함.

Warnke, Ulrich, Bees, Birds and Mankind: Effects of Wireless Communication Technologies, Kentum, 2009.

www.bioinitiative.org; The BioInitiative 2012 Report. 자기장과 무선주파수 방사선이 생식력, 자폐증, 유전자, 어린이 암, 유방암, 알츠하이머, 신경계 질환에 미치는 영향에 관한 2007년 이후 검증된(peer-reviewed) 연구 총 1800건을 정리. 미국전기전자학회 및 연방통신위원회에서 설정한 저강도 노출 및 일반 노출 기준의 생물학적 영향에 관한 50여편의 핵심 연구를 게시한 RF Color Charts 확인 바람.

www.emfacts.com/electricwords; 과학적 연구 자료 검색 가능.

www.emf-portal.de; 곰팡이와 전자파 방사선에 관한 연구 게시.

www.magdahavas.com/category/from-zorys-archive/; 1975년에 이전에 수행된 무선주파수 방사선 노출에 따른 건강 영향 연구 게시.

www.microwavenews.com; 오랜 기간 통신 산업을 감시해온 언론 매체.

www.moef.nic.in/downloads/public-information/final_mobile _towers_report.pdf; 통신안테나 타워가 야생생물(새, 벌 등)에 미칠 수 있는 영향에 관해 인도 환경산림부가 조사한 보고서 게시.

3. 일반 정보

Crofton, Kerry, PhD, Wireless Radiation Rescue, Global Wellbeing Books, 2010.

Davis, Devra, Disconnect: The Truth About Cell Phone Radiation, What the Industry is Doing to Hide It, and How to Protect Your Family, Dutton, 2010.

Keithley, John, The Story of Electrical and Magnetic Measurements from 500 BC to the 1940s, Wiley-IEEE, 1999.

Turkle, Sherry, Alone Together: Why We Expect More From Technology and Less From Each Other, Basic Books, 2011.

www.electronicsilentspring.com; 이 책에 관련된 주요 이슈 전반적인 해설 및 내용 업데이트.

www.emfsafetynetwork.org; 스마트 미터로 인한 건강문제, 도움말, 부모를 위한 아이디어 게시.

www.centerforsaferwireless.org; 전자파 방사선과 건강에 관한 내용 게시.

www.c4st.ca; Canadians for Safe Technology. 안전한 기술을 추구하는 캐나다 사람 모임.

www.electromagnetichealth.org; 휴대폰과 뇌종양에 관한 자료 게시.

www.electricalpollution.com; 정부 관련 사항 공시. 전자파 방사선 방출에 대한 개정안에 관하여 의견 모집.

www.es-uk.info; 영국에 근거를 두고 관련 사항 게시.

www.mastsanity.org; 전자파 방사선의 환경 영향에 관한 정보.

www.mast-victims.org; 안테나로 인하여 피해를 입은 사람들의 이야기.

www.powerwatch.org.uk; 영국에서 오랜 기간 관련 정보를 제공해 오고 있음.

www.eff.org/issues/privacy; The Electronic Frontier Foundation. 사생활 보호에 관련된 자료 게시.

4. 스마트 미터

freedomtaker.com: 유틸리티 회사에 스마트 미터를 제거하고 기존 아날로그 방식의 미터를 다시 설치하도록 요청하는 서식을 제공.

이웃집에 설치된 스마트 미터로 인하여 심박조절기가 정지된 한 남자의 사례를 다루는 비디오가 있음.

sagereports.com: 스마트 미터 기술의 13 가지 치명적인 결함과 스마트 미터에서 방출되는 무선주파수 마이크로파 방출에 대한 평가를 제공.

emfsafetynetwork.org: BioInitiative 2012년도 보고서에 근거한 무선주파수 저강도 노출에 따른 생물학적 영향과 스마트 미터와 스마트 가전기기의 영향에 관한 우수 연구논문 게시.

www.EMFRF.com, Peter H. Sierck "Smart Meters: What Do We Know? A Technical Paper to Clarify RF Radiation An Electronic Silent Spring Emissions and Measurement Methodologies," 스마트 미터에서 방출되는 갑작스러운 마이크로파(microbursts)의 세기와 발생 빈도의 과학적 측정방법 제시. 스마트 미터 설치 이후 우려 사항을 요약하고 옵션을 제시.

www.youtube/com/watch?feature=player_ embedded&v=YPoLvTNRxhs. 2011년 10월에 개최된 the Wireless Safety Summit에서 스마트 그리드의 건강 및 환경 위험에 대한 전기기술자 발표 동영상. 파워포인트 자료는 다음 사이트에서 볼 수 있음. (www.s4ar.com/smart_meter_wireless_safety_summit_Power_Pointe.pdf, electromagneticsafety.org under "Expert Opinions.")

https://www.youtube.com/watch?v=FLeCTaSG2-U; 스마트 미터의 문제점에 관한 강의 "The Dark Side of 'smart' meters."

https://maps.google.com/mapsms?ie=UTF8&oe=UTF8&msa=0&msid=11551931105836734348.0000011362ac6d7d21187. 스마트 미터 프로젝트 지도

TakeBackYourPower.net, 스마트 미터의 위해성에 관한 필름"Take back

your power" 게시
www.emfsafetynetwork.org; 2009년 캘리포니아 세바스토폴에서 스마트 미터 반대 캠페인(현재 국제적으로 확대)을 시작한 전자기장 안전 네트워크(EMF Safety Network) 홈페이지. 스마트 미터 화재와 폭발 등을 포함한 많은 중요한 내용들을 게시.
www.smartmeterdangers.org.
www.stopsmartmeters.org.
www.smartmeterlock.com; 아날로그 미터 제거 방지 잠금장치

5. 전자파 방사선과 건강

www.aerztekammer.at/documents/10618/976981/EMF-Guideline.pdf.; 오스트리아의학협회에서 전자기장에 관련된 건강문제의 진단 및 치료에 관한 가이드라인 게시.
feb.se/feb/blackonwhite-complete-book.pdf; 스웨덴에서 나온 전기 과민증에 관한 증언과 주장 게시.(Black and White: Voices and Witnesses About Electro-Hyper-Sensitivity)
Becker, Robert O., MD, The Body Electric: Electromagnetism and the Foundation of Life, William Morrow, 1985.
Becker, Robert O., MD, Cross Currents: The Perils of Electropollution, Tarcher, 1990.
Brodeur, Paul, The Zapping of America: Microwaves, Their Deadly Rise and Coverup, WW Norton, 1977.
Levitt, B. Blake, Electromagnetic Fields: A Consumer's Guide to the Issues and How to Protect Ourselves, Harvest, 1995.
www.feb.se; 전기 과민증 사람들 보호를 위해 스웨덴에서 나온 자료 게시.
www.healthandhabitat.com 병원과 진료소에서 전자기장 방출을 줄이는

내용 게시.

www.heartmdinstitute.com/v1/wireless-safety/cordless-phone-use-can-affect-heart; 무선기기에서 나오는 방사선은 어떻게 세포 염증, 심장 질환, 그 외 질병을 일으키는지를 설명하는 자료 게시.

6. 체내 이식 의료기

www.youtube/com/results?search_query=olhoeft&sm=12. www.fda.gov/MedicalDevices/. 전자기 교란과 체내 이식 의료기(Dr. Gary Olhoeft) 강의 자료 게시.

Francis, J., and M. Niehaus, "Interference between cellular telephones and implantable rhythm devices: A review on recent papers:" Indian Pacing and Electrophysiology Journal, vol. 6, no. 4 (2006): p 226-233.

Halperin, D. et al, "Pacemakers and implantable cardiac defibrillators: Software radio attacks and zero-power defenses," IEEE Symposium on Security and Privacy.

Sutter, J. D., "Scientists work to keep hackers out of implanted medical devices, CNN, 4-16-2010.

Talan, Jamie, Deep Brain Stimulation, Dana Press, 2009.

www.youtube.com/watch?v=brdhogkdxw4; 자신의 집에 스마트 미터가 설치된 이후 심박조절기가 정지된 남자의 사례를 보여주는 동영상 게시.

7. 전자기장 줄이는 방법(아이디어, 미터, 필터, 보호제품, 도구)

www.buildingbiology.ca '사무실에서 비전이성 방사선 노출(전자기장/무선주파수 /정전자기장)을 최소화하는 방안' 건축생물 컨설턴트 자료 게시.
cor.com, leadertechinco.com, schurterinc.com, ep2000.com; 전원에서 발생하는 전기 방출(power surges)로부터 장비를 보호하기 위한 필터, 국제표준규격 부합 그리고 전선에서 발생하는 무선주파수 흡수를 위한 페라이트 등에 관한 자료 게시. 이 사이트 중 일부는 컴퓨터, 회로 보드, 환기 장비를 보호하기 위한 자료도 게시.
www.lehmans.org; 비전기적 공구 및 가전기기.
www.lessemfs.org; 미터기, 차폐 제품, 책, DVD.
www.magneticsciences.com; 미터기 판매 및 대여. 주택 소유주, 학술 연구원, 의료기 체내 이식 수술자, 산업체를 대상으로 함.
www.safelivingtechnologies.ca; 미터기, 차폐 페인트 및 직물 판매.

8. 에너지와 광물자원

Greenpeace.org; "How Green Is Your Cloud?" 유럽 25만 가구에서 사용할 수 있는 전력을 데이터 센터에서 사용하는 내용을 설명함.
Glanz, James, "Power, Pollution and the Internet: Industry Wastes Vast Amounts of Electricity, Belying Image," 9-23-12, NY Times.
Pariser, Eli, The Filter Bubble: What the Internet is Hiding from You, Penguin, 2011.
Simpson, Cam, "The Deadly Tin Inside Your Smartphone," Businessweek, August 23, 2012.
www.electronicstakeback.com/toxics-in-electronics/.

9. 학교 와이파이

Martha Herbert and Cindy Sage, "Autism and EMF? Plausibility of a pathophysiological link-Parts I and II," Pathophysiology 2013.

healthandenvironment.org/wg~calls/13091, 자폐증과 전자기장의 병리학적 관련성 내용 게시.

emfsafetynetwork.org; 무선기기로 인한 어린이 DNA 손상과 와이파이 안전성에 관한 내용 게시.

EMRPolicy.org/public~policy/schools/index.htm, 학교 내 와이파이에 관한 자료 게시.

www.saferemr.com/2013_03_01_archive.html, 로스앤젤레스 통합학군에서 와이파이 설치를 추진하는 동안 제출된 8편의 전문가 의견서 게시.

http://youtu.be/GJPTzaNkcUk; 호주에서 학교 무선기기 사용할 때 주의해야 할 사항을 알려주는 동영상 게시.

http://wifiinschools.com/; 학교 와이파이 소비자 보호 사항 게시.

http://wifiinschools.org.uk/resources/safeschools2012.pdf; "Safe Schools 2012," 학교에서 안전한 기술을 원하는 의료전문가의 요구 내용 게시.

10. 청소년 지도

www.maschek.de/uk/frameset.php?p=produkte; 독일에서는 교사들이 휴대폰 전자파 방사선 방출과 SAR(전자파 인체 흡수율)을 측정하는 "phantom head"를 대여하여 학생들이 자신들의 휴대폰에 적용해 볼 수 있도록 한다는 내용 게시.

www.iceems.eu/public_education.htm; 국제전자파안전위원회(The International Commission on Electromagnetic Safety)가 청소년

휴대폰 안전을 위한 만든 웹페이지(관련 비디오에 연결 가능).
youtube.com/watch?v=1SrFqhqfZ5Y; 청소년 운전과 휴대폰에 관한 자료 게시.
youtube.com/watch?v=XIPtEYIOupE; 휴대폰의 유해성 관련 내용 게시.
http://Wi-Fiinschools.org/uk/; www.centerforsaferwireless.org/Educational-Materials-for-Teens-Using-Cell-Phones.php. "소규모 집단 토론: 안전한 휴대폰의 사용". 전문가와 학생간의 자유토론 게시

11. 무선주파수 없는 공간

전 세계적으로 몇 개의 무선주파수 없는 지역(Radio-Free Zone)이 지정되었다. 유럽에서는 전기 과민증 환자들을 위해 몇몇 지역들이 설정되었다. 다른 지역에서는 정부에서 운영하는 천문관측소 주변에 부수적으로 생겨났다. 초정밀 망원경의 교란을 방지하기 위해 인근 주민 및 방문객들의 무선기기 사용은 엄격하게 제한 받을 수 있다. 인근에 안테나가 설치 된 후 몇몇 장소는 폐쇄되기도 했다.

Green Bank, West Virginia, 미국 웨스트버지니아 주 그린 뱅크에 위치한 국립전파천문관측소는 위성과 무선기기를 포함한 무선주파수를 방출하는 어떠한 기기도 금지한다. 일부 전기 과민증 사람들은 그린 뱅크에서 자신들의 증상이 완화되었다고 생각하고 일부는 증상이 악화되었다고 생각하기도 한다.

www.atnf.csiro.au/projects/askap/ASKAP_FAQ_Pastoralists_March2012.pdf. 호주 서부 무치슨 전파천문관측소에 무선주파수 제한 지역

WIRES(Women's Initiative to Reduce Electro Smog)는 캐나다 온타리오 주 휴런 호수에 무선주파수 없는 지역 조성 가능성을 검토하기

시작했다. 도시 계획자와 함께 WIRES는 주민들에게 발생할 수 있는 제약사항에 관해 검토하고 있다. 예를 들어 전자레인지를 사용할 수 있을까? 제약은 어떠한 방식으로 집행될 수 있을까?

유럽에서는 벨기에, 체코, 핀란드, 프랑스 등에서 천문관측소 주변에 소규모 무선주파수 없는 지역(radio-free zone)이 지정되었다. 2011년 11월, 스웨덴의 달라르나 카운티에서는 주민들 중 한 명이 전기 과민증을 보여 방사선이 없는 지역을 지정하기 위한 준비를 시작했다.

프랑스에서는 다음 사이트를 참고하라. www.ehs-refuge-zone.eu.

자기장에 대한 노출을 최소화하려면 델타 전기 시스템(Delta electrical system) 사용 지역이나 전송 유틸리티 미터가 없는 곳으로 가면 된다.

antennasearch.com; 중계기 안테나의 무선주파수 영역에 대한 노출을 최소화하려면 특정지역의 주소에 대한 정보를 얻을 수 있다.

Electromagnetichealth.org; 휴대폰 통화가 쉽게 연결되지 않는 언덕이 많은 산악 지역을 권장한다. 다음 사이트에 게시된 통신회사의 지도를 보고 안테나가 거의 없거나 적은 지역을 확인하도록 한다.

www.verizonwireless.com/b2c/support/coverage-locator.

www.wireless.att.com/coverageviewer/.

www.coverage.spring.com/.

www.t-mobile.com/coverage/pcc.aspx.

www.boostmobile.com/coverage/.

www.mycricket.com/coverage/maps/wireless.

www.virginmobileusa.com/check-cell-phone-coverage.

www.uscellular.com/maps.

www.maps.metropcs.com.

www.tracfone.com/cellular_coverage.jsp.

12. DVD 자료

Congressional Staff Briefing About Wireless and Broadcast Radiation Pollution; 무선기기 및 방송에서 방출되는 방사선에 관한 의회 브리핑 내용. emrpolicy.org에서 구할 수 있음.

Full Signal, filmmaker Talal Jabari, 2009; 8개국 시민, 과학자, 의사들이 휴대폰, 안테나, 그리고 건강에 대한 토론 내용.

Public Exposure: DNA, Democracy and the Wireless Revolution, 휴대폰과 안테나의 위험에 대한 통신업계의 은폐 사실을 보여줌. the Council on Wireless Technology Impacts(energyfields.org)와 Ecological Options Network(eon3.net)이 2007년에 제작.

Resonance: Beings of Frequency, 오랜 세월에 걸쳐 새, 벌, 사람들은 어떻게 지구의 자기 에너지에 적응해 왔는지, 인간이 만든 주파수에 대한 노출은 건강과 생존에 어떻게 영향을 미치는지 보여줌.

Take Back Your Power, 스마트 그리드에 관한 영화, thepowerfilm.org에서 구할 수 있음.

13. 잡지 보도 자료

"Danger Calling?" Green American, January, 2011.

"Cell-Phone Safety: What the FCC Didn' t Test," by Michael Scherer, Time, October 26, 2010.

"Electro Shocker," by Michael Segell, Prevention Magazine, January, 2010. How dirty electricity created a cancer cluster at a

California school.

"Warning: Your Cell Phone May Be Hazardous to Your Health," by Christopher Ketcham, GQ, February, 2010.

14. 여행자 주의 사항

여행자는 호텔이나 이웃 건물 지붕에 안테나가 있을 수 있으니 유의해야 한다. 안테나는 마치 굴뚝처럼 보이도록 해서 숨겨져 있을 수도 있다. 호텔 측은 손님에게 안테나의 설치에 관하여 알려줘야 할 의무는 없다. 그러므로 물어 확인하도록 한다.

숙박업소에서는 손님의 요청이 있으면 밤에 와이파이를 끌 수 있다.

와이파이를 피하려면 캠핑을 하는 것도 좋다. 일부 캠핑 사이트는 인근지역의 와이파이를 제한한다.

유선 인터넷을 제공하고 무향 세제를 사용하는 호텔은 puresolutions.com에서 검색 가능하다.

D. 약어 설명

AAP	American Academy of Pediatrics
AC	alternating current
ADA	Americans with Disabilities Act
ADHD	Attention Deficit Hyperactive Disorder
AFCI	arc fault circuit interrupter
A/m	amperes per meter
AM	amplitude modulated
AMI	advanced metering infrastructure
AMR	automated meter reading
ASC	autism spectrum conditions
BPL	broadband over power lines
CFL	compact fluorescent light
CTIA	Cellular Telephone and Internet Association
DAS	distributed antenna system
DBS	deep brain stimulator
DC	direct current
DECT	digital enhanced cordless telecommunications
DOJ	Department of Justice
EHS	electro-hypersensitivity syndrome
EIS	environmental impact study
ELF	extremely low frequency
EMF	electromagnetic fields
EMR	electromagnetic radiation

EMRPI	Electromagnetic Radiation Policy Institute
FCC	Federal Communications Commission
FDA	Food and Drug Administration
FM	frequency modulated
GAO	Government Accountability Office
GBM	glioblastoma multiforme (brain cancer)
GFCI	ground fault circuit interrupter
GHz	gigahertz
GPS	Global Positioning System
GSM	Global System for Mobile Communications
GWEN	Ground Wave Emergency Network
HPWREN	High Performance Wireless Research and Educational Network Hz hertz
IARC	International Agency for Research on Cancer
IEEE	Institute of Electrical and Electronics Engineers
kV	kilovolts
MBTA	Migratory Bird Treaty Act
mG	milligauss
MHz	megahertz
MRI	magnetic resonance imaging
NAS	National Academies of Science
NEC	National Electric Code
NEPA	National Environmental Policy Act
NESC	National Electrical Safety Code
NFPA	National Fire Protection Association

NIOSH	National Institute for Occupational Safety and Health
NTIA	National Telecommunications and Information Agency
NTP	National Toxicology Program
PG&E	Pacific Gas and Electric
RF	radio frequency
RFIAW	Radio Frequency Interagency Work Group
SDSU	San Diego State University
SMPS	switch-mode power supply
T	tesla
TCA	Telecommunications Act of 1996
USFWS	United States Fish and Wildlife Service
UHF	ultra high frequencies μT microtesla
VDT	video display terminal
VHF	very high frequencies
WHO	World Health Organization
W/kg	watts per kilogram

찾아보기

ㄱ

가열 효과 45, 46, 51, 102, 103, 104, 202, 292
가우스 미터 25, 74, 76, 99, 248
간질병 215
감전사 43, 236, 278, 286
갑상선 호르몬 123
개구리 26, 31, 32, 43, 46
개미 28, 29, 30
건축생물학 74, 98, 99
고조파 71, 73, 74, 81, 89, 195, 239, 250, 285, 288, 293
고주파수 71, 72, 78, 80, 239, 250, 259, 260
고혈압 21, 126
공기관 헤드셋 261
공황발작 8
과잉행동 103, 105, 108
광대역 전력선 통신 50, 81, 88, 89, 107, 145, 283
광섬유 61, 88, 90, 91, 237, 287
광역 파장 17
교류자기장 48,
교류 전기 43, 44, 58, 59, 60, 61, 70, 77, 195, 248, 278, 290
구소련 109, 110
구토증 151
국가독성프로그램(NTP) 201, 202
국가전기규정(NEC) 44, 62, 66, 76, 77
국가전기안전규정(NESC) 66, 236
국가정보통신관리청(NTIA) 80, 182
국가환경정책법(NEPA) 33, 154, 182, 186, 235, 273,
국가화재예방협회(NFPA) 236
국가화재규정 44
국립과학아카데미(NAS) 203
국립보건원(NIH) 139, 191
국립직업안전보건연구원(NIOSH) 66
국제비전이성방사선보호위원회(ICNRP) 245
국제소방관협회 214
국제암연구위원회(IARC) 47, 112, 306
국제전기노조 175
국제전기통신연합 79
국제전자기안전위원회 184, 214, 302
귀환 전류 236, 260
귓바퀴 106, 107, 182, 183, 184, 202, 207, 235, 292
그린피스 169
극저주파 196
극초단파병 110
기억장애 9

ㄴ

나비 35
남아프리카 공화국 212
냉이 146, 147

노르웨이 98, 112, 130, 131, 215
노모포비아 136
뇌전도도(EEG) 246
뇌졸중 110, 126
뇌종양 8, 10, 11, 12, 13, 14, 15, 16, 17, 41, 47, 50, 51, 98, 100, 103, 108, 111, 112, 113, 114, 116, 133, 189, 191, 192, 235, 257, 283, 297
뇌출혈 10
뇌파 48, 86, 94, 259
뇌혈관 보호막 12, 46, 103, 105, 106, 122
누설 전류 65, 66
누전 현상 96, 100

ㄷ

다낭성 난소 증후군 144
다발성 경화증 106,141
다중화학물질 민감증 216
다형성 교아종 10, 11
단풍나무 149
당뇨병 96, 127, 128, 129, 130 , 131, 132, 142, 189, 243
대기환경기준 237
대사 리듬 37
도로교통안전국 173
도파민 효과 135
독일 30, 111, 112, 123, 130, 131, 215, 279, 280, 302

ㄹ

라임병 110
러시아 217
레이덴 자 43
레이첼 카슨 5, 223, 271, 272, 286
로돕신 36
루게릭병 98, 108
류머티스성 관절염 128
림프종 261

ㅁ

마그네타이트 38
마약 137, 241
마이크로파 21, 22, 25, 32, 46, 59, 78, 81, 83, 84, 87, 88, 91, 116, 124, 125, 135, 197, 201, 250, 252, 253, 285, 290, 291, 294, 297, 298
멜라토닌 37, 49, 246, 250, 266
무선주파수 관계기관 공동작업(RFIAWG) 200, 201, 202, 204, 205, 213
물푸레나무 28
미국 장애인법(ADA) 235, 267
미디어 153, 154, 241, 257
미연방 직업안전 및 유해관리청 97
미국 ABC 방송 170
미국 PBS 방송 170

ㅂ

발기부전증 146
발작 10, 11, 12, 18, 110, 157
발진 99, 110, 117, 122, 132, 152, 197, 217
백내장 102
백열전구 73, 242, 251, 278
백혈병 65, 68, 96, 97, 98, 109, 122, 189, 261, 289
번개 27, 42, 43, 49, 55, 57, 69, 79, 82,

283, 290, 293
벌 30, 31, 35, 36, 37, 48, 95, 215, 247, 296, 305
베이비 모니터 21, 44, 46, 51, 84, 184, 219, 229, 250, 294
벨기에 218, 303
변압기 58, 61, 62, 64, 65, 66, 68, 69, 70, 71, 74, 95, 99, 149, 181, 236, 249, 287, 288, 292, 293
법무성 199
부비강 38
부신피질 호르몬 123
비가열 효과 45, 51, 102, 203, 204, 213, 236, 263
비전이성 방사선 68, 69, 79, 80, 101, 102, 131, 230, 290, 291, 300
비전이성 방사선방지 국제위원회(ICNIRP) 107, 215, 245
비중격 만곡증 9
비행 체계 48

ㅅ

사시나무 27
사전예방원칙 205, 234, 289
산림보전위원회 214
새 293
생물 신호체계 72
생식력 143
생체 대사 27
생체 시계 35, 36, 37, 48
서맥 150
섬유조직염증 133
세계보건기구(WHO) 47, 111, 112, 216,
세계 성의학회 146
세동제거기 118
셀레툰 과학 성명서 98, 215, 255
소비자제품 안전위원회 267
소아과의학회 48, 153, 154, 155, 207, 218, 241, 257, 266
수면 무호흡증 243,
수전증 122,
슈만 공명 42, 43, 95,
스위치 모드 전원장치(SMPS) 69, 71, 81, 197, 239, 292, 293
스트레스 호르몬 123, 247
스페인 107, 136
습진 110, 132, 133
시냅스 105,120,
식품의약품안전청(FDA) 44, 183, 199 , 201, 202, 203, 204, 205, 236, 267, 294
신경과민증 120, 243
신경교종 47,112
신경 질환 46, 108, 133, 215
신경통 148
신경 퇴행성 103
심계항진 21,217
심박항진 118
심부 뇌 자극장치 47, 107, 108
심 부정맥 혈전증 146
심장마비 22, 118
심장 박동률 226
심장박동 조절기 44, 47, 107, 124, 137, 138, 139, 140, 183, 194,
심장병 118, 133
심장 부정맥 110, 149, 243
심혈관 질환 96

ㅇ
아마추어 무선중계연맹(ARRL) 158
아말감 132, 225
아크사고 회로차단기 63
알레르기 47, 104, 106, 110, 123, 132, 133, 242
알츠하이머 46, 96, 97, 105, 232, 281, 283
알코올 중독자 갱생회(AA) 212
암 집단 발생 12
양봉가 30, 31, 36
엔도르핀 135
어류 및 야생동물 관리국(USFWS) 215
연방대법원 186, 187, 199
연방통신위원회 (FCC) 14, 33, 44, 45, 51, 62, 91, 102, 103, 106, 107, 109, 111, 123, 124, 154, 155, 169, 170, 175, 177, 180, 181, 182, 183, 186, 187, 191, 192, 196, 199, 200, 201, 202, 203, 204, 205, 206, 207, 208, 213, 214, 229, 233, 234, 235 237, 244, 245, 255, 262, 273, 285, 289, 290, 291, 292, 293, 303
연방환경보호청(EPA) 5, 155, 184, 196, 213, 234, 236, 244, 265, 273, 274, 287
영국 87, 118, 130, 131, 135, 136, 137, 219, 278, 279, 280, 297
오스트리아 217, 299
오실로스코프 71
오피오이드(Opioids) 135
옵트 아웃 프로그램(opt-out program) 198
와이파이 라우터 3, 7, 20, 29, 51, 90, 129, 145
우울증 256, 110, 122
울새 36
워싱턴 포스트 171
유도성 전자기 방사선 219
유럽환경청(EEA) 311
유럽평의회(PACE) 311
유방암 126, 144, 283, 291, 296
유산 97
유제품과학협회 67,
유해 간섭 207, 208, 246
유해 전기 48, 117, 127, 254, 283
유해 전력 66, 67, 68, 73, 74, 142, 259, 260
은하 잡음 27
음향 측정기 244
이명 110, 119, 126, 197, 226
이스라엘 122, 141, 218, 282
인도 94, 140, 145, 217, 218, 220, 296
인슐린 47, 107, 129, 130, 131, 132, 139, 141, 246
인체 발암가능인자 47
인터폰 프로젝트 113
일본 217
임신 109, 119, 132, 144, 146

ㅈ
자가면역장애 106
자기공명영상 56
자살 96, 97, 126, 197
자연가족계획법 144
자폐 스펙트럼 장애 120
자폐증 47, 119, 129, 265, 296, 301
장애인 111, 139, 267
저주파수 44, 52, 71, 80, 84, 244
전기 과민증(EHS) 116, 187, 188, 216, 232, 299, 303, 304

전기전자공학회(IEEE) 184, 195, 200, 201, 202
전기 회로 58, 59, 69, 286, 293
전도성 전자기 방사선 69
전동 휠체어 64, 141, 142
전이성 방사선 28, 79, 101, 102, 107, 215, 230, 243
전자기장 방어막 116
전자레인지 121, 133, 176
전자 스모그 4, 24, 226
전자파 스펙트럼 44, 79
전자파 안전네트워크,198, 157
전자파 인체 흡수율(SAR) 106, 107, 108, 109, 182, 183, 184, 195, 207, 208, 234, 242, 255, 256, 265, 289, 290, 292, 301, 302
전자파 방사선 정책연구소(EMRPI) 169, 170, 199, 205, 208
전자파 증후군 110, 111
접지봉 63, 66, 77
접지사고 회로차단기 63
접지 66, 67, 89, 236, 248, 288
접지 전류 65, 66, 236
제세동기 141
조광 스위치 68, 73, 239, 251
조류보호위원회 214
주의력 결핍 과잉행동 장애 105
주파수 변조 280, 290
중국 217
중독 134
중성선 62, 63, 64, 66, 69, 76, 89, 100, 236
지구 자기장 35, 36, 49, 288
지면 전류 67, 69
직류 전기 50, 57, 58, 60, 70, 73, 127, 225, 239, 240, 285
직업안전건강관리청(OSHA) 199, 236
진폭 변조 78, 85, 279
진화론 27, 49
질병관리본부(CDC) 132, 241

ㅊ

천식 106, 132
철새 186, 214
철새보호조약 33, 186
청각종양 47
초음파 158, 276
초저주파수(ELF) 80, 97, 244
축농증 110
출산 97, 143, 145, 247
췌장 128, 129
췌장암 261
치매 105, 108, 133

ㅋ

캐나다 20, 23, 24, 33, 47, 67, 68, 118, 123, 216
콩고 169
쿠바 212
크립토크롬 35, 36, 37, 38

ㅌ

태양광 73, 150, 238, 239, 240
태양전지패널 73
테라헤르츠파 81
통신법 51, 180, 182, 185, 186, 190, 191, 193, 206, 209, 234, 263, 264, 265, 273

ㅍ

파킨슨 81, 108, 133, 138, 140
펄스 코드 변조 79
페러데이 케이지 32, 228
편두통 104
풍력터빈 73, 74
프랑스 107, 130, 131, 152, 214, 215, 240, 301
프리온 장애 133
피뢰침 43
피부암 102, 261
피임 144, 145
피해망상증 22

ㅎ

학교건강네트워크 154, 155
학습 장애 108
한국 2, 134
항공기 안전 175
항불안제 127
혈당 110, 128, 129, 132, 142
혈압 135, 142, 143, 246
혈청 프로게스테론 123
호주 174, 218, 219, 299, 301
환경영향평가 155, 182, 186, 207, 235, 273
환경의학아카데미 216
활선 62, 64
황새 34
회계감사원(GAO) 141, 199, 201, 202
휴대폰 알권리 법 19, 48, 207, 218, 234, 265

A-z

BioInitiative 46, 47, 98, 101, 119, 137, 180, 183, 191, 204, 211, 236, 237, 238, 239, 243, 244, 245, 255, 282, 288, 295, 297
Stetzer 필터 117,148, 260
WiMax 13, 19, 177, 179, 186, 223, 231, 279, 291

전자파 **침묵의 봄**

초판 1쇄 발행일 2018년 9월 14일

지은이 케이티 싱어
옮긴이 박석순
펴낸이 박영희
편집 김영림
디자인 유지연
마케팅 김유미
인쇄 · 제본 AP프린팅
펴낸곳 도서출판 어문학사
서울특별시 도봉구 해등로 357 나너울카운티 1층
대표전화: 02-998-0094/편집부1: 02-998-2267, 편집부2: 02-998-2269
홈페이지: www.amhbook.com
트위터: @with_amhbook
페이스북: www.facebook.com/amhbook
블로그: 네이버 http://blog.naver.com/amhbook
다음 http://blog.daum.net/amhbook
e-mail: am@amhbook.com
등록: 2004년 7월 26일 제2009-2호

ISBN 978-89-6184-480-2 03560

정가 16,000원

이 도서의 국립중앙도서관 출판예정도서목록(CIP)은 e-CIP홈페이지(http://www.nl.go.kr/ecip)와 국가자료공동목록시스템(http://www.nl.go.kr/kolisnet)에서 이용하실 수 있습니다. (CIP제어번호: CIP2018028132)

이 책은 이화여자대학교 2018년도 연구년 수혜에 따른 결과임.